U0351692

生态文明建设
与经济建设融合发展研究

SHENGTAI WENMING JIANSHE
YU JINGJI JIANSHE RONGHE FAZHAN YANJIU

高红贵　著

中国财经出版传媒集团
经济科学出版社
Economic Science Press

图书在版编目（CIP）数据

生态文明建设与经济建设融合发展研究/高红贵著 .
—北京：经济科学出版社，2020. 11
ISBN 978 - 7 - 5218 - 1899 - 4

Ⅰ. ①生…　Ⅱ. ①高…　Ⅲ. ①生态环境建设 – 研究 –
中国②中国经济 – 经济建设 – 研究　Ⅳ. ①X321. 2②F124

中国版本图书馆 CIP 数据核字（2020）第 181288 号

责任编辑：周秀霞
责任校对：杨　海
责任印制：李　鹏　范　艳

生态文明建设与经济建设融合发展研究
高红贵　著
经济科学出版社出版、发行　新华书店经销
社址：北京市海淀区阜成路甲 28 号　邮编：100142
总编部电话：010 - 88191217　发行部电话：010 - 88191522
网址：www. esp. com. cn
电子邮箱：esp@ esp. com. cn
天猫网店：经济科学出版社旗舰店
网址：http://jjkxcbs. tmall. com
北京季蜂印刷有限公司印装
710 × 1000　16 开　13. 25 印张　260000 字
2020 年 11 月第 1 版　2020 年 11 月第 1 次印刷
ISBN 978 - 7 - 5218 - 1899 - 4　定价：58. 00 元
（图书出现印装问题，本社负责调换。电话：010 - 88191510）
（版权所有　侵权必究　打击盗版　举报热线：010 - 88191661
QQ：2242791300　营销中心电话：010 - 88191537
电子邮箱：dbts@ esp. com. cn）

前　言

　　本书以习近平新时代中国特色社会主义思想和党的十九大报告精神为指导，以习近平新时代中国特色社会主义经济思想为指引，以探索揭示融合发展是发展的客观规律为主题，从系统、整体上全方位地深入研究自然生态和经济社会的融合发展，以总结寻求全国人民探索融合发展的宝贵经验为主线，从各领域、多产业、多方面地全方位对融合发展进行深入研究。尤其是坚持马克思主义经济理论的逻辑本质与核心要旨为发展的马克思主义根本原则，牢牢抓住经济建设这个中心，全面融合和全面贯彻到以经济运动为中心的社会主义建设各方面和全过程的深刻论述与系统阐释。其核心内容和观点包括以下几个方面。

　　1. 生态文明建设与经济建设融合发展的理论研究。一是对工业文明与生态文明、建设生态文明与生态文明建设的基本概念和理论内涵进行研究，这是本书研究的基础性前提。建设生态文明和生态文明建设，是习近平社会主义生态文明思想理论的两个基本概念，不仅写进党的十八大、十九大报告，而且是习近平在国内外重要讲话中涉及到此领域时常用的科学概念及话语词汇。习近平反复强调"建设生态文明关系人民福祉，关乎民族未来。党的十八大把生态文明建设纳入中国特色社会主义事业'五位一体'总体布局，明确提出大力推进生态文明建设，努力建设美丽中国，实现中华民族永续发展。""生态文明建设是'五位一体'总体布局和'四个全面'战略布局的重要内容。"① 二是对融合发展新理念的本质内涵、基本规定进行理论上的探索研究。探索经济社会系统内部存在着融合发展的现实客观性，探索自然生态系统和社会经济系统有机统一体的生态经济系统存在着融合发展的现实客观性。这种探索性研究需要交叉学科知识的"耦合""融合"，需要从整体性的视角推动军民融合发展，推动国家重大区域战略融合发展，推动多领域、多区域、多产业融合发展。从这些融合发展的阐述中抽象概括出"融合发展是发展的客观规律"的理论认识。

---

　　① 《习近平关于社会主义生态文明建设论述摘编》，中央文献研究室 2017 年版，第 5、14 页。

党的十九大以后，全国人民用新时代的新思想新发展理念指导融合发展，在习近平新时代中国特色社会主义思想指导下谱写光辉历史篇章。

2. 生态文明建设与经济建设融合发展的内在经济机制研究。从经济学上来讲，制度和机制在实际工作中，有时是一回事，有时定下来的"制度"也是一种"机制"，机制也是制度的一部分，并不是完全分割的。制度体现着规则，机制是制度的效应，有了某种制度，就会产生相应的机制。生态文明建设与经济建设融合发展需要一个既符合生态经济规律又符合经济规律的内在经济运行机制。这个内在机制包括动力机制、约束机制和激励机制。动力机制中的政府推动力、企业内生动力和公众监督力之间相互制约相互发生作用，增强政府和企业融合发展现代化的能力，强调建立政府、企业、公众"三位一体"的动力机制。约束机制包括源头严防、过程严管、后果严惩，强调建设生态文明必须从源头控制。通过分析生态税、排污权交易、生态补偿、可再生能源补贴、财政补贴等激励措施形成激励机制，对生态文明建设的激励作用。动力机制、约束机制、激励机制三者相互制衡，促进实现生态文明建设的目标和任务。

3. 生态文明建设与经济建设融合发展的经济制度及运行机制。制度具有根本性、全局性、稳定性和长期性的特点，党的十八大报告和党的十八届三中全会《中共中央关于全面深化改革若干重大问题的决定》，阐述了生态文明建设与中国特色社会主义制度文明建设的关系问题，特别强调了生态文明制度建设的重大意义，强调制度保障生态文明建设。党的十九届四中全会《中共中央关于坚持和完善中国特色社会主义制度 推进国家治理体系和治理能力现代化若干重大问题的决定》将生态文明制度列为中国特色社会主义制度的重要方面和有机组成部分之一，制度是推进生态文明建设的最大优势。本书探索了生态文明制度建设的实践行动，在社会主义经济建设中如何作出生态文明建设的制度安排，在经济建设中如何把控自然生态系统和经济系统之间的辩证关系，如何正确处理生态文明建设中各经济利益主体间的矛盾冲突和利益博弈。在博弈的过程中要处理好建设生态文明的绿色经济发展中政府、企业和消费者之间的关系，如果各方利益都得到满足，就能达到群体效用最大化。解决行为主体之间的利益矛盾，需要制度安排和制度贯彻落实落地落细。尽管我国建立了一系列生态文明制度，但仍存在制度体系不够健全的问题。因此，必须在习近平生态文明思想的指引下，大力推进生态文明体制机制改革，改革自然资源监管体制，探索生态环境保护管理体制，深化生态文明考评机制，探索建立社会主义生态市场机制。

4. 生态文明建设与经济建设融合发展水平评价指标体系构建及障碍因子诊断。首先构建了经济发展、环境建设以及制度实施三个方面的生态文明建设融合经济建设水平评价指标体系，然后运用熵权法对我国30个省域2011～2015年生态文明建设与经济建设融合发展水平进行评价，分析区域之间生态文明建设与经济建设融合发展水平存在的差异，最后对我国各省域生态文明建设与经济建设融合发展水平的障碍度及障碍因子进行诊断分析，由大及小，先对一级指标层障碍因子进行诊断，再对指标层的障碍因子进行诊断。最终得到两个重要结论：第一，制度实施虽然为生态文明建设与经济建设融合发展提供了重要保障，但就设置的指标评价体系来看，无论是从东、中、西，还是从全国平均水平进行比较，其制度实施水平比经济发展、环境建设这两个指标要低，很明显，制度实施水平拉低了我国各省域中生态文明建设融合经济建设的程度。第二，我国生态文明建设与经济建设融合发展中的主要障碍因子是制度实施。党的十九大报告明确指出"加快生态文明体制改革"，加强对生态文明制度补缺、补短，促进了制度实施。因此，在本书出版之际，仍然将数据维持在 2015 年，其目的是为了不影响之前实证研究所得出的结论。

5. 生态文明建设与经济建设融合发展的实践路径。融合发展是一个宏观性、战略性的问题。中国的生态文明建设没有经验可循，明显属于特例性的"试验"，也是一个具有普遍性的"创举"。生态文明建设与经济建设融合发展也应该是实践中的一个"创举"。"绿水青山就是金山银山"，"生态兴则文明兴，生态衰则文明衰"，"良好生态环境是最普惠的民生福祉"，"保护生态环境就是保护生产力，改善生态环境就是发展生产力"，"山水林田湖草是生命共同体"，习近平关于生态与文明、生态与经济的阐述，充分体现了生态与经济融合发展的重要意义。融合发展是经济发展的一个客观规律，是一个普遍规律，体现在经济社会发展过程的各方面和全过程，呈现出许许多多的融合发展新形态新业态。本书梳理归纳主要的融合形态和业态，表现在：一是科学技术的交叉融合发展，包括文化产业与科技的融合、信息技术与制造业的融合、产业与教育的融合；二是城乡融合发展，城乡融合发展的关键在"融"，它是破解新时代社会主要矛盾的关键抓手，城乡融合发展不仅是一个社会问题，更是一个政治问题；三是产业融合，实际上是两种（或多种）产业合成一体，逐步形成新产业，主要表现为农村一二三产业融合发展、文化产业与旅游融合发展、现代金融业与物流业的融合发展。对"融合发展"的实践路径探索，主要是用数字和事实来说话，来佐证"融合发展"的实际效果，这些内容具有较强的时代性、实践性和现实性。

6. 生态文明建设与经济建设融合发展的新进展。这部分内容由《习近平生态文明思想论》和《人与自然和谐平衡关系的再思考》两篇文章作为附录。这两篇文章既反映了笔者研究社会主义生态文明建设和融合发展理论研究的新进展，又体现了笔者探索社会主义生态文明建设和融合发展的新理论建树。这就使本书研究主题理论更加丰富，故成为本书理论框架的必要组成部分。

　　融合发展是一个极其重大的时代课题，需要研究的问题很多，可以探索的视角和内容也很多。本书只是从生态文明建设与经济建设融合的角度做了初步探索。虽然作者反复琢磨和修改书稿，但书中难免存在观点和表述等方面不妥甚至错误的地方，恳请读者提出宝贵的批评意见。

高红贵

2020 年 8 月

目　录

第一章

生态文明建设与经济建设
融合发展的理论范式

第一节 绿色经济发展观

在人类的发展进程中，随着人们对发展认识的拓展和深化，在不同的发展阶段形成了工业文明的发展观和绿色经济发展观，呈现出了不同的发展特点。传统的发展观是在工业革命后形成的，它以利润最大化为一切工作的最终目标，显示出资本主义社会的功利主义思想。很显然，工业文明的经济发展模式是没有前途的和不可持续的，人类必须开辟新模式和寻找新方向，以适应可持续发展的客观需要，从而促进经济社会最终实现共同富裕。尽管联合国提出可持续发展理念（1987 年）和联合国环境与发展大会（1992 年）上可持续发展取得的共识具有进步性，但是可持续发展仍然是人类中心主义的发展观，仍然是强调人类开发自然控制自然的模式，只是修正而不是扭转传统经济发展模式。绿色经济发展观是对传统工业化模式的根本性变革，是从根本上对统发展观的扬弃，要求从源头上对生态环境的可持续性进行把握。①

一、工业文明框架内的绿色经济

早在 17 世纪末 18 世纪初，古典经济学家就有关于经济增长与资源环境间的关系的思想观点进行了论证。当时主流经济学家的观点认为，在经济的增长过程中，生态环境对其制约作用是微不足道的。然而自 19 世纪初期，蒸汽机开始使用，以燃烧煤炭作为主要能源提供工业运行的工业生产开始大规模投入，这种肆意掠夺自然资的工业行为造成了对自然的严重破坏，人类为其无知的行为后果付

---

① 高红贵、陈峥：《两种发展观视域下的绿色经济》，载《生态经济》2016 年第 8 期，第 204 页。

出了高额的代价，促使其不得不思考对环境的保护。20 世纪 50 年代开始，因破坏环境而导致的污染事件开始大规模出现，以及 1962 年美国海洋生物学家蕾切尔·卡逊（Rachel Carson）撰写的《寂静的春天》、1972 年罗马俱乐部提交的著名报告《增长的极限》等揭示了工业化发展带来的生态环境灾难，越来越多的研究者开始关注环境污染给社会带来的严重后果，人们开始对自己的行为进行反思，此后越来越多的经济学家和生态学家试图重新考量传统经济学的局限性。

中国学者对绿色经济的研究从 20 世纪 80 年代开始，研究的重点在其内涵的界定和对其理论的探讨。我国学者还学习了国外对绿色经济发展的实证研究和政策启示。基于对绿色经济理论的理解不同而产生了不同的观点。从绿色经济的外延看，有狭义的绿色经济和广义的绿色经济。前者是指一切与绿色相关联的产品、服务、消费方式和营销手段等经济行为和活动。后者则涵盖了社会经济活动的各个方面。就其实质而言，任何在发展的过程中不对环境产生威胁，尊重自然、顺应自然的可持续发展的经济行为都属于绿色经济的范畴。① 早期的绿色经济是以环境经济学为基础、以环境保护为目的的经济，是以污染的治理和生态环境的改善为特征的经济。随后，由于环境问题受到了越来越多人的重视，人们的关注点也从最初只单纯要求保护环境上升到在发展的过程中力争实现经济持续发展和生态环境得到保护相互间的协调统一。

目前，国内外学者对生态环境和经济发展之间的关系，更多的是从理论层面来展开研究，系统研究还不是很充分，远远不能满足解决实际问题的需要。纵观整体研究成果，相关绿色概念的提出更多是建立在与保护环境有关的议题之上的，之所以与其相关性较高主要原因在于需要对第一产业和第二产业的发展方式进行变革。英国经济学家皮尔斯最早提出绿色经济这一概念，同上文一样，最早提出绿色经济是为了保护环境。在传统观念看来，生态之所以遭到破坏，环境问题频发的主要原因在于工业时期人类的不合理利用自然资源的行为，因此，环境问题的根源来源于环境经济学这一想法不足为奇。于是，绿色经济就被纳入环境经济学的研究范围之中。但是就其根本而言，在环境经济学中研究绿色经济的实质没有脱离工业文明这个制度框架。工业文明时代的理论和实践表明，工业文明是反人性（社会）和反自然（生态）的文明形态，已经不能代表目前最先进的生产方式和生活方式，已经遭到扬弃，新的文明已经对其替代。工业文明是人与自然分裂与冲突的不和谐发展，可以称之为"黑色文明"。众所周知，工业文明的是以"掠夺"自然资源、损失自然资本为核心的经济发展模式，也是不可持续的经济发展模式。

在遭受自然一次又一次的惩罚之后，促使人类不得不开始反思由于肆意掠夺自然资源所带来的灾难性行为后果，随后的经济学家提出，要通过有效的激励和

---

① 揭益寿：《中国绿色产业的健康与发展》，中国矿业大学出版社 2005 年版，第 4~5 页。

约束手段共同作用保护生态环境，使社会恢复到正常的秩序。一些学者提出发展绿色经济，转变传统经济发展模式，保护生态环境。就目前来看，对这些问题的研究更多处于理论层次，只能解决环境的表面问题，不能从根本上解决人与自然之间的矛盾问题。

二、生态文明框架内的绿色经济

刘思华教授对绿色经济进行了深入的研究，使它成为生态经济学与可持续发展经济学的代名词，把绿色经济纳入生态经济学与可持续发展经济学的理论框架。1994 年出版的《当代中国的绿色道路——市场经济条件下生态经济协调发展论》一书，从生态经济学的角度出发，在生态经济学的框架内研究绿色经济发展。在国内外首次把绿色经济与绿色发展道路纳入生态经济学的理论框架中，使之成为生态经济学的范畴。刘思华先生在长期研究过程中不断修改和完善绿色经济的内涵，在他看来，绿色经济的价值取向来自于生态文明，发展绿色经济的最终目标是为了实现人与自然生态的和谐发展。[1] 从近几年绿色经济的学术研究成果可以看出，对绿色经济的内涵和外延的把控更多来源于人们在顺应时代发展潮流的背景下所创新出来的新事物，是摒弃工业文明时代后对新的文明时代发展的总结。因此可以说，绿色经济不应该属于环境经济学的理念范畴，把它放在生态经济和可持续发展的范畴内考虑将会更加合理。绿色经济克服和消除了工业文明及其黑色经济形态特征，在此基础上提出绿色创新发展的理念。[2] 它更加突出人在从事经济活动中与自然之间的和谐相处，要求人类转变传统的粗放型经济发展方式，杜绝暴力掠夺使用自然资源，倡导人们要顺应自然，尊重自然，适度开发利用自然资源。摒弃过去以经济利益最大化为目的的错误发展观念，倡导人与自然共同持续发展的正确发展观念。[3]

作为生态文明时代的主导经济形态，发展绿色经济最能够体现当今社会的主流价值观念，是从工业文明的"黑色经济"向生态文明的"绿色经济"转型的经济形态。生态文明框架内的绿色经济是建立在人类对自然有一定的认识基础之上的正确的发展理念。[4] 绿色经济发展就是生态经济的发展，其实现形态包括发展低碳经济、循环经济等多种样式的发展模式。要在生态文明这个框架之内研究绿色经济，需要作出既能消除工业文明时代所带来的环境污染弊端，又能够与当

---

① 刘思华：《生态文明与绿色低碳经济发展总论》，中国财政经济出版社 2011 年版，第 7 页。

② 高红贵、陈峥：《两种发展观视域下的绿色经济》，载《生态经济》2016 年第 8 期，第 206 页。

③ 胡鞍钢：《中国：创新绿色发展》，中国人民大学出版社 2012 年版，第 34 页。

④ 王玲玲、张艳国：《"绿色发展"内涵探微》，载《社会主义研究》2012 年第 5 期，第 144 页。

今社会经济形态相适应的发展方式，需要人类共同的智慧，来处理这些问题。只要绿色经济发展的好，从一定层面上说，我们就超越了资本主义国家的发展模式。我们所走的中国特色社会主义道路需要绿色经济发展模式，因为绿色经济的本质和内涵是用最低的最小的代价来处理经济发展过程中所面临的资源环境问题，使社会的总效益达到最大。① 因此，不论从理论分析还是从实践入手，发展绿色经济都是民心所向，是走可持续发展之路的必然结果。

三、生态文明建设的最佳经济形态

20 世纪 90 年代以后，生态经济理论和可持续发展理论受到各国学者密切关注和重视。各国学术界及国家都对该理论进行了研究和总结。美国经济学家莱斯特在其《生态经济——有利于地球的经济构想》中阐述经济系统应该是生态系统的子系统，并在该书中提出具体的保护生态环境的实施方案，通过一个崭新的实践来研究生态环境问题。随后，他又发表了《B 模式：拯救地球延续文明》以及《B 模式 3.0：紧急动员拯救文明》（2006）、《B 模式 4.0：起来，拯救文明》（2010）、《崩溃边缘的世界——如何拯救我们的生态和经济环境》（2011），告诉人们怎样用一种实际可行、明白易懂的方法，去建设更加公正的世界，并且从气候变化中拯救地球。整体上来看，布朗的新经济构架是一个能够使地球生态环境得到持续健康发展的构架，他摒弃了传统观念里把生态环境作为经济的子集，提供了一个研究生态经济的崭新视角。② 自 2010 年开始，联合国环境规划署、联合国开发计划署、世界银行等诸多国际组织多次发表绿色经济相关研究报告，倡导发展绿色经济。界定绿色经济的内涵为在保护生态环境和降低风险的基础上所提倡的促进社会公平，提高全人类的发展的一种经济形态。并提出绿色经济的实现需要有合理的生态足迹作为依托。③

生态经济是把经济系统看成地球生态系统的开放子系统。在地球生态系统中人类是唯一能够威胁甚至于摧毁自己生存所依赖的环境的生物，也是唯一扩展进入和支配使用陆地所有生态系统的生物。相对于整个地球生态系统来说，经济系统是一个开放系统，而地球生态系统是有限的，非增长的，在物质上是封闭的。随着经济的持续增长，地球生态系统已经入不敷出。④ 这就需要人们考虑经济的

---

① 刘思华：《生态文明与绿色低碳经济发展总论》，中国财政经济出版社 2011 年版，第 10 ~ 16 页。

② 高红贵：《两种发展观视域下的绿色经济》，载《生态经济》2016 年第 8 期，第 206 页。

③ 曹俊、蔡方：《我们能否迈向绿色经济？》，载《中国环境报》2011 年 11 月 22 日。

④ ［美］赫尔曼·E. 戴利著：《超越增长——可持续发展的经济学》，诸大建、胡圣等译，上海世纪出版集团 2006 年版，第 8 页。

环境边界。过去，生态与经济的边界尚不明显，经济系统的输入输出没有受到自然界的限制。当人口急剧增长，社会生产力高度发展，自然生态系统的压力超过其自身所能承载的负荷时，经济系统的输入输出也日益受到自然界的限制。

布朗在《生态经济》中提出，"今天，在我们考虑地球与经济的关系中，我们的世界观需要转变"，并明确提出在环境和经济两者中，到底谁为谁所服务这一值得深思的问题。[①] 这一问题的提出，挑战了传统的思考生态问题的方式，要求人类认清经济对地球生态系统的内在依存关系，了解维持地球生命的诸生态过程的作用机理。当今世界经济正在慢慢地毁坏其支持系统——生态系统，如果两者之间的问题不能得到很好的解决，则会造成两败俱伤的结果[②]。因此，经济系统相对于地球生态系统必然存在一个最佳规模，既不能超越生态系统的承载能力，同时又要能够为人类生存带来持久的、最大化的福祉。

正确认识经济系统与地球生态系统之间的关系，要求人们必须重新调整全球的经济，使之与生态系统密切匹配[③]。事实表明，人类只有一个地球，我们如何去保护地球生态系统呢？我们必须深入理解生态经济系统的系统性、协调性、循环性的特点，使经济发展不能超越生态环境承载力的阈值范围，在保证自然再生产的前提下来扩大经济的再生产，建立一套良好的可持续的经济发展方式。

作为全新的经济生活模式，生态系统需要维系环境永续不衰，是一种可持续发展的经济，是一种能够与生态系统有机结合与协调发展的经济。发展生态经济就是生态学与经济学的融合，在经济发展中遵循生态学原理和经济规律，重视经济发展所依赖维持与发展的自然生态系统。构建全新的经济发展模式，就是要建立能良性循环的社会经济系统，使经济社会和资源环境之间达到一种友好互动关系。

生态经济是生态建设与经济建设融合发展的重要载体。生态文明建设并不是在经济领域中无所作为或者拒绝任何意义上的成长，其前提就是要发展。只有发展了，才能实现小康社会的目标，才能使伟大的中国梦得以实现。在发展的同时，必须保护好人类赖以生存的自然生态系统，只有在发展中保护和在保护中发展，才能使社会经济持续运营，才能给后代子孙留下更多的生存资源。走向生态文明及其建设的一个现实路径就是要发展生态经济。发展生态经济必须注重三个转变：一是发展目标的转变，去掉传统观念中经济增长才是唯一目标的观点，植

---

① ［美］莱斯特·R.布朗著：《生态经济——有利于地球的经济构想》，林自新、戢守智等译，东方出版社 2002 年版，第 1 页。

② ［美］莱斯特·R.布朗著：《生态经济——有利于地球的经济构想》，林自新、戢守智等译，东方出版社 2002 年版，第 2 页。

③ ［美］赫尔曼·E.戴利著：《超越增长——可持续发展的经济学》，诸大建、胡圣等译，上海世纪出版集团 2006 年版，第 4 页、第 22 页。

入发展经济更要保护好生态环境的正确理念，要做到两者的有机结合和高度统一；二是由过去注重物质资本的投入转向注重知识资本、智力资本和自然资本的投入；三是由传统的工业文明发展模式转变为生态文明的创新发展模式。

党的十八大以来，以习近平同志为核心的中央领导层在不同场合的讲话中，反复强调要坚守发展和生态两条底线。我国大力推进生态文明建设过程中，实际上是以发展生态经济为抓手的，通过发展生态经济实现产业强、百姓富、生态美。

四、绿色经济的本质属性

生态文明框架中的绿色经济，更多侧重于对其自然生态禀赋及其经济性利用的绿色感知和实践，具体到应用中就是要做到生态建设和经济建设的充分融入。绿色经济强调人的发展，人的发展不但要使物质需求得到满足，而且生态需求也要得到满足。同时，绿色经济是对整个社会团体来说能够达到社会效应最大化的发展方式。不管是生态文明建设，还是绿色经济发展，并不意味着单纯的经济增长或停止任何意义上的经济增长，而是生态、经济、社会三个方面高度统一与协调发展，使这三个方面都得到全面进步的可持续发展。[①]

绿色经济发展是全球经济绿色转型的方向、道路与未来前景，绿色经济发展已经成为决定一个国家发展前景的战略问题。因此，各国都在抢夺绿色发展的制高点，它要求摒弃工业文明的黑色经济形态的黑色弊端，以生态与经济相融合并强调生态凌驾于经济之上为特征的经济发展模式，是生态经济可持续发展的最佳模式。

实现生态文明建设和经济建设深度融合需要发展绿色经济。与此同时，可持续经济发展的目标也要求二者之间的有机融合，发展绿色经济以及绿色经济的具体实践将会极大地改变着人们的生产方式和消费方式。绿色经济是在生态文明框架之下产生的，属于生态文明的范畴，因此要在假设绿色经济的过程中融入生态文明的理念和内涵。从整体上来看，绿色经济所占的比例基本上等同于生态文明建设在经济中所占的比率。[②] 正如刘思华先生所云，绿色经济建设，在本质上是生态经济建设，两者之间有着内在统一性。[③] 我国正迈向生态文明新时代，进入美丽中国的建设时期已经开始了大规模的生态建设和大规模经济建设相互融合与协调发展，绿色经济发展就必然成为经济建设和生态建设的切入点和协调发展的融合点，必将推动社会主义现代化建设向着以最小的生态代价换取最大的人民福祉的方向发展。

---

① 高红贵、陈峥：《两种发展观视域下的绿色经济》，载《生态经济》2016 年第 8 期，第 206 页。
② 诸大建：《绿色化是更好的生产生活模式》，载《资源再生》2015 年第 9 期，第 26 ~ 31 页。
③ 刘思华：《刘思华文集》，湖北人民出版社 2003 年版，第 609 页。

第二节 生态文明建设的理论内涵及其本质属性

一、生态文明：从狭义到广义

我国发表和出版了大量论述生态文明的论文和著作。生态文明概念作为生态文明研究的逻辑起点，是中国每位学者都无法避开的问题。由于研究的学科视角不同，学者们对生态文明的理解也有所不同。归纳起来，可从广义和狭义两个方面来理解生态文明。

（一）广义的生态文明内涵

广义生态文明是指"人类继原始文明、农业文明、工业文明后的新文明形态"①。这一观点是在传统社会文明基础上对工业文明进行反思和总结的结果。正如李克强（2012）所说的，"生态文明源于对发展的反思，也是对发展的升华"，"生态文明是遵循人类发展方向的新文明，是继农业文明、工业文明之后的又一个与时俱进的新文明形态"。② 周生贤（2008）认为，"生态文明是人类对传统文明形态特别是工业文明进行深刻反思的成果"，"是人类文明形态、文明发展理念、文明发展道路和模式的重大进步。"③ 马凯（2013）认为，"生态包含在自然界之中，是自然存在的一种状态，而文明是人类活动中所处优质社会环境的体现，因此生态文明能够更加集中的反映人与自然的和谐程度"。他同时指出，"相同于精神文明、物质文明，生态文明也作为一种历史范畴而存在，过程中伴随着人类由低级到高级的演进过程。"④ 春雨（2008）指出，"生态文明体现出的是一种整体性的文明，它融会贯通了当代知识、生态和人力资本经济。生态文明除了遵循经济社会自身发展规律外，同时遵循科学技术的综合应用文明。"⑤ 刘思华（2014）的一个新界定"生态文明的最终目的是为了实现整个经济社会的

---

① 中国科学院可持续发展战略研究组：《2013 中国可持续发展战略报告》，科学出版社 2013 年版，第 8 页。
② 李克强在中国环境与发展国际合作委员会 2012 年年会开幕式上的讲话：《建设一个生态文明的现代化中国》，载《人民日报》2012 年 12 月 13 日。
③ 周生贤：《生态文明是人类文明形态的重大进步》，载《中国城市经济》2008 年第 7 期，第 10 页。
④ 马凯：《坚定不移推进生态文明建设》，载《求是》2013 年第 9 期，第 3～9 页。
⑤ 春雨：《跨入生态文明新时代》，载《光明日报》2008 年 7 月 17 日。

全面协调可持续发展，这是一个在实践中所形成的人与自然、社会和谐相处的局面。"①

（二）狭义的生态文明内涵

狭义的生态文明是指"人类文明的一个方面，它与物质、精神和政治文明共同组成现代文明的文明形态。"② 这种观点主要在于：既揭示"生态文明与社会发展过程中的经济、政治、制度、文化之间的关系"，又揭示了"生态文明和社会发展各微观层面之间的关系"。生态文明与物质、政治、精神这三种文明既有密切联系，又有鲜明的相对独立性，它不同于以上三种文明，但渗透于以上三种文明，作为这三种文明的载体而存在。③ 正是在这样的基础上，党的十八大报告中提出了生态文明建设，并为建设生态文明指明了方向。如今人类的发展之所以能够达到如此高的成就，和生存的环境息息相关，如果人类一味地破坏自然损坏环境，那么可能会损失现有的成果。④

本书对生态文明的界定为狭义的生态文明概念。我们认为十七大报告中所提到全面建设小康社会要把握好对生态文明的建设和十八大报告提出的"建设美丽中国目标"，应该是狭义的生态文明，其实这并不涉及"生态文明"阶段走向问题，而是明确提出生态文明是一种治国理念、目标和愿景，是需要通过努力才能实现的。

综合学者们的研究，"生态文明"概念可以区别为两个层次。一个层次是从文明形态的角度，反映不同的历史阶段。这个层次，生态文明是与农业文明、工业文明相并列的。从历史发展阶段来看，人类社会所经历的文明形态有渔猎经济的前文明时代、农业文明时代、工业文明时代，并出现了生态文明的端倪。当前，生态文明形态并不是历史发展的现实，从当前时代来看，它只是各国面临世界性生态危机滞后产生的强烈愿景，同时也是已经开始的发展趋势。上述文明形态构成历史发展中的阶梯。从这个视角来看，世界历史就是文明形态演进的历史。从未来的视角来看，生态文明是超越工业文明的一种新的文明形态，是我们未来的发展方向。

另一个层次是从文明类型的角度，反映同一时期的不同领域。在这个层次上，生态文明是与物质文明、精神文明、政治文明相并列的现实文明形式之一，

---

① 刘思华：《生态马克思主义经济学原理》（修订版），人民出版社 2014 年版，第 9 页。

② 中国科学院可持续发展战略研究组：《2013 中国可持续发展战略报告》，科学出版社 2013 年版，第 8 页。

③ 邱耕田、张荣洁：《利益调控：生态文明建设的实践基础》，载《社会科学》2002 年第 2 期，第 55~57 页。

④ 王毅：《推进生态文明建设的顶层设计》，载《中国科学院院刊》2013 年第 2 期，第 150~156 页。

适用于社会主义建设的各个战线的现实文明形式之一，是指当时总体文明的一个方面，着重强调人类在处理人与自然关系时所达到的文明程度。我们现在开展的社会主义建设就是包括这四种类型的文明建设。资本主义社会也有这些生态建设，但与社会主义建设不同的是，资本主义的生态建设只是对维护环境的缺陷进行修补，不可能走向作为历史形态的生态文明。而社会主义生态文明建设，目标是走向生态文明历史形态。

本书大部分是从第二个层次来论述的，"生态文明建设融入经济建设"这个命题，应当不属于从文明形态角度的第一个层次，而是第二个层次，实际上是将社会主义文明建设的两种类型：生态文明建设与物质文明建设结合起来分析研究。

二、生态文明建设的理论内涵

（一）生态文明建设是中国语境中产生出的话语

根据有关文献资料显示，中南财经政法大学刘思华教授首次对生态文明这一概念做出马克思主义的界定，1994 年，刘思华教授出版《当代中国的绿色道路》一书，他在书中指出建设生态文明是为了有效解决人类日常社会活动中对自然的无限索取与自然环境系统有限供给之间的矛盾，人类在开发利用自然资源的过程中要合理保护自然资源，使之可持续地利用。[1] 随后，刘思华教授又对生态文明建设这一概念进行了更加规范的说明，生态文明建设不仅要保障当代人的利益，而且要有足够的资源留存给后代人。要在开发利用自然环境的过程中注重对自然环境的保护，不能损害后代人的利益，要保证资源的持续利用以满足后代人的需要。[2]

目前学术界把生态文明建设，建设生态文明和生态文明三个概念当作是相同语义。笔者认为，这三个概念是有着一定差别的。其中，生态文明建设更多偏向于对自然的实践过程，更加突出强调人类在认识和了解自然的基础上合理开发利用自然资源。建设生态文明强调人们要改变不可持续的生产和生活方式，提升文明素质，扬弃陈旧过时的生活生产方式，走出一条新的、顺应时代潮流的发展道路，也就是生态文明发展之路。而生态文明是以上所有成果的总和，是人类为了更好的发展而取得的物质和精神成果的总和，也是人类认识自然改造自然的过程

① 刘思华：《当代中国的绿色道路》，湖北人民出版社 1994 年版，第 18 页。
② 高红贵：《关于生态文明建设的几点思考》，载《中国地质大学学报》（社会科学版）2013 年第 5 期，第 42 页。

中对人与自然和谐共处的最深刻体现。[①]

自从工业革命开始，环境问题就逐渐严重。近年来，我国的经济发展速度飞快的原因很大程度上有赖于对资源的开发和使用。如今，我们所提倡的建设生态文明是在面对着资源日趋紧缺，生态恶化现象日趋严重，环境问题越发需要得到重视的情况下而树立的科学的合理的发展理念。是中国共产党人在总揽国内外大局、充分贯彻实施科学发展这一社会主义核心价值观的体现。把生态文明这一理念放在国家发展总布局的高度上，彰显出我国对建设生态文明的重视，同时也能显示出它与物质、政治、精神文明既有密切联系又有鲜明的相对独立性。[②] 党的十八大报告中，把生态文明放在新的高度并贯穿始终，不论是政治经济建设还是社会文化建设都在强调保护好生态环境。十九大报告在总结十八大报告核心精髓的基础上，继续强调建设生态文明的重要性，并把它纳入永续发展中华民族的千年大计之中。[③]

在建设生态文明的过程中，要全面覆盖包括政治、经济、文化、社会在内的所有问题，这其中要求政府、企业和个人等众多群体的参与，在生产、分配、流通、消费等各个环节注入生态文明的理念。整体上来说，生态文明的建设需要一个复杂的过程，在这个过程中，社会系统需要调节，人的行为习惯需要转变，也就是生不论在生产方式还是生活方式上都需要彻底做出调整。

（二）正确把握建设生态文明与生态文明建设的异同性

党的十八大把建设生态文明放在了突出的地位。为了追求经济的可持续发展，对生态的保护是重中之重，把生态文明放在新的高度并贯穿始终，要求不论是政治经济建设还是社会文化建设都要保护好生态环境。[④] 相关资料显示，我国超过95%的公民对生态文明这一概念有所了解，有18%左右的公民对生态文明这一概念和内容较为熟悉，能够大概说清楚生态文明的含义，有36%左右的公民确切地知道生态文明建设这一概念。[⑤] 由此，我们可以认为，生态文明这一观念的宣传还是深入人心的。之所以使生态文明建设成为与我国经济发展相协调的建设目标，作为五位一体社会主义建设目标的重要组成部分，既是我国生态面临

[①] 中国科学院可持续发展战略研究组：《2013 中国可持续发展战略报告》，科学出版社 2013 年版，第 11 页。

[②] 高红贵：《关于生态文明建设的几点思考》，载《中国地质大学学报》（社会科学版）2013 年第 5 期，第 42 页。

[③] 习近平：《决胜全面建成小康社会 夺取新时代中国特色社会主义伟大胜利》，人民出版社 2017 年版，第 23 页。

[④] 胡锦涛：《坚定不移沿着中国特色社会主义道路前进 为全面建成小康社会而奋斗》，人民出版社 2012 年版，第 20 页。

[⑤] 曹旭、霍昭妃：《生态文明建设途径探析》，载《当代经济》2011 年第 10 期，第 22～23 页。

重大挑战的体现，也是我国追求更高质量发展的生动体现。生态文明建设是中国发展的题中之义。[①]

我们所要建设的生态文明，是一种与以往人类文明和经济社会形态不同的新型文明形态和经济社会形态，从理论形态上讲，可以把这种新型文明创新实践概括为创建生态文明或建设生态文明。从这方面来看，建设生态文明在理论上是贯穿所有社会形态和文明形态的一种持久的过程。[②] 在社会文明的实践中具体呈现为一种全新的文明发展模式与经济社会发展模式。故我们从实践形态上把这种文明实践创新概括为生态文明建设。因此，在理论逻辑上不能把建设生态文明和生态文明建设当作一个同义语，更不能相互替代。在大力推进生态建设过程中，要坚持树立顺应和保护自然环境的理念，因为只有这样才能促进人与自然的和谐统一，[③] 才能更好地推动我国经济持续运行，才能保证科学的可持续的发展目标得以实现，最终实现中华民族伟大复兴的中国梦。

三、新时代生态文明建设的新内涵和新思想

党的十九大报告独立成篇阐述了我国生态文明的理念、举措、要求，指出了我国未来生态文明发展的道路、方向、目标，是新时代建设生态文明和美丽中国的指导方针和基本遵循。

新时代生态文明建设的新定位。党的十八大以来，我们党关于生态文明建设的思想不断丰富和完善。在"五位一体"总布局中生态文明建设地位非常重要，并上升为我国社会主义事业"五位一体"总体布局和国家发展战略。习近平总书记在十三届全国人大二次会议内蒙古代表团审议时的讲话，特别强调"要保持加强生态文明建设的战略定力"，"保护生态环境和发展经济从根本上讲是有机统一、相辅相成的"。[④] 习近平在全国生态环境保护大会上深刻阐述了"走向生态文明新时代，建设美丽中国，是实现中华民族伟大复兴的中国梦的重要内容"。[⑤] 将美丽中国和生态文明写入《中华人民共和国宪法》。2018 年 5 月 4 日，习近平总书记在纪念马克思诞辰 200 周年大会上强调指出："我们要坚持人与自然和谐共生，牢固树立和切实践行绿水青山就是金山银山的理念，动员全社会力量推进

---

① 陈羽：《从"建设美丽中国"看生态文明建设》，载《重庆科技学院学报》（社科版）2013 年第 6 期，第 12 页。

② 刘思华：《生态马克思主义经济学原理》（修订版），人民出版社 2014 年版，第 541 页。

③ 参见习近平 2013 年 5 月 24 日在十八届中央政治局第六次集体学习时的讲话。

④ 《保持加强生态文明建设定力　守护好祖国北疆这道亮丽风景线》，载《光明日报》2019 年 3 月 6 日。

⑤ 《习近平治国理政》，外文出版社 2014 年版，第 211 页。

生态文明建设，共建美丽中国……走出一条生产发展、生活富裕、生态良好的文明发展道路。"① 生态文明建设不仅成为党和人民、国家意志的充分彰显，而且也是新时代马克思主义中国化生态文明思想的创新体现。2019 年 4 月 29 日，习近平总书记在中国北京世界园艺博览会开幕式上讲到，"现在，生态文明建设已经纳入中国国家发展总体布局，建设美丽中国已经成为中国人民心向往之的奋斗目标。"②

新时代生态文明建设的新目标新部署。党的十九大报告明确提出到 21 世纪中叶，"把我国建成富强民主文明和谐美丽的社会主义现代化强国"，③ "我国物质文明、政治文明、精神文明、社会文明、生态文明将全面提升"。④ 习近平在全国生态环境保护大会上的讲话中，明确提出实现美丽中国的两个阶段性目标：更翔实地部署和指导构建生态文明体系，强调了构建生态文明体系阶段目标与实现中华民族伟大复兴中国梦奋斗目标的自然衔接，进而更凸显了"生态文明建设是中华民族永续发展的根本大计"重要地位和作用。两个阶段性目标：到 2035 年，生态环境质量实现根本好转，美丽中国目标基本实现；到 21 世纪中叶，建成美丽中国。如何实现两个阶段性目标？习近平总书记在全国生态环境保护大会上强调，要加快建立健全包括生态文化体系、生态经济体系、生态目标责任体系、生态文明制度体系和生态安全体系在内的生态文明体系。⑤ 这五个体系既是建设美丽中国的具体部署，也是从根本上解决生态环境问题的对策体系，需要长期贯彻和坚决落实。新时代解决生态环境资源问题老难题的战略部署，可以称之为新格局、新举措。主要体现在以下四个方面：一是节约资源与保护是根本之策，节约资源和提高其利用效率，促进全面资源节约与保护是生态文明建设战略的重中之重。二是坚决打好环境治理与保护攻坚战。三是生态修复与改善、生态建设与保护。这是我国较长历史时间内生态文明建设战略实践的战略重点。四是全力构建生态文明建设战略体系，即生态文明体系、生态经济体系、目标责任体系、生态文明制度体系和生态安全体系。

新时代生态文明建设的新观点。党的十九大报告首次提出："现代化是人与自然和谐共生的现代化"，突出了现代化的"绿色属性"，更加符合生态文明建设的内在要求。这是重大的理论创新和科学的论断。生态文明建设是关系中华民

---

① 《习近平：在纪念马克思诞辰 200 周年大会上的讲话》，新华网，2018 年 5 月 4 日，http：//www.xinhuanet. com/politics/2018 – 05/04/c_1122783997. htm。

② 习近平：《共谋绿色生活，共建美丽家园》，载《光明日报》2019 年 4 月 29 日。

③ 习近平：《决胜全面建成小康社会　夺取新时代中国特色社会主义伟大胜利》，人民出版社 2017 年版（单行本），第 12 页。

④ 习近平：《决胜全面建成小康社会　夺取新时代中国特色社会主义伟大胜利》，人民出版社 2017 年版，第 29 页。

⑤ 任勇：《加快构建生态文明体系》，载《求是》2018 年第 13 期。

族永续发展的根本大计，是全面建成社会主义现代化强国的重要战略任务。现在，全国各地都在探索生态优先绿色发展新路，作出生态优先、绿色发展、融合共生、绿色创新的战略抉择。绿色发展不只是思路更是出路，不只是需要心动更要拿出行动。就当下而言，打好污染防治攻坚战是关键，推动我国生态文明建设迈上新台阶。习近平在《推动我国生态文明建设迈上新台阶》这篇重要讲话中，科学地概括出了新时代推进生态文明建设必须坚持的六项原则：一是坚持人与自然和谐共生的生态自然观；二是树立和践行以"两山论"为基础的绿色发展理念；三是良好生态环境是最普惠的民生福祉；四是山水林田湖草是生命共同体，统筹山水林田湖草系统治理；五是用最严格制度最严密法治保护生态环境；六是共谋全球生态文明建设，推动构建人类命运共同体。①

第三节　生态文明建设与经济建设融合发展的理论生成逻辑

生态文明建设"融入"现代化建设是一个"时代命题"或"新概念"，是我国步入经济新常态的使命。但从经济学来说，其本质仍然是关于社会主义经济绿色化、生态化创新发展的"老话题"。这个"新命题"是在总结我国经济发展经验和立足于中国国情的基础上提出来的，需要不断地探索创新生态文明建设与经济建设"融合"的层次、领域、方式、产业等。

一、从"融入说"到"融合说"

党的十八大报告为了突出生态文明建设的战略地位，提出了著名的"融入论"。党的十九大报告对"融入论"创新、升级提出了著名的"融合论"，形成了习近平关于融合发展的一些重要论述。

从学理上来讲，自然生态环境是母系统，其他系统都是子系统，如果把自然生态系统融入经济系统，亦即把"母系统"融入"子系统"，这是不可能的，我们讲不清楚，相信其他专家学者也有可能讲不清楚，因为党的十九大报告没有这样提。如果从政策层面、实践操作层面来说，可以倒过来讲，可以把母系统融入子系统。实际上，生态文明建设不代表自然生态系统的运行，经济建设也不等同于经济系统的运行。"建设"，只是我们在社会主义事业中有目标、有规划、付诸

---

① 习近平：《推动我国生态文明建设迈上新台阶》，载《求是》2019年2月1日。

实践的行为。生态文明建设本身包括政治行为——制定改进自然生态系统的政策法规，包括经济行为——进行国土建设、产业生态化等，文化行为——推进生态文明意识的教育、文化、社会风俗。相比经济建设，生态文明建设的规模要小。所谓生态文明建设融入经济建设，就是要让经济建设都能体现生态文明建设的意愿、遵循生态文明建设的政策法规、在日常经济建设的细节上体现生态文明的要求，等等。

本书是在 2013 年国家社科基金研究项目《生态文明建设融入经济建设的制度机制研究》的基础上修改而成的，当时是在学习贯彻十八大精神申报的课题项目并获得立项，但因种种原因是在十九大以后才提交研究报告并获得结项，现在才修改出版。所以，该著作必须以习近平新时代中国特色社会主义生态文明思想为指引，认真学习和贯彻党的十九大报告精神，例如，在我的著作中"建设生态文明"和"生态文明建设"的概念就是引用习近平总书记的原话，从而坚持理论创新和实践创新。

党的十八大报告为了强调生态文明建设的突出地位，要在现代化建设全过程中加强生态文明建设，报告明确指出，"把生态文明建设融入经济建设、政治建设、文化建设、社会建设各方面和全过程"，[①] 这就是著名的"融入说"。"融入说"在本质上是一种融合发展的实现形式，但只不过是一种特殊的形式。

到了党的十九大，经过五年的实践证明，"融合说"是"融入说"的升级、改进、提高。因此，"融入说"没有写进党的十九大报告。习近平总书记在创新发展十八大报告基础上，提出了"融合论"，他在十九大报告中明确指出："更加注重军民融合"[②]，"军民融合发展战略"[③]。这突出表现在"五位一体"总布局下的"五项建设"的全面融合发展，构成了生态文明建设战略的新内涵。因此，"五位一体"总布局中的生态文明建设不仅自身同现实经济社会运行与发展融为一体，融合发展；而且还要与政治建设、经济建设、文化建设、社会建设融为一体，合二为一，融合发展。十九大报告中还提出了促进农村"一二三产业融合发展"[④]，这是党和政府着眼于世界城乡关系发展规律、我国城乡关系发展实际和未来城乡居民最大福祉做出的重大战略部署，为我们探索融合发展提供了理论和方法论上的指导。也就是说，我国社会主义经济社会形态内部各组成部分、各领域之间都是相互依存、相互作用、相互融合，形成不可分割的整体。

---

① 《十八大以来重要文献选编》（上），中央文献出版社 2014 年版，第 30~31 页。

② 习近平：《决胜全面建成小康社会　夺取新时代中国特色社会主义伟大胜利》，人民出版社 2017 年版，第 25 页。

③ 习近平：《决胜全面建成小康社会　夺取新时代中国特色社会主义伟大胜利》，人民出版社 2017 年版，第 27 页。

④ 习近平：《决胜全面建成小康社会　夺取新时代中国特色社会主义伟大胜利》，人民出版社 2017 年版，第 32 页。

二、融合发展是发展的客观规律

融合发展关键在"融为一体、合而为一",是客观事物发展的一条重要规律。恩格斯在《路德维希·费尔巴哈和德国古典哲学的终结》一书中把发展称之为"伟大的思想",而习近平总书记提出"军民融合发展战略""农村一二三产业融合发展"等重要论述,它指引我们认识探索把握融合发展是事物发展的一个客观规律。党的十九大以后,党报、党刊、党台、党网等主流媒体紧跟时代,从中央到地方增强了融合发展的宣传能力,大胆运用新技术、新机制、新模式,加快融合发展步伐,使广大领导干部和人民群众认识到融合发展是客观发展规律。全党全国人民用五大发展理念指导融合发展,在习近平新时代中国特色社会主义思想指导下谱写了光辉的新篇章。

(一)探索经济社会系统内部存在着融合发展的现实客观性

经济社会系统是从人们之间的相互利益关系看待的社会生产关系,其组成部分包括生产系统、劳动力再生产系统、经济体制系统等子系统,每一个子系统之间以及系统内部之间不断地进行着能量和物质交换。因而,任何生产过程都是物质、能量、信息不断运动的过程,亦即由物质循环、能量流动、信息传递把经济系统内部的各个组成部分连接成一个有机体系。该系统的内部运动,不仅包括实物、价值、价格等范畴的相互作用及其变动,而且还包含了经济体制和制度、人们之间的经济关系、社会经济意识和文化等各种因素的相互作用和变动,正是因为这些因素的相互依赖、相互作用及其相互适应与协调,从而使该系统的运动保持一定的稳定性、持续性和高度的融合性。

现代经济发展的实践证明,现代经济发展受诸多经济因素和非经济因素的影响和制约,现代经济发展是一种多要素、全方位、多领域的综合发展,发展的中心议题就是要把现代经济社会运行与发展转到良性循环轨道上来,从而实现人与自然和谐统一,这是生态文明时代的基本特征。生态文明是 21 世纪人类社会文明的主导形态,建设生态文明发展绿色经济是 21 世纪中国发展的主旋律,[①] 是中国共产党不断认识和实践探索的结果。在生态文明的新时代里,推进生态文明建设与经济建设的融合发展形式多种多样。当前,着力推动军民融合发展、国家重大区域战略融合发展、多层次多领域多产业等融合发展,因地制宜地探索各具特色的融合模式,剖析国内外经验和典型案例,不断创新和推动融合发展。

[①] 刘思华:《生态文明与绿色低碳经济发展总论》,中国财政经济出版社 2011 年版,第 2 页。

1. 推动军民融合发展。以习近平同志为核心的党中央领导人对"军"和"民"相结合的发展认识，由"以军为主""军转民"到"军民结合""军民全面发展"，再到"军民融合发展"，随着认识的不断加深，军民融合发展向更广范围更高层次更深程度融合，逐渐形成多领域多效益的发展局面，由此，军民融合上升到"国家战略"层面。习近平总书记在党的十九大报告中强调"坚持富国和强军相统一"，①"富国"和"强军"都需要改革创新来推进，改革必将加快军民融合的速度，最终形成融合深度发展的格局。军民融合发展呼唤体制改革和技术创新，改革和创新必将推动新时期军民"融合发展"向更深更多层次融合发展。推动军民融合深度发展的着力点，在于大力推动科技协同创新，根本在强化责任担当，狠抓贯彻落实。目前，国家正推进建设首批国家级军民融合创新示范区，一批军民融合创新基地蓬勃兴起，有的以区域产业集群为优势，有的以驻军重镇保障社会化为依托，有的以颠覆性技术创新为特色。② 推动军民深度融合发展是支撑国家由"大"向"强"的必然选择，也是实现国家治理体系和治理能力现代化的内在要求。

实现融合发展一个重要途径是高等教育如何服务军民融合发展战略。高等教育在军民融合发展战略中肩负重要使命，是军民融合无可替代的主要枢纽和动力源。因此，高等教育必须聚焦军民融合战略人力支撑，构筑军、校"人才培养"共建体系；必须聚焦军民融合战略技术支撑，构筑军、校科技创新共享体系。走进新时代，高等教育应立足"政产学研"优势，打开服务军民融合国家战略边界，扎实构筑军、民"产学研用"融合体系，为军民融合国家战略全面实施贡献高等教育的独特力量。③

2. 推动国家重大区域战略融合发展。生态经济学理论的核心思想就是生态经济协调发展。所谓协调发展是指以实现人的全面发展为系统演进的根本目标，在遵循自然发展规律、社会发展规律、经济发展规律和人的发展规律基础上，通过总系统与子系统的协调、子系统与子系统的协调、子系统内部各组成要素间的协调，使系统及其内部构成要素之间的关系不断朝着由经济效益、社会效益和生态效益所构成的社会整体效益最大化方向演进的过程。④

区域经济协调发展，既可以从区域内部来考察，也可以从各区域之间来考察。区域经济协调发展的含义是随着经济理论和实践的发展而不断深化，由协调发展上升"区域战略"，再上升到"区域战略融合发展"。战略的主体是政府，

---

① 习近平：《决胜全面建成小康社会夺取新时代中国特色社会主义伟大胜利》，人民出版社 2017 年版，第 54 页

② 黄金：《加快推动军民融合深度发展》，载《光明日报》2018 年 10 月 23 日。

③ 马连湘：《高等教育如何服务军民融合战略》，载《光明日报》2018 年 12 月 17 日。

④ 沈满洪等：《生态文明建设与区域经济协调发展战略研究》，科学出版社 2012 年版，第 6 页。

既包括中央政府，也包括某个区域政府。为了更好更快地推动全面落实区域协调发展，中共中央、国务院颁发了《关于建立更加有效的区域协调发展新机制的意见》（以下简称《意见》），这个《意见》有利于推动国家重大区域"四大战略"① 融合发展。除此之外，还提出"引领""带动"新模式：一是建立以"中心城市引领城市群发展"；二是建立"城市群带动区域发展"，② 进而推动区域市场一体化建设，加强省际交界地区合作，充分发挥发达地区的引领作用，补齐欠发达地区的短板，进而推动各区域内部和区域之间融合互动发展。

3. 推动多领域、多区域、多产业融合发展。

（1）科学技术的交叉融合。据 2018 年《光明日报》报道，21 世纪以来，生命科学与生物技术交叉融合、不断创新，在医学临床、现代农业、生态环保等诸多领域得到广泛应用，从而推动了精准医学、精准农业、新能源新材料的创新发展，极大增强了民生福祉。21 世纪的生命科学已经成为主流科学，与诸多学科交叉融合发展，这必将从根本上解决当今人类社会面临的许多重大问题。

文化和科技融合打造江苏发展新引擎。江苏省委宣传部会同有关部门制定发布了《促进文化科技融合发展的二十条政策措施》，包括"孵育文化科技创新型企业、培育新型文化业态、实施重大技术项目带动、打造文化科技人才队伍、建设文化科技融合载体平台、强化对文化科技企业的金融支持、提升公共文化服务技术水平、优化文化科技融合发展环境"等八个方面，③ 并将落实情况纳入绩效考核。在实践运作中必须强化战略引导，抓重大项目建设。加大对文化科技融合创新的政策扶持力度，加快资源整合。以科技创新引领，让"两只手"形成合力，既让市场这只"看不见的手"优化文化资源配置，又让政府这只"看得见的手"通过调控优化产业布局。推动文化科技成果快速转化。通过科技创新使传统技艺对接现代生活，使江苏深厚的非遗产公益、技艺和产品转化为面向新时代的生活，呈现出新的面貌，使人民群众真正体验到文化与科技的深度融合。根据江苏省"十三五"规划，到 2010 年，文化产业将成为国民经济的支柱产业。据 2018 年 12 月 5 日《光明日报》报道，江苏省文化产业总值得到了迅速增长，从 2012 年到 2017 年的 5 年间平均年增产率达 3.36%。

（2）城乡融合发展。工业化、城镇化发展离不开农村经济发展，乡村振兴、农民富裕离不开城市。长期以来，城市和乡村共生并存发展。近年来，我国城乡发展的思路由"城乡二元"到"城乡统筹"再到"城乡一体化"，最终到现在的

---

① "四大战略"是指"一带一路"建设、京津冀协同发展、长江经济带发展和粤港澳大湾区建设。

② 《国家区域协调发展路线图》，载《21 世纪经济报道》2018 年 11 月 30 日。http：//www.cbda.cn/html/ds/20181130/124407.html。

③ 《江苏省出台〈促进文化科技融合发展的二十条政策措施出台〉》，中国经济网，2016 年 11 月 24 日，http：//www.ce.cn/culture/gd/201611/24/t20161124_18112042.shtml。

"城乡融合发展"，体现了我国对城乡关系的认识是基于中国国情和中国实践。

我们应该怎样理解城乡融合发展呢？城乡融合发展是一种合乎规律的发展，在遵循自然发展规律、经济发展规律和社会发展规律的基础上，认识到只有通过城乡融合发展及其融合程度的不断深入，最终才能实现城乡发展一体化。城乡融合推动乡村振兴。《中共中央国务院关于实施乡村振兴战略的意见》提出，推动城乡要素自由流动、平等交换、推动新型工业化、信息化、城镇化、农业现代化同步发展，加快形成新型城乡融合发展关系。

城市和乡村的融合发展离不开产业支撑，也就是加快推进农村一、二、三产业的融合发展，将农产品的生产、加工、销售与相关服务的有机结合，为全体人民提供更多更好更优质的物质产品、生态产品和文化旅游产品，尽可能满足城乡居民日益增长的个性化、多样化的消费需求。努力改变过去农村一、二、三产业发展不平衡不协调的状态，促使一、二、三产业之间的交叉互补、相互渗透、一体化发展，通过农村三产融合发展形成新业态。显然，城乡融合发展是我国实现传统农业转型升级的重要路径。

（3）产业融合发展。"文旅产业融合"发展。党的十七届六中全会明确提出"要推动文化产业与旅游等产业融合发展"，[①] 开启了文化和旅游融合发展的崭新一页。由此，中国文化和旅游融合发展从快速发展期（2011～2017年）进入了深度融合全面发展期。旅游产业优化升级是"文旅融合"的内在源动力，文化发展需求是"文旅融合"的外在驱动力，技术创新在文旅融合发展中起着催化作用。近年来，全国掀起了文化和旅游融合发展的高潮，鲜活实践案例层出不穷。在我国文化产业被界定为"为社会公众提供文化、娱乐产品和服务的活动，以及与这些活动有关联的活动的集合"。[②] 旅游产业是以旅游资源为凭借、以旅游设施为基础，通过旅游产品和服务，满足消费者各种旅游需求的综合性行业。旅游产业和文化产业融合发展可以实现二者互动双赢。

"数字"与文化结合、文化和旅游融合发展。数字经济是中国经济发展的新动能、新引擎。浙江省是全国科技力量最为集中、科研投入比例最高、科研成果最丰富的地区之一，拥有较多的国家级文化和科技融合示范基地，这就助推浙江用科技为文化发展注入强劲的创新动力。"文化＋"在电商、体育、制造业等诸多领域得到蓬勃发展，已经成为浙江的文化产业新业态，成为浙江经济新的增长点。浙江省在现代化经济建设中，把数字经济作为"一号工程"来建设，由此充分发挥浙江良好的信息经济产业基础、服务体系和发展生态。杭州积极推进数字

---

① 把多勋：《改革开放40年：中国文化旅游融合发展的假胡子与趋势》，载《甘肃社会科学》2018年第5期，第10～18页。

② 祁述裕：《中国文化产业发展前沿》，社会科学文献出版社2011年版，第14页。

产业化、产业数字化和城市数字化"三化融合"。① 数字产业化就是把数字资源变成新的产业。产业数字化即加速为传统产业插上新翅膀。加快制造业数字化转型、推动服务业数字化升级，提升农业数字化能力，培育新模式新业态。城市数字化即打开城市治理新密码，杭州正加速以"城市大脑"统筹各行各业领域数字化建设应用。据测算，我国数字经济总量的 GDP 占比超过 1/3，就业岗位占就业人数约 1/4，数字经济对我国经济的带动作用持续增强。②

（4）媒体融合发展。党的十八大以来，党中央非常重视传统媒体和新兴媒体的发展，特别重视这两者的融合发展，习近平认为，"融合发展：关键在融为一体、合而为一"。③ 习近平总书记在不同场合多次强调媒体传播方式的技术创新和应用创新。王兆鹏（2017）认为，推进媒体融合发展要注重三个着力点：理念融合、技术融合和产品融合。④ 推动媒体融合发展的动力是传播手段建设和创新。通过新闻媒体全方位的变革，运用互联网技术手段对传统媒体进行自我改造，逐步实现由单一媒体向全媒体拓展，促使媒体从"相加"走向"相融"。浙江长兴传媒集团经过七年的探索，为县级媒体融合发展积累了可资借鉴的成功经验。一是机制创新激发媒体融合发展活力。在优化组织结构基础上，制定和完善了目标责任制和问责制、集团内部激励机制、"首席"聘任制、五档薪酬制度等。二是技术创新打造全媒体传播矩阵。为优化全媒体采集、采访、编审、刊发流程，长兴传媒创新开发了"融媒眼"⑤ 指挥平台系统，极大地提高了新闻生产效率。三是"新闻＋"推进县域全媒体深度融合。长兴传媒全力拓展多元化产业经营，做强做大新闻主业，同时开发线上线下、跨界经营各类新媒体活动项目。⑥ 通过长兴媒体融合发展的鲜活案例，我们充分认识到，运用新技术、新应用创新"媒体传播方式"，有利于加大有效信息的推广与利用，从而提高市场竞争力。福建尤溪县县级媒体融合改革成为媒体改革的热点，它们努力攻克难关，媒体融合有道，更好更快地把党的声音送到群众身边，做好广大城乡千家万户的"千里眼""顺风耳"。⑦ 尤溪县"融媒体"的实践过程告诉我们，"融媒体"不是简单地做加法，而是做乘法，"真融合""深融合"是将不同平台、不同资源通过不同渠

① 司马一民：《推进"三化融合"形成杭州经济发展的新动力》，载《杭州日报》2018 年 8 月 6 日。

② 石羚：《人民时评：数字化，激扬发展新优势》，载《人民日报》2020 年 7 月 10 日。

③ 《习近平谈媒体融合发展：关键在融为一体、合而为一》，人民网，2018 年 8 月 22 日，http：media. people . com. cn/GB/nl/2018/0822/c40606－30244361. html。

④ 王兆鹏：《推进媒体融合发展的三个着力点》，2017 年 12 月 29 日，http：//media. people. com. cn/nl/2017/1229/c14677－29736477. html。

⑤ "融媒眼"是一个新开发的融媒体传播平台和移动终端。

⑥ 光明日报调研组：《县级媒体融合发展的"长兴探索"》，载《光明日报》2018 年 12 月 7 日。

⑦ 高建进、刘成志：《福建尤溪县融媒体中心：县级媒体融合改革的"报春花"》，载《光明日报》2018 年 12 月 20 日。

道、不同运行机制对不同内容和不同人才等各方面的有机融合。尤溪县"融媒体"中心的最大特色是内容生产融为一体。

（5）建构话语体系融合发展。习近平总书记在哲学社会科学工作座谈会上的讲话中强调，"发挥我国哲学社会科学作用，必须注意加强话语体系建构。"① 这就要求我们必须建构易于为国际社会所理解和接受的、中国气派、中国风格的话语体系。为此，我们必须遵循习近平关于融合发展的重要论述，加强我国哲学社会话语体系建设。因而有学者提出"四个融合"：一是思想性话语与学术型话语相融合；二是人文性话语与科学性话语相融合；三是反思性话语与建构性话语相融合；四是传统型话语与时代性话语相融合，从而真正建构出具备有时代特征的中国气派、中国风格的马克思主义话语体系，来引领我国哲学社会科学的新发展。

4. 推动区块链与经济融合发展。区块链从本质上来讲，是一种分布式账本，是多中心的记账方式（技术方案）。它是记录与经济活动相关信息的一种行为。区块链的记账功能是建立在密码学的基础之上，它可以将记账的功能保留在不同的主体上，而且对于交易的各方还可以保证一定的匿名性和安全性。② 之所以取名叫"区块链"，是因为它使用了一串由密码学方法相关联产生的数据块，每一个数据块中都包含了过去一段时间内的所有交易信息，用于验证其信息的有效性并产生下一个区块，其本质是能完成既定社会目标的信息分散决策机制。区块链是一系列计算机技术的新型应用模式，作为新技术代表的区块链，不仅能够进行价值传递，也能够让用户掌控自身数据，更有效地激励所有参与者。因此，区块链技术的发展和应用，必须在安全、可控、可管的前提下稳妥稳步推进发展。

进入 21 世纪以来，以区块链为代表的新一代信息技术加速突破应用，已延伸到数字金融、物联网、智能制造、供应链管理、数字资产交易等多个领域。我国努力力争把区块链作为核心技术自主创新的主要突破口，明确主攻方向，加大投入力度，着力攻克一批关键核心技术，加快推动区块链技术和产业创新发展。③ 积极推进区块链与经济社会融合发展，不仅有利于拓展区块链技术的应用领域和发展前景，也将有助于我们在全球科技竞争取得领先优势，推动我国经济实现高质量发展。

5. 推动大数据与实体经济深度融合发展。大数据是国家重要的战略资源，信息技术革命带来了大数据产业的蓬勃发展。党的十八届五中全会提出实施"国家大数据战略"，党的十九大明确指出要"推动互联网、大数据和人工智能和实

---

① 《习近平在哲学社会科学工作座谈会上的讲话》（2016 年 5 月 17 日），载《人民日报》2016 年 5 月 19 日。

② 高奇琦：《区块链与智能革命的未来》，载《学习时报》2019 年 12 月 13 日。

③ 2019 年 10 月 24 日下午，习近平总书记在中共中央政治局就区块链技术发展现状和趋势进行第十八次集体学习时的讲话。

体经济深度融合。"世界已跨入了"互联网 + 大数据"时代，我国要紧跟时代的步伐，必须秉持创新、协调、绿色、开放、共享的发展理念，围绕建设网络强国、数字中国、智慧社会，全面实施国家大数据战略，助力中国经济从高速增长转向高质量发展。为此，我国很多省市开始高度重视大数据战略，到目前为止，我国已有 20 个省份省级机构成立了大数据管理局。

所谓大数据，就是对海量数据资源进行数据采集、存储、分析与处理，实现对数据库、知识库、云计算、数据分析库的基础平台建设，以及基于服务的集成智能分析和快速决策。大数据拥有跨产业协同加速，实现数据融合的特性，也就成为驱动经济社会发展的关键点。实体经济是我国经济社会发展的重要根基，实体经济借助大数据插上翅膀，飞向云端；大数据也可借此契机让自身发展壮大，形成大数据产业、产业链。党和国家一直高度重视这些新兴信息技术对实体经济的影响和作用，并强调它们的融合互动发展，特别是对实体经济的有力支持。

融合是大数据的方向，大数据与实体经济融合是产业发展的重要方向。国家顶层设计持续完善，数据治理不断加强，行业集聚示范效应显著增强，区域布局持续优化，促进了制造业、服务业和农业数字化智能化，为数字经济提供了新的生产要素，推动了新的经济形态的产生。要想加快推动大数据与实体经济深度融合，一是培育完善的大数据产业体系。二是拓展各行业大数据应用。三是提升大数据对于传统行业的转型升级能力。[1] "互联网 + ……与无接触经济"凸起。2020 年初的新冠病毒疫情，使百万"云监工"[2] 守候在大小屏幕前。斗鱼直播24 小时不间断全程直击武汉"火神山"医院、"雷神山"医院建设，百万"云监工"直播间最高热度超过 140 万；武汉东湖大数据交易中心股份有限公司，开通复工复产信息管理平台，能在线完成复工复产审批；源启科技、默联科技等一大批"互联网 +"医疗企业，以小分队、志愿者形式，服务方舱、医院、社区等。[3] 武汉东湖高新区鼓励企业"云上复工、有限复工、逐步复工"，推动近 200家互联网企业复工，促使经济稳定有序发展。

（二）探索自然生态系统和社会经济系统有机统一体的生态经济社会系统存在着融合发展的现实客观性

1. 生态经济系统是"生态—经济—社会"有机整体。生态经济学理论告诉我们，生态经济系统是一个生态、经济、社会复合而成的大系统。在这个复合的、统一的大系统中，各子系统、各要素之间是相互联系、相互制约和相互作用

---

① 闫树：《加快大数据与实体经济的深度融合》，载《现代电信科技》2017 年第 12 期，第 17 ~ 18 页。

② "云监工"，网络流行语，通过直播镜头去"监督"。

③ 李佳：《光谷近 200 家互联网企业复工，武汉"无接触经济"异军突起》，载《长江日报》2020年 3 月 30 日。

的。人类必须通过自己的经济活动持续不断地为生态系统输入、输出物质和能量，调整自身的生态经济行为，以激活与增强生态环境自我更新能力和自然资源的持续供给能力，以维持生态系统的动态平衡和持续生产力。理论和实践都证明，社会越进步，经济越发展，技术越先进，生物圈、技术圈和智慧圈之间就越相互依存、相互融合、相互作用，成为不可分割的经济有机整体。① 这就是自然规律和社会规律的统一。

现代经济发展是社会经济系统和自然生态系统协调发展。现代经济社会再生产是生态经济有机系统再生产，它不仅包括物质资料再生产和精神再生产，还包括人类自身再生产和自然生态再生产。这个再生产过程，是自然生态过程和社会经济过程相互交织与相互作用的生态经济再生产过程，是社会经济系统与生态系统不断进行生态耦合、结构整合和功能整合的过程。在生态经济社会大系统中，生态系统是由水、土、气、矿及其各环境要素之间的相互关系来构成的人类赖以依存繁衍的生存环境；经济系统是指人类主动地为人类自身生存和发展组织有目的经济活动，包括生产、流通、消费、还原和调控等环节；社会系统是由人的观念、经济体制及社会文化构成。这三个系统是相互联系、相互制约和相互发生作用。

生态经济系统的运动过程是旧平衡不断被打破和新平衡不断建立的过程，我们只有正确认识了生态和经济这两个系统的相互依赖相互作用，才能更好地认识生态经济及其运动规律，并利用生态经济规律为人类谋福利。人类不仅是经济系统运行的主体，而且生态系统的协调者，推动着生态经济系统按照其自身固有的生态经济规律向前发展。因此，社会经济系统的社会物质再生产和自然环境再生产之间的平衡协调发展，是生态经济系统进化发展的总体趋势：两种再生产相互平衡和发展的规律是支配生态经济发展全局的规律，② 也是一切经济社会形态下人类社会经济活动所共有的生态经济规律。③ 人类已经认识到生态经济规律并利用该规律为社会经济服务，正在努力把现有的生态系统建设成为一个持续、稳定、协调及其适度发展的生态经济系统。党的十八大提出的"大力推进社会主义生态文明建设，努力建设美丽中国，实现中华民族永续发展"，是中国社会主义经济发展的新战略目标，并把改善人民生活环境、提高人民生活质量规定为经济社会发展的主要奋斗目标。这些标志着中国经济社会发展战略转移到人与自然和谐相处、生态文明与经济建设融合发展的轨道上来，重溯和实现人、社会和自然有机整体，达到"生态—经济—社会"复合系统良性运行和协调发展。

2. 习近平"两山论"阐述的是自然生态系统和社会经济系统的有机统一和

---

① 刘思华：《生态马克思主义经济学原理》（修订版），人民出版社 2014 年版，第 294～297 页。

② 刘思华：《论生态经济规律》，载《广西大学学报》（哲学社会科学版）1985 年第 3 期，第 62～65 页。

③ 高红贵：《绿色经济发展模式论》，中国环境出版社 2015 年版，第 59～62 页。

融合发展。党的十八大以来，习近平总书记多次反复地阐释"绿水青山"和"金山银山"的理论和实践意义。这两者的关系，不仅包含了经济与生态的辩证关系，也体现了持续、稳定、循环的科学发展观。习近平"绿水青山就是金山银山"（简称"两山论"）的科学性不是从纯经济学进行阐述的，而是从自然生态和经济社会这两个大系统相融合相统一来讲的。

"绿水青山"意旨自然生态系统，代表着良好的生态环境，如果从自然生态系统来理解，"绿水青山"具有典型的地带植被、正向交替的生态系统、良好的生态结构、强大的生态功能、优美的自然环境等内在要求；"金山银山"意旨财富或绿色银行，代表物质财富和绿色财富，如果从经济社会系统来理解，"金山银山"具有巨大的经济潜能、预期的经济效益和社会效益的和谐统一等语义要求。

就经济与生态这两个系统来看，一个良好的经济系统必然要求有一个良好的、平衡的、稳定的生态系统与之相适应，二者相互促进相互作用，形成一个良性循环的运行统一体。"绿水青山"是大自然生态系统的一部分，在一定时期内的存在和发展是有限的，人类经济活动快速消费自然资源，从而会加速资源的耗竭，地表的绿水青山将会变得越来越稀缺。因此，绿水青山必须要在自然生态规律作用下，不断地进行循环运动和发展，使生态系统发挥更强大的作用，更好地维护生态系统自身稳定。经济学常识告诉我们，经济系统是社会再生产过程中生产、分配、交换和消费过程的有机体，它也是由物质、能量和信息的运动把经济系统内的各个组成部分连接成一个有机体系。人类在经济活动中，通过技术开发和创新促使生态系统和经济系统相互耦合为一个整体。经济系统必须从生态系统输入能量和矿物，又把产出输入到生态环境中，通过技术进步和技术创新，提高生态系统服务功能，提高生态系统产出率，使生态系统与经济系统或"绿水青山"与"金山银山"协调发展，确保自然生态系统维护和经济社会系统发展长期处于良好的、持续的耦合状态，从而实现经济、生态和社会效益的有机结合和最佳统一，使"绿水青山"实现为"金山银山"。

"绿水青山就是金山银山"是对自然生态系统和社会经济系统的有机统一和融合发展的精准概括。"绿水青山"作为自然生态系统，它本身就是宇宙"财富"的重要组成部分和源泉所在，是人类生存和发展的根基。"绿水青山"是自然资源，既具有经济属性和经济价值，又具有生态属性和生态服务价值。人类在物质生产过程中，通过技术创新和先进生产工艺将自然资源产生资源产品价值。生态属性表现为自然资源能够提供生态产品与服务。"金山银山是"人们的物质追求，这两者都是人类生存和发展所不可缺少的。习近平总书记在实践中认识和提炼的"两座山"理论，阐明了经济社会发展与生态环境保护之间的辩证统一关系，体现了经济发展与生态环境保护二者不可分割，构成有机统一整体。习总书记把经济发展与资源环境保护放在了同等重要的地位。习总书记强调在经济发展与环境保护发生矛盾冲突时，"不能只要金山银山，不要绿水青山"，同时他强调了生态环境的重要性，如果把良好的生态环境转化为生态农业、生态工业、生态旅游等产业，实现了经济效益，那么，"绿水青山就变成了金山银山"。也就是说，生态不等于经济，生态优势并不就是经济优势，关键在于如何转化。因此，我们必须树立自然生态系统思路抓生态建设，抓源头保绿水青山。不断创新发展机制，构建系统完整的制度创新体系，探索资源创新利用形式。因此，要在习近平生态文明思想指导下，不断探寻生态与经济融合发展实践路径，坚持促进社会主义经济生态化、绿色化创新发展，变革和转变经济发展方式和生活方式，走生态优先绿色发展之路，让"绿水青山"的价值充分发挥出来，实现"百姓富"和"生态美"的有机结合和最佳统一。

最后，我们必须慎重强调融合发展的途径很多。习近平在倡导构建世界和平的过程中，主张人类多元文明相互交流、和平共处，以"共商、共建、共享"为前提的"共同价值"观念，实现融合发展。他在谋共同永续发展合作共赢的重要讲话中强调："文明要促进和而不同、兼收并蓄的文明交流"。① 显然，人类文明越多样性，世界越丰富多彩，文明的多样性带来世界各国人民的相互交流，交流意味着不断交融和融合，融合必将导致社会进步，进而推动人类多元文明融合发展。这就是习近平总书记揭示的人类多元文明相互交流、融合发展的客观规律性。

----

① 习近平：《谋共同永续发展　做合作共赢伙伴》，载《人民日报》2015 年 9 月 27 日。

第二章

生态文明建设与经济建设融合发展的内在经济机制

机制的本意是指机器运转过程中的各个零部件之间的相互联系、互为因果的连接关系及运转方式。这里先要搞清楚各零部件有什么样的功能，相互按什么样的机理联系和组合。也就是说，我们不能把任何"机制"理解为一个孤立的要素，而应将它们看作特定有机体运动过程中的各构成要素间的联系和运动。各构成要素都自成系统，各自都有特定的运行机制。

在本书的研究中，生态文明建设与经济建设融合发展的内在机制就是各构成要素的相应机制之间的互动耦合。生态文明建设与经济建设分属于不同机体运行系统，相当于自然生态系统和经济社会系统各构成要素相应机制的互动，但不是完全对等的。生态文明建设系统不完全是自然生态系统，经济建设系统也不完全是经济社会系统，自然生态系统和社会经济系统互动耦合形成生态经济复合系统。在生态文明新时代背景下，生态文明建设与经济建设融合发展就是在这个"复合"的大系统中运行的，其运行机制体系是以生态法则为导向的，强调"自然规律先于经济规律"，把"遵循自然规律、按自然法则办事"作为首要原则，最终目标是增进人民福祉和实现人的全面发展。

机制实际上是制度和体制的实现机制，任何制度与体制都是通过其运行机制最终得以实现的。机制与体制有着内在的联系，比如经济机制与经济体制的内在联系可从两个方面来看：首先，一定的经济机制是在一定的经济体制下形成的。它既是指经济体制结构及各构成要素的联系方式，又是指这种结构和联系方式在经济运行中的功能。其次，经济体制的改革和设计，实际上是对经济机制的选择。经济体制各构成要素及联系方式的改革和调整，要根据所选择的作为目标的经济机制的内在机理。[1] 正因如此，推进生态文明建设，首先要推动生态文明制度建设，改革生态文明体制，最终都要落实到完善和改革生态文明建设与经济建设的运行机制上。生态文明体制改革就是改革原有的、传统的、不符合生产力发展的传统经济运行机制，选择适合新发展理念的新的运行机制，进而实现经济运

---

[1] 卫兴华等：《经济运行机制概论》，人民出版社 1989 年版，第 39~49 页。

行机制的转换和变革。生态文明建设是伟大的系统工程，涉及多领域和各层面的变革。因此，生态文明建设与经济建设二者融合发展需要有一个既符合生态经济规律又符合经济规律的内在运行机制。灵活的、运行高效的机制才能使两者较好地"融入"，才能较好地推动生态文明建设。

生态文明与经济建设相融合的内在运行机制主要包括三部分：动力机制、约束机制、激励机制。首先，动力机制通过绿色福利激发和推动生态文明建设与经济建设相融合，促使全社会坚定不移地向着兼顾生态、经济和社会三大效益的方向前进。其次，约束机制通过（内部）负向纠错的限定与修正功能，实施刚性约束制度，遏制生态环境继续恶化的趋势，保证生态文明制度的落地落实。最后，激励机制通过（外部）正向激发的补贴与优化功能，激励市场行为主体在从事经济活动的过程中更好地顾及生态环境，推进生态文明与经济建设融合发展，为未来我国经济的顺利转型奠定较好的资源基础。

第一节　生态文明建设与经济建设融合发展的经济动力机制

按照马克思的观点，物质利益是人类经济活动的一个基本动力，但并不一定就表现为个人追求经济利益的利己心。在马克思看来，对个人利益的追求将被共同劳动的意志和乐趣所代替，物质利益原则表现为追求集体的、公共的利益，而不是狭隘的、个人的利益。工业文明时代的经济动力机制就是追求经济高速增长，追求物质利益的增加，追求眼前利益和局部利益的增加，主要朝着取得经济效益的单一方向进行。生态文明时代的绿色经济发展动力机制有其崭新的含义。生态文明的绿色经济发展不仅以保证当代人福利的增加为动力，还以后代人有与当代人相同甚至更高的福利水平为动力。因此，绿色经济发展既要增加经济效益，也要增加生态效益和社会效益，把增加生态效益放在优先地位，寻求生态效益、经济效益与社会效益的有机统一的实现形式，坚定不移地向着兼顾生态、经济和社会三大效益的方向前进。

生态文明建设与经济建设融合发展，实现经济发展与环境保护"双赢共进"，这是一个理想状态，是目标和愿景。生态文明建设的主体企业积极主动地进行生态文明建设也是一个理想状态，必须依靠政府来驱动，政府、企业、社会公众必须发挥各自的作用。

一、政府、企业、公众的动力机制

生态文明建设的驱动作用机制是生态文明制度建设的重要组成部分。生态文明建设的主要主体包括政府、企业和社会公众，各主体之间存在着互动、协调、整合的行为关系，亦即"机制"各主体之间通过相互作用方式，重点解决资源整合问题。如果一个行为主体"不作为"或"不够作为"都将影响生态文明建设的进程。

（一）政府的驱动力

政府驱动力是指政府进行生态文明建设所具有的动力。政府的驱动力来自两个方面：一方面，国家治理以生态环境优良、民众共同富裕、社会治安和谐为主要目标。生态文明建设不仅会影响民族发展，而且对于人类可持续发展具有重要意义。自生态文明建设被提出以来，用以衡量一个地方的发展水平就不能仅仅依据 GDP 这一个指标了，必须改变过去的唯 GDP 论英雄的考核评价体系。现在有的地方已经取消了"GDP 衡量标准"，其目的就是摒弃传统的错误的经济发展方式，建立可持续的经济发展方式。生态文明建设融入经济建设，就是既要金山银山又要绿水青山，金山银山就是绿水青山。政府如果想要实现经济社会与生态环境的可持续发展、造福民众，就必须要始终坚持建设生态文明这一战略方针。另一方面，为树立良好形象和增强社会公信力，政府和国家必须要积极开展生态文明建设。为达到这一目标，有关部门需制定科学合理的法律法规和政治制度，加强其执行力度，并积极行使政府职能，发展绿色经济。

政府的驱动力来自责任。当前，我国经济社会的发展不同程度上受到资源和环境约束，生态失衡，社会各种矛盾凸显，任何想要治理好地方的政府都不敢轻视或忽视人口、资源、环境与经济之间的关系。因此，必须要端正态度，实行强有力的领导，明确发展的目标规划等，综合考虑社会的整体利益，挖掘资源和环境的潜在价值，补生态环境方面的短板。生态文明建设是一个伟大系统工程，需要动力机制的驱动和保障。政府是生态文明建设的主体要素之一。政府行为模式也会追求生态利益、经济利益、社会利益最大化，实现经济增长、社会稳定等综合目标。

政府对生态文明建设中的推动力表现在：一是政府依靠制定促进生态文明建设的政策与法律，实施并加以监督。我国在这方面已经进行了积极有效的实践。《中共中央关于全面深化改革若干重大问题的决定》明确提出保护生态环境，其中制度建设是重中之重，要依靠完整的科学的制度体系解决经济社会发展过程中的诸多问题，比如环境问题。党中央在《中共中央关于全面推进依法治国若干重大问题的决定》中提出要重点立法，坚持用严格法律制度保护生态环境。为了加快推进生态文明建设，2015 年中共中央国务院陆续发布了《关于加快推进生态文明建设的意见》《生态文明体制改革总体方案》及其若干配套改革方案，加快生态文明建设的进程。二是政府持续加大生态环保政策支持力度。

（二）企业的驱动力

企业是一个以盈利为主要目的的微观经济主体，其最终目标是追求利润最大化。21 世纪的现代企业与传统的企业有明显的区别，其经济活动和发展行为是建立在自然生态系统基础之上，其目标是追求生态、经济和社会三大目标的统一。要实现"三个目标"的有机结合和统一，现代企业必须加快转变经济发展方式，减少污染物排放，大力发展循环经济，建设资源节约型环境友好型企业，积极开展生态文明建设。然而，我国的生态环境形势依然严峻，这对企业的生产经营活动造成了限制和影响，迫使企业必须转变发展理念，按照生态文明理念的要求转变生产和经营方式。

企业驱动力既来自社会责任也来自市场更新变化。作为市场主体的企业，肩负着生态文明建设的主要责任之一，既要肩负着支持、贯彻、执行政府的活动，也要肩负着依法生产、清洁生产的责任，在经济活动中必须遵循自然规律和经济规律，避免自身的生产活动对环境造成污染和平衡。同时，随着公众生态意识的增强，人们越来越购买哪些不污染环境、节能节水、对人体无害的生态型商品。

企业将生态文明建设与经济建设融合发展的内在动力具体表现在以下几个方面：第一，确立正确的企业发展战略目标。现代企业的经济活动就应当也必须把生态利益放在首位，一切经济决策应当也必须把生态利益置于首位，把生态置于经济之上，把生态文明建设融合到经济建设中。第二，科技创新驱动。以科技创新驱动企业内生发展，发挥知识资本对企业发展的驱动力。研究结果表明：科技创新与经济增长呈高度正相关。经济越发达的省份和地区，其科技资源投入和创新效果越高，经济增长和经济发展也就越快。第三，产业政策驱动。企业积极主动贯彻执行绿色产品认证制度，进一步打开市场，从而得以从产品溢价中获利。

要想实现生态、经济和社会三大目标的统一，就应该进一步增强企业的驱动力。第一，提高市场准入门槛。我国对未达环保标准的产品在市场流通实行严格限制。这就使企业不断提高生产标准，生产出与生态环境标准和社会需要相符合的产品。第二，增强污染处罚力度。国家以法律法规不断加大对污染企业的处罚力度，"铁腕治污"，坚决取消未达环保标准企业的营业资格。第三，推动企业全球化。全球化将世界各国各民族的命运前所未有的连接在一起，全球性的环境问题只有依靠世界各国的力量进行治理，才能有效解决人类所面临的许多问题，比如气候变暖、生态失衡、物种濒临、疾病蔓延等威胁人类生存的重大问题。全球公民社会组织的数量正在迅速增加，其对企业规范化生产经营的作用日益增大，一旦企业因违规而被曝光，就要承受巨大损失。

（三）社会的驱动力

社会公众的行为偏好和需求会随着时代变迁而发生不同的转换。人类进入21世纪知识爆炸的时代，知识经济当中生态方面的知识逐步普及，公众越来越多、越来越被动地或越来越主动地去接受这方面的知识。社会公众的行为随着生态环保知识的增强而对人与自然的关系有更新的认识，并逐渐朝着人与自然和谐共生、人与人关系和谐包容的高尚精神境界发展。

生态文明建设的社会驱动力至少来自两个方面：一是民众和民间团体驱动力；二是学术团体驱动力。第一，因环境污染影响民生福祉、危害人民的公共事件随着国家经济的迅速增长而增多，出于个人与社会利益的双重考虑，更多的人民主动加入生态文明建设的队伍。社会主义生态文明建设与国际社会可持续发展理念相互交融，从而促进了我国环境保护组织的发展，环境保护团体与热爱环保的有志之士竞相出现，其环保活动也为经济建设做出了重要贡献。第二，生态文明建设是中国的实践，需要不断输送新技术、新理念、优秀的复合型人才，这是学术机构当仁不让的使命。学术机构在理论创新、科技创新、人才培养方面具有天然优势。学术机构特别是高等院校要实现自身的价值，必须充分发挥教育、科研和服务社会三大功能。生态文明思想、理念以及建设生态文明和进行生态文明建设，先由学术界提出来，经过不断研讨再转变为国家的大政方针运用于社会主义建设事业实践中。在实践过程中不断总结经验，攻克技术难关，培养更多的懂技术的高端人才，为生态文明建设服务，推动生态文明建设顺利实现。

因此，必须设计公众参与驱动的措施：一是提高公众参与意识。激发公众生态文明建设的主动性和积极性。通过加强生态文明教育，使更多的公民了解到自己所拥有的权利与应尽的义务，当自身环境权益受到损害时敢于用适当的法律手段去维护自身的合法权益。对为生态文明建设有贡献的单位和个人进行表彰和鼓励，发挥他们的带头作用，激发公众的参与热情。二是拓展公众参与渠道。坚决执行环境影响评价制度，实行论证制度和听证制度，指导媒体开展生态文明建设评议，促进公众参与。三是建立健全公众参与保障机制。政府部门应该加快建立包括激励机制、表达机制和监督机制在内的公众参与保障机制，并且确保其确实发挥作用，提高公众参与的积极性。除了增强个人生态意识、参与意识和个人生活方式的改变之外，关键还在于实现生产方式的变革。

二、增强政府与企业融合发展现代化的能力

在生态文明建设和经济建设相互融合的有机统一过程中，企业、政府、社会公众的目标很明确，而且各自内部的运转机制也相对比较完善，但整体配合不是很协调。从生态文明建设的实践过程和影响效果来看，政府存在"政府失灵"，企业存在"市场失灵"，为了部门利益、眼前利益，而不顾社会整体利益和长远利益，从而牺牲了社会公众在生态文明建设中的利益，公众缺乏对环境保护的意识，参与的主动性和积极性不高。这就是企业、政府、公众之间动力机制整体不协调的表现。生态文明建设是关乎民族未来的长远大计，是关系全民的共同事业，只有全社会共同努力，特别是要寻求政府和企业的"耦合度""协调度""持续度"，政府和企业相互借力，坚持融合发展，才能实现经济发展的现代化。

讨论生态文明与经济建设融合发展的经济动力时，为什么要讨论增强政府和企业融合发展现代化的能力？党的十八大以来，国内外形势变化和我国各项事业发展都给我们提出了一个重大时代课题，怎样发展？如何发展？党的十九大确立了我国发展新的历史方位，中国特色社会主义进入了新时代，并确立了新时代中国特色社会主义思想和基本方略，明确了"建设现代化经济体系是我国发展的战略目标"，于是"现代化经济体系"成为理论研究的热点。这里讨论的"融合发展现代化能力"应该是现代化经济体系的重要内容之一。增强政府和企业融合发展现代化的能力，既是实现现代化经济体系的迫切要求，也是推进国家经济治理体系和治理能力现代化的重要内容之一。

增强融合发展现代化的能力，实际上是一个持续反馈和自我调整优化的过程，将受到内生驱动和动态演变适应的影响。政府的驱动力主要源于国家治理的目标——以生态环境优良、民众共同富裕、社会治安和谐为主要目标，同时也来自政府职能和责任，各级政府都不敢轻视或忽视人口、资源、环境与经济之间的关系。企业的驱动力在于实现自身利益最大化目标，当然也来自社会责任和市场更新变化。融合发展现代化涉及政治、经济、社会、文化、生态等方面的现代化，当今社会发展趋势是一体化发展、融合发展，这是一个复杂动态开放的巨大系统，需要政府的支持和推动，需要企业的内在动力驱动。要想实现高质量的经济发展、高效率的经济水平，就需要更完善的市场机制。政府行为和企业行为融合是我国的制度优势。① 市场的发展需要政府参与，政府的发展也需要借力市场竞争。因此，作者认为，增强政府和企业融合发展现代化的能力，实现国家治理

---

① http：//finance. sina. com. cn/stock/relnews/dongmiqa/2020 - 07 - 13/doc - iivhuipn2794338. shtml。

体系和治理能力现代化，应该将以下几点作为抓手。

一是完善市场机制，处理好政府和市场的关系。现代化经济体系要求有现代化的融合发展，现代化融合发展必然会形成一个良性发展的经济，政府和市场保持在一个和谐、动态的平衡中，政府和市场各司其职，发挥各自的作用，不缺位也不越位；必然尊重市场竞争，尊重企业的市场主体地位，只有通过微观企业主体的充分竞争，才能提高发展的质量和效率，只有通过政府鼓励和保护竞争，才能最大限度激发企业创新热情，才能更好实现资源优化配置，才能促进经济社会稳定、协调、持续发展，促进社会公平正义，促进共同富裕。

二是政府和企业相互借力，坚持融合发展。"军民融合发展""农村一、二、三产业融合发展"，需要政府的推动。政府的推动作用包括：先进的发展模式、新兴的产业态势、前沿技术等。企业是否愿意融合发展，虽然是企业的自主行为，但也需要政府营造良好发展环境，需要政府的科学规划和政策扶持。过去很长一段时期，我国对制造业、服务业采取相对分立的态度，往往就制造谈制造、就服务谈服务，在政策措施和管理体制上也有明显差异。企业间融合发展实践探索中出现了很多新情况新问题，也对政府和企业的融合发展提供了借鉴，同时也推进政府管理和社会治理模式创新。政府必须依法施政，依法对国民经济进行调控和管理，要把政府的权力关进法治的笼子里，企业必须在法律约束范围内开展经济活动。

三是加强企业和政府协同创新。融合发展现代化，是一种现代化的创新发展。现代化发展内在地要求创新，在创新中不断改善各种要素的配置效率，在创新中不断提高发展质量，不断增强经济竞争力，不断提升人民的获得感和幸福感。政府加大清除阻碍企业创新体制障碍，营造良好的政策环境，每一个政府工作人员需要不断创新，不断改进创新工作方法，使政府更有效率运作。每一个企业家都应该成为创新者，他们是创新的组织者、推动者。政府搭平台，破"信息孤岛"，让企业与人才融合。

三、建立政府、企业、公众"三位一体"动力机制

生态文明建设与经济建设两者融合发展，需要政府推动力、企业内生动力和公众的监督力，即需要政府机制、企业机制、公众机制三种机制的协同作用，做到三个方面的力量有机结合，优势互补，形成合力。

如"三位一体"联动图（图2-1）所示，在生态文明建设融入经济建设的动力机制中，政府、企业及公众是最主要的三股驱动力，它们相互影响，共同促进。首先，政府从宏观考核的角度推动生态文明建设融入经济建设，如建立生态

文明建设考核评价制度。同时，政府以管制者的身份，规范企业绿色经营，促进企业的正外部性，又以引导者的身份，通过环保活动宣传引导公众增强生态环保意识。其次，企业从微观规划的角度推动生态文明建设融入经济建设，如将生态文明建设目标融入企业战略发展规划。同时，企业以实施者的身份，直接分担政府生态环保职责，积极主动治理，并以自律者的身份，强化自律精神，积极回应公众监督。最后，公众从全程监督的角度推动生态文明建设融入经济建设，如提高全民参与意识，增强公众参与程度。同时，公众既以监督者的身份，通过信访、评议等手段监督政府的环保治理行为，又以推动者的身份为企业绿色技术创新提供智力支持及技术支撑。政府、企业、公众三者不仅发挥各自的驱动力支持生态文明建设融入经济建设，同时三者之间互相关联，互相影响，共同促进经济建设与生态文明的和谐发展。

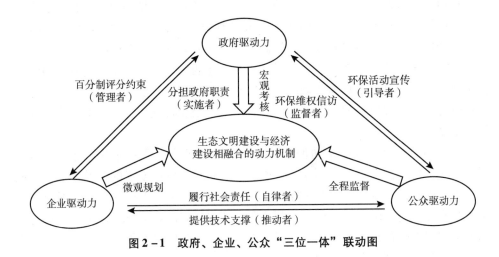

图 2-1 政府、企业、公众"三位一体"联动图

（一）建立政府推进机制

最重要的制度是生态文明建设考核评价制度，把生态文明建设作为约束性指标纳入考核体系。中共中央办公厅、国务院办公厅发布《生态文明建设目标评价考核办法》（2016），特别强调了公众获得感，依据对各地五年考核机制、年度评价的结果实行党政干部综合评价和任免奖罚。① 把"经济性""效率性""效果性""公平性"指标等纳入政府绩效评价的范畴。当然，仅仅采取综合考核评价体系还是不够的，还应采用评分制加约束性指标完成情况等相结合的办法。由于

① 《我国首次建立生态文明建设目标评价考核制度》，新华网，2016 年 12 月 22 日，http：//news. xinhuanet. com/politics/2016－12/22/c_1120170400. htm。

各区域之间以及区域内部发展的差异、资源环境差异，而采取不同的政绩考核方式，从而激励各级政府积极保护环境，积极建设生态。① 这些在客观上推进了生态文明的建设和发展。

（二）建立企业拉动机制

企业发展规划对生态文明建设的拉动。企业发展规划就是针对每一个企业所在的行业，企业自身的技术、能力等情况对企业发展做出的有针对性的全面规划，表现为经济与生态、企业与环境，人、企业与自然的协调发展过程。在生态文明建设与经济建设之间建立合理的架构关系，这种关系对于企业的绿色低碳循环发展，是必不可少的。企业生态文明建设，关键抓好生态与经济建设的协调互动。要把企业生态文明建设目标融入企业战略发展规划中，融入经济建设目标中，这将直接或间接影响企业的生产和经营行为，激发企业全体员工加强生态文明建设的动力，加强企业可持续发展的能力建设，使企业生产力优化配置，使企业在发展经济为自身谋求更多盈利过程中，最有效地利用资源环境，既要获得很好的经济效益，而且要取得最佳的社会效益，还要获得良好生态利益。

（三）建立公众参与机制

环境保护为公众，环境保护靠公众。生态文明建设作为一项伟大工程，需要提高全民参与意识，增强公众参与程度。要以公众参与监督环保为保障，构建最广泛的环保统一战线。② 实践探索表明，在已建的生态文明建设试点省市，公众更加关注生态环境，对本地的环境质量也更加满意。③ 生态文明建设涉及生产方式和生活方式的根本性变革，推进生产方式和生活方式的绿色化、生态化，是生态文明建设的两大核心环节，其中消费方式的改变主要依靠公民生态观念的改变、生态意识的提高。

因此，要发挥高等院校、科研院所和专家学者的智库作用，为环境保护提供必要的智力支持和先进的技术支撑；充分发挥环保民间组织和志愿者的作用，推进环保宣教、环保维权、环保创建等工作的开展。同时，通过发挥环境信访、有奖举报、行风评议等作用，促进公众更好地参与环保、监督环保，把人民群众的意愿、热情和智慧转化为生态文明建设的具体行动，推进生态文明建设的进程。④如果公众参与缺失，将可能导致民众暴力抗议环境污染，这是政治问题，也是一

---

① 《中国首次建立生态文明建设目标评价考核制度》，载《城市规划通讯》2017 年第 1 期，第 13 页。
② 徐震：《用新要求把生态环保推向新阶段》，载《中国环境报》2012 年 3 月 12 日。
③ 李干杰：《深入推进生态文明建设努力提高生态文明水平》，载《环境保护》2011 年第 14 期，第 14～19 页。
④ 沈满洪：《从绿色浙江到生态浙江》，载《浙江日报》2012 年 5 月 25 日。

个环境政治问题。因此，环境治理方式必须适应全球经济治理的新情况，环境治理和规制需强化民主的协商，建立环境协商机制，实现人与自然的协调发展，最终实现中华民族的永续发展。

第二节　生态文明建设与经济建设融合发展的经济约束机制

我国建设生态文明和发展绿色经济正处在瓶颈期，因此全面建成小康社会出现明显"短板"。当务之急是要遏制生态环境继续恶化的趋势，为未来我国经济的顺利转型奠定较好的资源基础。建设好生态环境，这就需要强有力的源头严防、过程严管、后果严惩的约束机制。约束机制是保证生态文明制度的落地落实，刚性的制度和科学合理的机制有利于推进生态文明融入经济建设。

一、源头严防

党的十八大以来提出了许多严格的生态文明建设制度规则，传递出党和国家治理生态环境的坚定决心，体现了生态文明制度"最严格"的刚性特点。有了这些严格的制度，企业就很难逃避其生态环境责任。

（一）严格的生态红线制度

"红线"一般是指一个不可逾越的界限，生态红线也就是严格的生态保护之意。红色含有警戒的意味，提出生态红线这个概念的目的就是要对破坏生态的行为提出警戒，保护生态主体功能区，并严格执行相关生态政策。① 生态红线是最为严格的保护生态的生命线，是一项最严格源头保护制度的重要支撑。红线一旦划定，不能随意改变，更不能突破筑牢的生态红线，必须根据生态学原理，进行科学划定。从国土空间开发限制和资源环境承载力两个方面划定严格的保护界限，为严格控制各类开发活动逾越生态保护红线奠定科学的基础。相关法律法规已经对生态红线有所规定，如依照土地管理法划定的基本农田保护区，依照有关环境保护法等法律法规划定的自然保护区，均从国土空间上明确划定了严格的保护界限，坚守18亿亩耕地红线和粮食安全底线；依照水法及配套规定确定的用水总量指标，有效控制用水总量。此外，主体功能区规划也从空间规划的角度，

---

① 李力、王景福：《生态红线制度建设的理论与实践》，载《生态经济》2014年第8期，第138页。

明确划定了禁止开发和限制开发的界限。

筑牢生态红线，控制红线范围内的人类活动，必须有严格的制度保障。尽管生态红线的划定和相关管理规范已经纳入法律法规当中，但要落实这些法律规定并不是一件容易的事情，需要一整套严格的用途管制和总量控制措施加以保障。一是逐步建立健全有关国土空间规划的法律制度，研究制定国土规划法，把主体功能区规划等纳入相关的资源与生态环境保护的法律规定中，明确其法律地位，严格按照主体功能区规划和相关国土规划的定位实施区域开发和保护。二是加强对资源和生态环境承载力的研究，制定分区、分级、分类标准，并逐步完善相关法律法规。

为了控制建设用地数量，可以开发强度指标为约束性指标，将其分散到每一县级区。为避免生态红线受到不合理开发的破坏，必须在全部生态空间范围内全面实行用途管制，禁止用途被随意改变。三是监测系统必须得以完善并覆盖所有国土空间。① 改革土地政策，严控商业用地面积，保护环境并寻找到能够统一适用的土地监管制度。②

生态红线是体现生态文明建设情况的重要指标，不仅要将其保护和落实程度与生态文明建设目标及评价体系相结合，为了推动生态文明建设的步伐，还要把生态文明建设的成果纳入地方政府政绩考核的成绩中去。

目前，我国已经划定了生态保护红线、永久基本农田、城镇开发边界"三条控制线"。划定了农业空间和生态空间保护红线。"十三五"规划建议中提出要有度有序利用自然，合理优化空间结构。2017年2月，中共中央办公厅和国务院办公厅颁布了《关于划定并严守生态保护红线的若干意见》（以下简称《若干意见》），《若干意见》提出"划定并严守生态保护红线"，是贯彻实施生态空间用途管制的重要举措。"③ 2015年5月，中华人民共和国生态环境部印发《生态保护红线划定技术指南》。生态保护红线是国家生态安全的"底线"和"生命线"，"红线制度"确立了生态保护优先地位，这不仅健全了生态文明制度体系，又提升生态系统质量和稳定性，进而推动了绿色发展。"红线制度"的基本规定：2017年年底前，京津冀区域、长江经济带沿线各省（直辖市）划定生态保护红线；2018年年底前，其他省（自治区、直辖市）划定生态保护红线；2020年年底前，全面完成全国生态保护红线，勘界定标，基本建立生态保护红线制度。④

① 《中共中央国务院印发〈生态文明体制改革总体方案〉》，载《人民日报》2015年9月22日。

② 《我国将把用途管制扩至全部国土空间》，新华网，2016年4月14日，http：//news. xinhua-net. com/ttgg/2016 – 04/14/c_1118626373. htm。

③ 《中共中央办公厅、国务院办公厅印发〈关于划定并严守生态保护红线的若干意见〉》，中国政府网，2017年2月7日，http：//www. gov. cn/zhengce/2017 – 02/07/content_5166291. htm。

④ 李国平、刘全胜：《中国生态补偿40年：政策演进与理论逻辑》，载《西安交通大学学报（社会科学版）》2018年第11期，第108~110页。

到 2030 年，生态保护红线布局进一步优化，生态保护红线制度有效实施，生态功能显著提升，国家生态安全得到全面保障。① 随着《若干意见》出台，我国生态保护红线制度开始实施，京津冀、长江经济带和宁夏等 15 省（区、市）划定了生态保护红线。

无论是哪一个部门划定的哪一类生态保护红线，对市场主体都有约束力，只要市场行为主体超越了生态环境保护红线，就必须承担其生态环境责任。

（二）严格的耕地保护制度

目前，在我国的耕地面积中，只有不到 1/3 的田地质量属于高质量田地，有效灌溉面积约 1/2，从目前我国农业发展的整体状况来看，农业发展依旧主要依靠"靠天吃饭"的本质基本上未变。因此，要坚决实施耕地保护制度，守住最后底线，提高粮食总产量，确保食品安全，严格把控建设用地。②

强化永久基本农田用途管制。要全面确定永久基本农田红线，使基本农田保护制度进一步完善。加强对基本农田的保护，使基本农田落实到每家每户，除法定的国家重点建设项目外，任何建设不可占用，尽可能使农田面积不减少、质量不下降、用途不转变。强化对耕地质量的评级监测与提升建设。③

健全耕地保护补偿机制。严格控制耕地因建设而被占用的总面积，对耕地实行占一补一、先补后占、占优补优的政策，从而使耕地占补平衡制度进一步完善。④

加强永久基本农田建设。实行建设用地减量化管理并控制其总量，使用地激励与约束机制更加集约化，优化结构，让存量更好地周转流动，使土地利用年度计划更具合理性。加强对土地利用、耕地总量、农业用地内部结构调整、基本农田保护等方面实行动态监测，并将相关的检测结果进行公示，接受社会监督。⑤

（三）严格的水资源管理制度

中国水资源稀缺且分布不均匀，流域生态安全、城市用水安全都与稀缺的水资源密切相关。因此，要适时实现水资源供给管理向需求管理转变，根据经济建设系统水资源需求总量和利用效率，实施用水总量控制，加大对水资源的综合保护、节水防污、循环利用、生态保护，进而保障水资源利用的可持续性。

尽快统筹制定主要流域水量配置方案，使省市县用水总量控制指标体系得以

---

① 解振华、潘家华：《中国的绿色发展之路》，外文出版社 2018 年版，第 28 页。

② 《中国共产党第十八届中央委员会第五次全体会议通过〈中共中央关于制定国民经济和社会发展第十三个五年规划的建议〉》，新华社，2015 年 11 月 3 日，http：//jckb. xinhuanet. com2015 - 11/03/c_134779811. htm。

③⑤ 《中共中央国务院印发〈生态文明体制改革总体方案〉》，载《人民日报》2015 年 9 月 22 日。

④ 《中共中央、国务院关于加强耕地保护和改进占卜平衡的意见》，载《人民日报》2017 年 1 月 14 日。

强化和完善。严格把控"三条红线",即水资源开发利用管理、利用效率管制和水功能区限制纳污,[①] 加快节水型社会建设。一是严格控制用水总量。加强相关规划编制和建设项目水资源论证以及取水许可等制度,坚决遏制新增不合理用水,切实做到按需定水、按量取水、因水制宜。二是严格控制水效率。加强需求侧管理,强化用水定额和用水计划管理,建立健全节约用水激励机制,推动建立规划水资源论证制度,严格节水市场准入标准,全面建设节水型社会,严格限制水资源匮乏地区、生态能力脆弱地区发展高耗水工程,坚决遏制水资源浪费,大力推进节水技术改造。三是严格控制入河湖海排污总量的地区,限制审批建设项目新增取水和入河湖海排污口,建立流域与区域联防联控机制与陆海统筹机制。[②]

推进水产品地区保护和环境恢复,对水产养殖实行管控,建立水生生物保护机制。加强对水功能监督管理系统的进一步完善,推进非常规水资源利用制度的建成。

二、过程严控

(一)实行污染物排放许可制和排放总量控制制度

排污许可证制度是以改善环境质量为目标,以污染物总量控制为基础,规定排污单位可以排放污染物的种类、排放污染物的量和污染物排放的去向。该制度包括排污申报、确定污染物总量控制目标和排污总量削减指标、核发排污许可证和监督检查执行情况等四项内容。首先,所有排放污染物的单位,都必须按规定向环境保护行政主管部门申报登记所拥有的污染物排放设施,污染物处理设施和正常作业条件下排放污染物的种类、数量和浓度。然后,环境保护部门根据总量控制目标、污染物实际排放量、削减指标和企业的污染治理状况,进行审核和发证,对申报单位的污染物、排污量、排污方式、排放去向、排放时间都作出明确的数量限制和规定,以确保每个污染源排放的污染量与分配的控制总量相一致,进而整个区域的排污总量与总量控制指标相一致。

实施排污许可证制度的关键是界定排污权。界定排污权有两个主要目的:一是把总量控制目标真正落到实处,二是最大限度地降低区域内治理污染的费用。后一个目的是通过建立排污权交易这一方式来实现的。

所谓排污权交易(又称作排污指标交易、环境容量使用权交易),先由政府根

---

① 《中共中央国务院印发〈生态文明体制改革总体方案〉》,载《人民日报》2015 年 9 月 22 日。
② 全国干部培训教材编审指导委员会组织编写:《建设美丽中国》,人民出版社 2015 年版,第 53 页。

据某地的环境容量来确定可以排放污染物的总量，在总量指标确立的前提下，排污者（企业）通过市场自由交易排污权的形式，达到降低污染治理的成本的目的。其核心思想就是：政府管制部门（环境机构）先评估某地的环境容量，根据污染物排放总量控制标准，再根据总量和标准来划分若干规定的排放量，即排污权。类似于商品，这种排污权能够在市场上被买卖，进而达到对污染物排放的管控。

其基本的做法是，政府部门评估出在一定区域内满足环境承载能力的污染物最大排放标准，并将最大排放量细化成若干规定的排放量（每份允许排放量为一份排污权），政府可以用不同的方式分配这些权利（如可以有选择地卖给出价最高的购买者），并通过建立排污权交易市场使这种权利能合法地交易。

排污权交易对实施总量管控具有很大作用，有利于环境保护。排污权交易能够在既定的总量管控的前提下，合理的规划治理行动，也就是说，利用排污权交易市场，使得污染治理的行动自发地在边际成本最低的污染源上进行。

（二）资源环境承载力检测预警机制

建立检验资源环境承载能力的预警机制，即依据不同地区自然禀赋和经济发展等条件综合确定资源环境承载力的红线，从而确定该地区的人口规模、产业结构、建设用地供给量、资源开采水平、能源消耗总量和污染物排放等相关情况。当检测值接近红线时，对有关区域和单位提出警告警示，督促其采取措施，对水土资源、环境容量和海洋资源超载区域，实行限制性措施，防止过度开发和排放后造成不可逆的严重后果。[1] 通过预警机制，加强环境执法监管，严格问责。

因此，必须加快推进资源环境承载能力监测预警机制，可以从以下方面着手：一是统筹整合环境监测资源，如地表水、地下水、海洋等，从而建成以天地一体、海陆统筹为特点的环境监测预警机制，并使之成为环境管理的有力保障基础。[2] 二是围绕国家环境保护规划目标和公众需求，加强环境质量监督考核与信息公开。

三、后果严惩

对不同行为主体行为后果的管理和评估，采用的措施就是最严格的责任终身追究和生态环境损害赔偿。其目的在于规范环境损害者行为、明确环境损害者责任、严惩责任主体。

---

①② 《中共中央国务院印发〈生态文明体制改革总体方案〉》，载《人民日报》2015 年 9 月 22 日。

（一）生态环境责任终身追究制度

生态环境问题具有比较强的隐蔽型，而且影响的周期比较长，因此要客观地评价一任领导对生态环境的影响，必须要进行较长时期的责任追究，亦即终身责任追究。与此同时，在考核领导在职期间的业绩是也要把对生态文明建设的考核放入其中。

我们提倡建立重大决策终身责任具体化制度，一旦发生严重环境事故就要把责任追查到底，对相关事务责任人要依法进行追查，绝不姑息。通过终身追究制度给只顾短期利益的领导警戒，促使其在制定地区经济发展战略时更加注重生态保护。生态环境损害不仅仅涉及领导干部决策以及决策的执行，企业和个人对生态环境也会有损害，所以，生态环境损害责任追究制的追责范围，不仅包括主要领导的责任，还应包括破坏生态环境的企业和个人的责任。

（二）生态环境损害赔偿制度

生态环境损害赔偿制度在党的十八届三中全会上提出，以对破坏生态环境的责任人实施严格的赔偿制度为目的，是生态文明制度体系的重要组成部分。近年来，我国公共环境群体事件频繁爆发，在公共生态环境损害赔偿制度中，赔偿主体不明确、评价制度不完善依然是当前存在的问题。中共中央办公厅、国务院办公厅于2015年底印发了《生态环境损害赔偿制度改革试点方案》，对环境责任赔偿范围、赔偿义务人、赔偿权利人等问题都作了明确规定，这不但有利于国家生态文明建设总体部署和顶层设计，而且确立了生态环境损失赔偿在生态文明建设中的重要地位。

第三节　生态文明建设与经济建设融合发展的经济激励机制

生态文明建设中有众多经济主体的参与，为了使市场行为主体在从事经济活动的过程中更好地顾及生态环境，因此，实施有效的激励机制是必不可少的环节。

一、生态税激励

生态税是一种新的税种，开征生态税是解决环境问题和资源浪费的市场经济手段之一。开征生态税是为了筹集环境治理资金、抑制生态恶化、实现环境保护的目的。

当前，我国生态税（费）制度一直突出"以费为主、税为辅"的状况，这不是真正意义上的生态税，缺少污染控制类的生态税和资源保护类的生态税，缺少以环境保护为目的的专项生态税，现有的生态环境保护的资源税是不合理、不健全的。随着人类经济社会的发展，生态危机越来越紧迫，具有经济职能和法律手段的税法正是有效的生态保护工具。

生态税制度可以通过涉及差别税率或优惠措施来激励和抑制纳税人在环境、资源开发利用中所造成的正负生态影响。① 通过政府调控机制确定税种、税率、纳税人，这种信号传递给企业和个人产生两方面的效应：一是鼓励企业和个人从事有利于生态环境保护的活动，另一方面抑制不利于生态环境保护的活动。

我国社会主义经济发展进入新时代背景下，环境保护税的出台是落实党的十八届三中全会、四中全会、十九大会议提出的"推动环境保护费改税"。一个先行试点的典型，是贵州生态环境损害赔偿磋商机制，这些政策措施有利于更好地保护和改善环境、减少污染物排放。②

生态税的具体激励措施：（1）根据经济社会发展阶段及其特点、区域经济结构和产业结构的变化适度调整应税产品税率，提高一次性消费品和消耗资源大、环境污染严重的产品税率。从征收的税款中设立节能环保财政专项资金，支持资源回收利用和节能环保产业发展，建立节能减排企业的税收优惠政策。（2）针对中国主体功能区和生态功能区，制定和实施差异化税收制度和政策。（3）针对不同经济行为主体，形成有利于激励政府主体、企业主体、公众主体和社会组织等参与绿色经济发展的差异化资源环境税收制度。

二、排污权交易制度激励

从 2007 年以来，排污权有偿使用和交易试点由国务院相关部门组织，在天津、河北、内蒙古等 11 个地区陆续开展，进展状况良好，但也在不少问题。根据 2015 年底环保部调查摸底结果显示，排污权有偿使用和交易的边界、条件不清晰，试点省份的态度不是很积极，一部分企业的经济性也不足等。为了更好地保护环境、减少企业污染物的排放，政府有责任加快推广实施排污权交易制度，并对其进行改革，建立排污权有偿使用和交易制度。改革排污权交易制度是生态文明制度建设的主要内容之一。2016 年，国务院印发了《控制污染物排放许可

---

① 刘昕：《浅析构建我国的生态税制》，载《法制与经济》2015 年第 2 期，第 97 页。
② 黄勇：《环保税的政策效果重在落实》，载《中国工商时报》2018 年 1 月 3 日。

制实施方案》，明确要求排污权交易制度应围绕排污许可制及总量控制制度进行相应改革。改革的思路是：制度设计与许可证制度的实施应完全融合，把排污许可量（视作排污权）大小即排污权的多少并以排污许可证为载体，围绕排污权的分配、使用、清算、监管、年审等开展工作。

　　排污权交易作为一种控制污染物排放的市场经济激励手段，既能达到减排的目标，又能实现生态与经济共赢。实践结果表明排污权交易的激励作用：一是大幅降低治理成本；二是倒逼企业革新技术；三是有效控制了污染总量。排污权交易结果既能保证环境质量的稳定和提高，同时还能促使企业降低成本获得经济效益和社会效益，与传统发展模式相比具有更高效的经济效率和环境约束力。因此，在经济发展和环境保护工程中必须进一步完善排污权交易制度：一是完善法律制度，科学制定污染物排放总量和地区分配规则，建立规则公开的市场交易系统，增加市场透明度等。二是完善与排污许可制的协调联动，实现污染总量控制。三是完善排污权交易制度的激励导向，采取政策激励措施鼓励企业技术创新，企业在削减排污总量的同时手中还有排污剩余指标可交易，达到"双赢"，政府必须对这样的创新企业给予税收优惠、技术和资金等方面的大力扶持。[1]

　　福建省通过引入市场竞争机制，运用灵敏的价格杠杆，引导和激励企业积极减排。越来越多企业感受到"排污要花钱、减排能挣钱"，逐渐从被动减排向主动减排转变。福建省探索和开创了排污权有偿使用和交易的环境管理新模式。[2]

　　以企业交易为例，先要有政府对各企业规定的排污限额。先进企业完成自己的限额绰绰有余，落后企业则无力完成自己的限额。落后企业花钱则购买先进企业超额完成的排污限额，以对政府交差，这等于被罚款，先进企业则等于得到奖励。于是排污权交易这一市场行为达到了奖优惩劣的行政效果。因此，企业必须积极主动参与排污权交易：一是明确排污权有偿使用和市场交易的法律地位；二是区域总量控制目标和初始排污权分配；三是明确价格杠杆在市场经济中的导向作用甚至是决定性作用；四是培育良好的排污权交易市场；五是切实发挥政府的政策引导作用和宏观调控作用；六是完善监督管理，加强信息公开和社会监督。

三、生态补偿激励

　　科学的生态补偿制度可以激励生态环境保护行为，让环境保护的收益内部化，使保护者得到补偿和激励，从而更好地保护绿水青山，赢得金山银山。关于

---

① 参见杜明军：《完善污染防治攻坚战的长效保障机制》，载《河南日报》2018 年 8 月 29 日。

② 杨长胜等：《用市场机制推进污染物减排》，载《福建日报》2016 年 11 月 29 日。

什么是生态补偿制度，有很多不同的理解。贺思源（2006）认为生态补偿制度是指以"防止生态破坏与选择绿色发展方式为目的"，运用市场调节手段，实现生态补偿市场化、社会化与法制化的工作系统。① 汪秀琼（2014）提出生态补偿制度是指由相互联系的财政收入、价格、税费、信贷等经济激励政策构成，目的在调整利益相关者的行为，实现社会、经济、生态与政策协调发展的制度组合，并进一步指出生态补偿制度的建设目前主要是搭建一个基本的框架。② 国家发改委研究所（2015）提出了横向生态补偿制度，是指为进行横向生态补偿而设立的一系列经济、法律和行政手段总和，是对补偿的主体和对象、补偿标准与方式及监管评估等核心内容做出的规则性安排。

针对不同区域、不同类型的生态领域，相关部门要结合其特点制定有效的生态补偿政策，让生态补偿法律与政策互相结合，创造良好的法律政策环境③；要制定相应的生态补偿法规，对各区域的生态补偿主体、内容、方式、标准等进行具体细化的规定，使不同类型的生态补偿均有法律保障④；同时要围绕节水、节地、生态保护等重点领域，以资源生产率、资源消耗降低率、资源回收率、资源循环利用率等指标，建立与之相适应的法律法规，形成硬约束，使之法制化⑤。

党的十八大以来，党中央对生态补偿有了新的制度安排，采取的激励措施是在综合考虑环境成本、机会成本和生态服务价值，通过财政转移支付，或通过市场交易等方式，对环境保护者给予合理补偿。这项激励措施自 2008 年实施以来，中央财政不断加大国家重点生态功能区转移支付力度，稳步有序扩大转移支付范围。为了更好地保护江河湖泊水资源，中央对河流生态环境保护给出了顶层机制设计：实行河长制。确定各区域管段河长的权、责；跨行政区域的河湖湖长负责协调上下游、左右岸的管理工作，对上下游、左右岸实行联防联控；实行目标责任考核，强化激励问责；⑥ 鼓励建立"省内水流域上下游之间、不同主体功能区之间"的生态补偿机制，条件成熟的地区可以推动开展"省（市）际间水流域

① 贺思源、郭继：《主体功能区划背景下生态补偿制度的构建和完善》，载《特区经济》2006 年第 11 期，第 194 页。

② 汪秀琼、吴小节：《中国生态补偿制度与政策体系的建设路径——基于路线图方法》，载《中南大学学报（社会科学版）》2014 年第 20 卷第 6 期，第 110 页。

③ 许永立：《我国生态补偿制度的现状、问题及对策》，载《资源节约与环保》2016 年第 10 期，第 152 页。

④ 王伟中：《我国全面建立生态补偿机制的政策建议》，载《理论视野》2008 年第 6 期，第 42~44 页。

⑤ 陈治斌：《建立生态补偿激励机制建设"两型社会"》，载《城乡建设》2009 年第 5 期，第 64~65 页。

⑥ 《中共中央办公厅、国务院办公厅印发〈关于全面推行河长制的意见〉》[R/OL] http：www. gov. cn/zhengce/2016－12/11/content_5146628. htm.

上下游"生态补偿试点；① 加快推动建立相邻省份及省内长江流域生态补偿与水资源保护的长效机制。这就为我国其流域建立水资源生态补偿与保护的长效机制指明了方向。

四、可再生能源补贴激励

整体上来看，我国目前对可再生能源的合理使用把控较好。我国是世界新能源的主要开发和使用者。特别是对清洁能源的开发和使用，已经是主力军。与此同时，在开发使用新能源的过程中也出现了一些新的问题需要解决。这其中的关键问题在于全额保障性收购政策不到位、可再生能源补贴政策滞后问题突出、可再生能源优先调整政策受化石能源和地方政府干涉冲击较大等。因此，必须加快调整可再生能源补贴政策，

经过近年来不断探索，我国形成了电价补贴和可再生能源费用分摊的政策支持机制。政府不断加大这方面的支持力度。一是加大研发投入支持力度。给予研发者一定的政策和财力支持，刺激研发者的积极性。比如给推广清洁能源的企业提供贷款支持，一定程度上能够解决企业在融资过程中的困难。二是实施财政补贴。国家对使用清洁能源的企业和居民实施财政补贴。补贴方向会适时向小而散的分布式能源倾斜。比如，对安装太阳能的家庭或企业给予财政补贴。三是加大政策导向。政府部门做好领头人，在购买需求用品时积极采购更加环保产品。同时，细化和完善环境保护型政策，促进清洁能源产业的健康快速发展。

可再生能源补贴激励措施有：一是包含价格政策在内的政策上的引导。风能和太阳能等清洁能源得到政府大力提倡，其中多于常规能源的成本由全国共同分担，即费用分摊机制。二是采用含有专项基金补助及税收减免的财政、税收优惠政策。三是培育市场，包括强制规定市场份额及优化市场环境。例如，在房地产开发过程中，房地产开发商和建筑商需要用到太阳能转换构件等。四是增强建设可再生能源开发能力，包括对可再生能源的研发投入、教育投资与人才培养。五是大力宣传可再生能源的利用方式、使用意义及用途，提高全民参与意识和参与度。

五、财政补贴激励

改革财政补贴制度，发挥财政金融和优惠补贴等经济手段的激励功能，对大

① 《财政部发布关于建立健全长江经济带生态补偿与保护长效机制的指导意见》，载《当代农村财经》2018 年第 4 期。

力推进生态文明建设发展绿色经济的经济行为主体进行财政支持、金融支持和补贴支持，建立反映生态文明理念的绿色财政补贴制度。

绿色财政激励。绿色发展需要公共财政的支持。在生态文明新时代里，融合绿色发展理念的公共财政具有引导、支撑和保障生态文明建设的作用。绿色财政主要用途是购买生态公共物品，对生态环境资源进行跨时期、跨区域的配置。从而优化"基础生态产品"（大气、水、绿色覆盖率），提供更多更好的更新的"生态产品"。加大政府对环境保护的财政支持。一是强化政府的投入职能。一方面以财政手段为支持方式，给予技术创新资金，优化产业结构、转变经济发展方式，促进经济持久稳定地发展，进一步推动经济生态化及绿色创新。另一方面，通过财政与税收政策来实现自然资源与公共资源的合理配置。二是支持生态环境的基础性工程。促进生态省、生态市、生态示范区的建设，生态重点工程的建设以政府投入为主渠道。支持重点流域、重点区域水污染综合治理和工业废水集中处理，比如饮用水源地的保护、水源湿地的生态建设，都应该以政府为主导来投入。支持经济生态化、绿色化创新发展，鼓励企业绿色技术研发创新，鼓励企业提高资源利用效率。不断优化财政收支结构，培育发展和增加绿色财源，进一步加大节能减排、生态环境保护方面支出。

绿色金融激励。我们要使这种创新型金融制度在未来得到合理利用及安排，从而使绿色产业能够吸收到更多的社会资本。绿色金融是绿色经济的一部分，而金融业最能够衡量一个国家的富有程度。发展绿色金融，可以从以下几方面入手：出台绿色信贷扶持政策，引导绿色金融发展。一是降低清洁能源等绿色产业的缴税负担，并在一定程度给以财政补贴，加大对相关中小企业的信贷力度，从而吸引更多的企业投入其中，使绿色产业得到更快的发展。二是为环保与环境风险等级制定标准，对绿色信贷的范畴掌控进一步放宽，实行差别信贷政策。不同行业的不同企业根据不同情况，可以由国家政策开发银行提供不同级别的政策贷款利率。三是对绿色新型产业实行低利率政策。金融业在选择符合贷款条件的贷款企业时，应该给予绿色企业更多的关照。

第三章

生态文明建设与经济建设融合
发展的经济制度及运行机制

人是社会与经济活动中最革命、最能动、最活跃的因素，人类行为模式决定经济社会发展方向与人类文明走势。在现代社会中，人们由大及小（从全球到国家，再由国家到个人）制订了大同小异的制度形式。这些制度对人们的日常选择行为进行着规范，影响着人们之间的社会关系。党的十八大、十八届三中全会、四中全会都反复强调要"依靠制度保护生态环境"，并要求"加快建立有效的实施机制"。生态文明视域中的制度建设与实施机制有着紧密的联系，如图3-1所示，两者相辅相成，共同促进生态文明建设与经济建设融合发展。

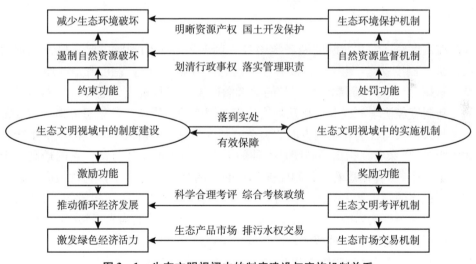

图3-1 生态文明视阈中的制度建设与实施机制关系

如图3-1所示，生态文明视域中的制度建设与实施机制有着共同的目的，都是为了约束或激励社会主体的行为，来保护生态系统的平衡。而且，在实施机制的落实过程中，进一步演化成为处罚及奖励功能，为制度建设提供有效保障。生态文明制度建设主要有两点约束功能：第一，遏制自然资源的破坏行为、提高保护可再生能源比重，与此对应在实施机制的落实中，通过划清行政事权利、落实管理职责，改革自然资源监督机制；第二，减少生态环境破坏行为、提高生态环境质量，与此对应在实施机制的落实中，通过明晰自然资源产权、国土空间开发保护，探索生态环境保护机制。此外，生态文明制度建设还有两点激励功能：第一，推动循环经济发展，与此对应在实施机制的落实中，通过构建综合性、科学性、可操作性的政绩评价考核标准，深化生态文明考评机制；第二，激发绿色经济活力，与此对应在实施机制的落实中，通过设立生态产品市场、鼓励排污水权交易等，探索建立生态市场机制。

第一节　生态文明建设视域中的制度意蕴

一、制度的内涵和功能

（一）制度的内涵

在制度经济学和新制度经济学中对"制度"一词的理解主要有以下三种观点：（1）制度就是"组织"；（2）制度就是"规则"；（3）制度既是"组织"又是"规则"。大多数新制度经济学的学者倾向于第二种观点。笔者也是如此理解的。新制度经济学派代表人物凡勃伦认为，制度的实质是一种思想习惯，它规定了人与人，人与社会在某些方面的关系，制度的总和是由某些时期的生活生产方式所构成。[①] 康芒斯指出，制度是一种约束个人行为的集体行动，它的最高变现形式是法律。[②] 在诺思看来，制度被建立的目的是为了寻求主体利益最大化，通过规则秩序的制定使人类进行遵守，再加上伦理道德规范一起构成的一种规则。制度作为一个框架影响人与人之间的关系，并在此基础上构成了整个社会。[③] 青木昌彦把制度定义为一种博弈，参与者为了获得共同的结果而去努力维护这个系统。[④] 舒尔茨定义制度为维护相互关系和支配特定行为的一套准则。[⑤]

[①] 凡勃伦：《有闲阶级论》，商务印书馆 1964 年版，第 139 页。
[②] 康芒斯：《制度经济学》（上册），商务印书馆 1962 年版，第 87 页。
[③] 凡勃伦：《有闲阶级论》，商务印书馆 1997 年版，第 138 页。
[④] ［日］青木昌彦：《比较制度分析》，上海远东出版社 2001 年版，第 28 页。
[⑤] T. W. 舒尔茨：《制度与人的经济价值的不断提高》，科斯等：《财产权利与制度变迁——产权学派与新制度学派译文集》，上海三联出版书店 1991 年版，第 253 页。

由此看来，之所以建立制度，是为了规范人类在日常活动中的行为，这种具有强制性和规范性的博弈规则构成制度的行为框架。它分为两类，一类是依靠政策法规来规范人们行为的正式规则，另一类是依靠道德习俗规范人们行为的非正式规则。① 通常情况下，我们把第一类正式规则和第二类非正式规则合并起来称作广义的制度，而只有第一类正式规则称为狭义的制度。

制度是制度经济学的研究对象，在制度经济学的视角下具有：首先，人的行为和动机与制度的建立之间具有相互的联系；其次，制度的建立是针对整个团体而言，是对团体的一种约束行为，是一种"公共品"；最后，制度不同于组织，前者是规则的建立者，而后者是遵守规则的人，后者是前者的子集。

在理解"制度"内涵的过程中，关键要搞清楚"制度"与"制度安排"、"制度结构"的关系。我们把制度的第一含义（制度是行为规则，它规定了人们在社会与经济的发展中能做什么和不能做什么）定义为制度安排，把制度的第二含义（制度是人们在社会经济活动中构成的组织体制）定义为制度结构。

制度的第一含义包含了一套约束人们特定行为的规则准则，它是我们上文所说的广义制度，也就是包含正式和非正式两种类型的制度。其中正式的制度如家庭、企业、工会、医院、大学、政府、货币、期货市场等等。相反，价值、意识形态和习惯就是非正式的制度安排。②

制度经济学家用"制度"这个术语时，通常是指制度的第一含义，即制度安排。它的最大目标包括两个方面：其一，提供一种能使其成员的合作得到结构以外的利润；其二，改变团体或个人的合法竞争方式，以通过提供影响法律法规的方式或方法。可见，制度安排是对制度实施的具体化。③

制度结构，它被定义为"一个社会中正式的和不正式的制度安排的总和。"④这是一个更广泛和更高层次的制度问题。马克思在对资本主义所做的分析，主要是对制度结构的分析。马克思运用了历史唯物主义原理，论述了关于生产力是最终起决定作用的因素的观点，生产力决定生产关系，经济基础决定上层建筑的论断，是我们考虑制度结构的基础性观点。

现在我们很清楚地理解到：制度是行为规则，它规定了人们在社会经济发展中能做什么和不能做什么；制度是人们结成的各种经济、社会和政治组织或体制。先进的、有效的制度将促进经济和社会的发展，反之，则会阻碍生产力的发展。

---

① 卢现祥：《西方新制度经济学》，中国发展出版社 2003 年版，第 33 页。
② 林毅夫：《关于制度变迁的经济学理论：诱致性变迁与强制性变迁》，引自科斯等：《财产权利与制度变迁——产权学派与新制度学派译文集》，上海三联书店 1991 年版，第 377 页。
③ 吕璐、张进军：《制度质量与经济发展的再思考》，载《理论月刊》2017 年第 6 期，第 128 页。
④ 林毅夫：《关于制度变迁的经济学理论：诱致性变迁与强制性变迁》，载科斯等：《财产权利与制度变迁——产权学派与新制度学派译文集》，上海三联书店 1991 年版，第 378 页。

（二）制度的功能

我们刚刚讨论了制度的内涵，很清楚地知道，制度是"规范人们相互关系的约束"。制度到底有哪些功能？这不是很容易回答的问题。这里我们略谈一二。

1. 制度的约束功能。制度如何才能有效约束人？制度就是要求人们在规定的范围内可以做什么不能做什么，以及人们行为的范式，从而约束着人们行为选择的空间。接下来，我们从宪法秩序、制度安排、道德伦理这三个层次来分析制度的功能。首先，从宪法秩序这一层次来看，宪法是一个国家最基础最根本的法律，一个国家通过确立宪法来界定国家主权及其领土的完整。① 宪法具有普遍约束力，对任何集体和个人都是统一对待。同时，宪法是其他具体制度条文的宏观指导，任何具体制度的制定和实施都要在宪法的约束范围之内。② 其次，从制度安排这一层次来看，以宪法作为宏观框架，根据不同领域不同范围，制定适应该领域的具体的行为准则，用来约束人们在该领域的行为。最后，从道德伦理这一层次来看，制度的建立不是凭空捏造的，是在符合人类意识形态和文化背景的基础上建立的能够约束人们不法行为的行为规范。

2. 制度的经济功能。在经济学家 T. W. 舒尔茨看来，之所以建立制度的目的就是为了服务社会经济。他将制度所提供的服务进行了归纳：（1）制度有利于降低经济活动中用于交易的交易费用，比如在期货市场上建立有利于期货交易的制度能节约期货交易成本并促进期货交易的顺利进行；（2）用来分散生产要素相关者之间风险，比如通过合约的方式规定责任人之间的权利和义务，减少问题出现时的不必要纠纷；（3）联系组织与个人之间的收入流动，比如规定财产权；（4）确立社会公共物品和公共服务的分配和使用制度，比如机场、高速公路等③在 T. W. 舒尔茨看来，不论何种制度的建立，都存在其经济价值，这也是舒尔茨所认为制度建立的目是为社会经济服务的原因之所在。

那么我们不禁要问，如何才能决定一种制度经济价值？从经济理论是视角出发，我们把制度看作一件商品，那么通常情况下通过供求之间的关系确定制度的价值。

3. 制度的激励功能。为什么在有些国家人们的积极性很高，而在另一些国家人们的积极性就不高呢？这就要通过激励的视角看待制度的功能。如果社会提供的是一个偶尔的不能确定的激励机制，那么这种机制就很难得到实际效果，但是如果社会提供的是一个有效的可持续的激励机制，通常情况下这种机制也能够

① 道格拉斯·C. 诺思：《经济史中的结构与变迁》，上海三联书店、上海人民出版社 1994 年版，第 227 页。

② 吕璐、张进军：《制度质量与经济发展的再思考》，载《理论月刊》2017 年第 6 期，第 127 ~ 128 页。

③ 卢现祥：《西方新制度经济学》，中国发展出版社 2003 年版，第 66 页。

达到制度建立时的最终目的。正如道格拉斯所言，经济组织的有效性决定着增长，这是他在分析和总结西方世界之所以能够兴起的原因时的最终结论。道格拉斯同时提到，要想经济组织更加有效率，制度化设施的建立必不可少。[①] 人类社会发展进步的过程中，创新个人收益率逐渐接近社会整体收益率的过程也是一个制度创新过程。它能给这个组织里的人提供一种持续的激励。制度的基本功能是外部成本的内部化。完善生态环境保护制度，就是正向激励生态环境保护行为，抑制生态环境破坏行为；通过规范和约束个人行为基础，降低交易费用、减少外部性和机会主义行为。

因此，一个好的制度亦即有效的制度，应该具有的特征：其一是普适性。这种普适性即具有同一性，应对同一情况统一对待。其二是简单性。也就是说制度不能太复杂，如果制度容易被普通公民理解和消化接受，那么公民执行制度的成本和政府部门的运作成本就会低一些。制度对生产力的作用从两个方面展开分析。

一是制度是生产关系的政治、法律体现，它是为生产力服务的。社会生产关系的形成是多种因素综合作用的结果。人类形成什么性质的社会生产关系，将直接决定其与自然界的关系。社会生产关系的属性制约或影响着经济社会发展。要想使生产力发展起到可持续发展的生态效果，必须有制度起到保障、约束、引领的作用。明确而具体的法律法规可以更好地规范人们的生产行为。生态文明建设中需要继承、实践已经证明了的有效社会关系准则，也需要创新适应新形势和新情况的社会关系准则。对生态文明制度进行不断创新与设计，就是人们为了解决市场经济所造成的生态环境问题而采取的一系列生态化社会关系准则，推动人类社会持续、稳定、健康与和谐发展。

二是制度是规则的集合，使人们在生产实践中有章可循，有序进行，生态规范就可以融进生产实践中。作为"准则""规则"的生态文明制度包括正式制度（法律规章、环境政策）和非正式制度（生态观念意识、风俗习惯）。党的十八大以来，中国生态文明制度体系建设做出了顶层设计，大致可分为三类：政府管制性的、市场激励性的、社会引导性的。管制性制度是指管制者（政府管制机构）通过法律、法规、行政手段对不同的行为主体进行"命令—控制"式的管制；市场激励性制度是向市场经济主体提供直接或间接的利益作为驱动，促使行为主体作出相应的趋利选择；引导性制度是指管制者通过对各种行为主体的道德教育、生态环保教育，激发人们的内心信念来实施相关的环保行为。在生态文明建设过程中，这三类制度相互配合、相互衔接，促使行为主体把良好的生态理念、生态规范融贯到生产实践过程中，形成自然生态系统和经济社会系统有机统

---

① 道格拉思·C. 诺思：《西方兴起的世界》，学苑出版社 1998 年版，第 1 页。

一的整体。

不同的制度安排会产生不同的经济绩效。同样的投入，由于不同的制度安排，会有不同的产出。我们可以从宏微观两个层面分析制度对一国经济的促进作用。我们可以从宏微观两个层面分析制度对一国经济的促进作用。宏观层面主要是，制度对一个国家的经济发展具有促进作用，表现在一国的制度如果在有效的环境以及安排下进行的，将会极大的降低社会经济活动的交易成本；微观层面主要是，有效的制度能够解决激励和约束两大市场经济中的基本问题。制度不仅有激励的作用，同时也有着约束的作用，但目前我们最缺乏的是兼有约束和激励作用的制度。[①]

二、生态文明制度建设

党的十八大报告首次将生态文明建设提高到"五位一体"总体布局的高度，并首次提出了生态文明制度的理念，到党的十九大"生态文明制度体系加快形成"，这充分显示了我们党和国家对生态文明建设的重视。生态文明制度是推进生态文明建设的行为准则。生态文明制度的进步程度，标志着生态文明建设的水平。

（一）生态文明制度建设综述

不同学科体系对生态文明内涵的理解有一定的差异，尽管如此，生态文明都是强调人与自然和谐发展，承认资源环境对人类活动承载力的有限性，并且涉及人类文明发展的多个维度，侧重于强调人与自然的和谐统一。由此，可以看出，生态文明在社会架构重要地位，生态文明本身就是一种制度，是一种为"人与自然"关系立法的制度体系。[②] 这种制度体系是由推动生态文明与经济建设融合发展的一系列制度构成的，包括制度环境、具体制度安排和实施机制。[③] 当前的生态文明概念主要是从中国语境中产生出的话语。尽管西方学者讨论过类似的概念，但并没有形成系统的阐述。中国学者余昌谋在翻译苏联专家维尔纳茨基所著的《活物质》基础上，于2010年出版了《生态文明论》，该书以整体论的思想统领全文，强调从有机整体这个层面来理解生态文明。俞可平主编的生态文明系列丛书，既普及了生态文明知识，又推动了中国生态文明研究。严耕主编的"生态文明丛书"，比较注重从人与人的关系视角上探讨生态问题。刘思华出版《生

---

① 参见卢现祥：《西方新制度经济学》，中国发展出版社2003年版，第224~225页。
② 王彬彬：《论生态文明的实施机制》，载《四川大学学报（哲学社会科学版）》2012年第2期，第83页。
③ 柳新元：《制度安排的实施机制与制度安排的绩效》，载《经济评论》2002年第4期，第48页。

态马克思主义经济学原理》著作以及《绿色经济与绿色发展》等系列丛书，对生态马克思主义、生态文明、绿色发展等领域进行了跨学科、交叉型、开创性研究。

中国社会主义生态文明本身就是一个客观的制度体系。作为一种制度安排，它特别强调其根植于其上的制度基础的特殊性，还特别强调制度设计的特殊性，即马克思主义与其最新中国化成果。从生态文明的视角看，现代制度具有生态化的特质，具体表现为：制度构成要素表现为大量的具有个体差异化的单项法规或规则，又表现为某一部分或某一层面的多样性、统一性的配套规范。生态文明作为一种理念体现在人们的具体行为中，是人类社会开展各种决策或行动的生态规则。笔者认为，这种约束人们行动的规则就是制度。生态文明制度是人们在实践中提炼、总结和制定出来的，用以约束人们的经济行为。它是从社会整体利益最大化出发而制定的有利于生态环境的具有规范性和约束性的行为准则。生态文明制度的重点是采用生态友好型的技术、方法和模式，构建人与自然和谐相处的社会，更重要的是构建人与人和谐相处的社会，而不应是用生态承载力去约束经济发展。因此，生态文明制度是由包括环境法律法规在内的正式制度和包括生态观念习俗在内的非正式制度以及软硬兼施的实施机制共同组成。[1] 建立生态文明制度是发展好生态环境的需要，也是顺利解决目前所存在的环境问题的必要准备和前提条件。我国的特色社会主义社会建设需要大力推进生态文明建设。只有按照自然规律，在保护自然中发展经济，社会才能进步，人类才能得到更快更好的发展。因此，要实现人与自然的和谐共处，自然生态系统的良性循环，推动全人类的共同进步。

从上文的理解中可以得知，生态文明制度是正式制度，以法律的准绳约束和规范人们的生产生活，为生态文明建设提供法律依据和法治保障。生态文明制度既可以指与推动的生态文明建设这一政策议题或领域相关的各种制度形态和形式的总和，也可以指与社会主义生态文明总目标与战略决策相吻合的社会基本制度革新或重构。[2] 当然，生态文明制度也可理解为推动生态文明建设的行为准则，是关于推进生态文化建设、生态产业发展、生态消费行为、生态环境保护、生态资源开发、生态科技创新等一系列制度的总称。[3] 生态文明制度建设不仅是党的十八大报告的最主要关键词之一，而且也是十八大以来党和政府大力推进生态文明建设的前沿阵地和主战场。党的十八大报告提出的"生态文明制度建设"，这里的"建设"既包括被实践证明是有效的制度继承，又包括根据新情况新形势而

---

① 沈满洪：《生态文明建设：思路与出路》，中国环境出版社 2014 年版，第 124 页。
② 郇庆治：《论我国生态文明建设中的制度创新》，载《学习论坛》2013 年第 8 期，第 48 页。
③ 沈满洪：《生态文明制度建设：一个研究框架》，载《中共浙江省委党校学报》2016 年第 1 期，第 81 页。

开展的制度创新。

生态文明建设的制度设计。李克强（2012）、贾华强（2012）、严耕
（2012）、李合俊（2012）强调加强生态文明制度建设是推进生态文明建设的着
力点和关键点。朱坦（2012）、陈剑（2012）、曾春光（2012）指出，推进生态
文明建设需完善制度"顶层设计"。在 CNKI 中以生态补偿机制为检索词，搜索
2002～2018 年发表在核心期刊的论文达到 708 条，其中 2018 年由 26 篇文章。研
究结果表明，建立和完善生态补偿机制至关重要，并且加快了发展进程。赵建军
（2012）认为，生态补偿运行机制需要将法制建设、财政扶持、税收调节和保障
措施等系统化。沈满洪（2005）对生态补偿机制理论依据、可行性、补偿类型等
进行了实践探索。徐志刚等（2010）、李勇进等（2012）、王干等（2006）、万志
前等（2008）、李劲松（2009）、黄涛（2010）、孙育红（2011）、肖雁等
（2008）、金京淑（2010）、景杰等（2010）、陈万灵（2001）、陈浩（2003）、孙
晓伟（2010）、安柯颖（2012）分别对生态恢复的政策、生态技术的创新、生态
认证制度、企业生态化的制度安排、生态产权制度进行了研究；余谋昌（2007）、
陈学明（2008）提出，"生态文明建设最根本的意义在于建立一种新的人类存在
方式，通过改革和完善人与自然、人与人关系之间关系存在的一切不合理的制度
来解决生态问题。"周生贤（2013）指出，"建设生态文明新时代，首先需要政
府强化自己的监管责任，做好领头人作用。生态文明的制度建设是一个需要不断
完善的过程，这其中包括公众参与、资源补偿、政府考核、责任追究等一系列相
关责任制度的建立。其中，特别亟待建立和完善激励机制和约束机制，以生态文
明制度建设统领生态文明建设全局。[①] 目前，学界从不同的视角来思考生态文明
建设的制度设计。实际上，生态文明制度设计既要尊重自然规律又要尊重经济规
律，既要设计包括面对全社会各类当事主体的管理制度（如生态红线制度、耕地
保护制度、自然资源有偿使用等）；又要设计出有针对各级决策者的决策和责任
制度（如生态环境责任终身追究制度、生态环境损害赔偿制度等）；还要有针对
全社会成员的道德和自律制度（如生态意识、生态责任、绿色诚信、绿色消
费等）。

生态文明建设的制度保障作用。王雨辰（2008）认为，"关于生态文明的
建设问题，近年来不同学者从不同角度进行了论证。从目前的研究成果来看，
有一个最大问题是对生态文明建设制度的研究还比较欠缺，从而不能更好地规
范人类行为。"他认为，要"把调适人与人之间利益关系的制度维度作为生态
文明建设的理论基础"，并分析制度维度为什么能成为生态文明建设的基础的

---

① 周生贤：《走向生态文明细胞内时代——学习习近平同志关于生态文明建设的重要论述》，载《求
是》2013 年第 17 期，第 17～19 页。

原因。① 制度具有规范、引领、约束、监督作用，是生态文明建设能够顺利进行的基础，灵活的高效的制度运行与实施机制能够增强制度的实效性，因此，生态文明建设必须依靠科学合理的制度作为根本保障。② 贾华强（2012）认为：“生态文明建设离不开制度约束，必须找到建设好生态文明的关键点，并围绕其展开制度建设”。③ 朱坦（2012）论证了“生态文明制度建设是生态文明建设的保障。为此，要进一步完善干部考核制度……要制订科学合理的生态文明建设与经济建设融合水平评价指标体系；要积极推广生态文明建设试点示范。”④ 顾钰民（2013）认为，分析阐释了生态文明建设从树立理念、理论建设上升到制度建设的历程，提出了生态文明制度建设的目标“既要自然和生态环境，又要能促进经济社会的发展。”⑤ 也就是说生态文明与经济建设要融合发展。蔺雪春（2017）在深入研究相关政策制度的作用机制、实施效果基础上，提出，“增强生态文明政策的相对优势性”，“强化生态文明政策与制度的可实施性和实施有效性”，认为“改革完善生态文明政策和制度是未来的制度建设的方向”。⑥ 实践证明，高实施性的政策与制度是生态文明建设取得积极成效的重要保障。

生态文明建设的制度机制。陈剑（2012）认为，“制度建立的重点在于：一是要改革传统唯 GDP 论的政策考核机制，加入生态考核标准，把保护生态环境这项工作落实到实处；二是设置管理机构和划分管理责权；三是根据不同地区的现实情况建立科学合理的法律机制；四是着眼于完善社会主义市场经济体制；五是完善生态环境教育与公众参与制度。”⑦ 王彬彬（2012）分析了制度实施过程和体制实施过程，从生态文明这一制度本身来探寻生态文明建设的路径。⑧ 叶青（2013）就厦门、贵阳、浙江等地实践运用中的相关指标体系进行比较分析，认为“我国生态文明建设考核机制还处在初步探索阶段”，提出“建立和完善考核制度，增强考核内容的科学性，注重考核方法的合理性。”⑨ 李国平（2013）认为，“生态文明建设不是单纯依靠防止污染就能够得到合理解决，而最根本的解

---

① 王雨辰：《论生态文明的制度维度》，载《光明日报》2008 年 4 月 8 日。

② 中央党校中国特色社会主义理论体系研究中心：《加快推进生态文明制度建设》，载《光明日报》2012 年 12 月 25 日。

③ 贾华强：《建设生态文明须靠制度》，载《经济日报》2012 年 12 月 8 日。

④ 朱坦：《制度建设是生态文明建设的重要保障》，载《光明日报》2012 年 12 月 12 日。

⑤ 顾钰民：《论生态文明制度建设》，载《福建论坛·人文社会科学版》2013 年第 6 期，第 165 ~ 169 页。

⑥ 蔺雪春：《论生态文明政策和制度的改革和完善》，载《社会主义研究》2017 年第 4 期，第 80 页。

⑦ 陈剑：《生态文明建设应突出制度安排》，载《中国经济时报》2012 年 12 月 16 日。

⑧ 王彬彬：《论生态文明的实施机制》，载《四川大学学报（哲学社会科学版）》2012 年第 2 期，第 83 ~ 85 页。

⑨ 叶青：《建立生态文明建设评价指标体系和考核机制的思考》，载《世纪行》2013 年第 5 期，第 6 页。

决之道在于，从经济社会的发展模式和人们自身的行为方式开始入手。"① 张永江、李军（2013）提出："要制定配套的地方环境保护条例；积极推行环境保护行政执法责任制；加强公众参与环境保护制度建设，依法保障公众环境参与权利。"沈满洪（2015）对我国实施生态补偿机制进行更深入的研究，总结经验和做法，找出存在问题，剖析问题的根源，并在此基础上提出科学合理的建议。翟坤周（2016）② 提出"经济绿色治理"概念，作为生态文明建设"落地的基本路径"，并指出构建制度实施机制促进生态文明建设的落地落实。

生态文明制度建设是"五位一体"总布局之重。党的十八大把生态文明建设纳入"五位一体"总布局，党的十八届三中全会《关于全面深化改革若干重大问题的决定》的报告中，把建设生态文明与经济、政治、社会、文化建设相提并论，确立了生态文明制度建设在我国全面深化改革战略部署中的地位，提出"用制度保护环境"。同时，《决定》明确指出了生态文明制度建设的内容，制定最严格的生态红线制度、最严格的耕地保护制度、最严格的环境资源保护制度，并在原有的基础上继续完善生态环境保护的相关制度机制。首次将自然资源资产产权制度写入党的政治文件之中。党的十九大报告站位新时代，对统筹推进"五位一体"总体布局，明确把"坚持人与自然和谐共生"纳入基本方略，强调"加强对生态文明建设的总体设计和组织领导"，同时我们更加明确未来的生态文明制度建设，因为只有这样，才能实现绿水青山变成金山银山，才能实现美丽中国的愿景。

（二）生态文明制度建设的原则

1. "三大效益"相结合的原则。传统经济发展模式追求的目标是 GDP 增大，但不顾牺牲一切生态环境代价、用消耗生态价值来创造经济价值获取经济效益，在获得最大量经济效益的同时，毁灭了生态系统的生态服务功能。人类把追求经济效益最大化作为唯一衡量标准，忽视经济发展与生态系统的协调和平衡，必将会造成当今巨大的生态危机和资源危机，更谈不上实现生态效益、经济效益和社会效益。建设生态文明的宗旨是推动社会经济活动从片面追求经济效益的失误中走出来，兼顾生态效益、经济效益、社会效益之间的矛盾，矛盾的实质是生态效益与短期经济效益不相容。当前经济生活中的主要倾向是为了短期经济效益，不顾生态效益，这正是生态文明建设要解决的问题。坚持"生态立国"的基本国策，坚持生态优先绿色发展的方针，是实现"三大效益"有机统一和最佳结合的生态经济制度。基于此，在生态文明制度建设中，要对有利于实现生态效益、经

---

① 李国平：《加强生态文明重要制度建设》，载《光明日报》2013 年 1 月 15 日。
② 翟坤周：《经济绿色治理的整合型实施机制研究》，载《中国特色社会主义研究》2016 年第 4 期，第 88~95 页。

济效益、社会效益三大效益的行为予以鼓励、支持和推广，对只要经济效益的行为加以制止，更关键的是通过科学合理的设计，从标准、指标、核算等方面体现"三大效益"有机统一和结合平衡点的保证。

2. 产权激励与政府规制相结合的原则。在生态文明制度建设中，首先要建立一套让外部性内在化的生态产权激励机制，使市场在生态要素资源的配置中起决定性作用。但由于有些生态资源的产权界定和保护的交易费用过高，最终导致其产权的残缺或模糊，无法通过市场交易达到帕累托最优。也就是说，市场机制在自然资源配置中起决定作用的同时，也可能存在"市场失灵"的情况，此时则需要用政府的那只看得见的手进行合理规制，必须发挥政府的调控作用，约束市场主体的违法行为和败德行为。当然，政府也有失灵的时候，这就需要建立通过构建一个生态型政府和生态型市场。

市场经济对资源与环境起到双重作用，既能起到促使经济当事人节约资源与保护环境的作用，又能起到刺激经济当事人耗竭资源与损害环境的作用，这种双重作用力度视具体相关的场合与条件而有所不同。生态文明制度建设中需要制定许多规则，在形成的规则中，有些要利用市场经济的正面作用，有些要消除市场经济的负面作用。明晰资源产权，保障资源所有权归属者的权益，明确资源所有权、使用权所承担的环境责任，就是制定相关规则中利用市场经济作用的主要依据。而在另一些场合，要使资源产权的行使不造成耗竭资源与损害环境，就需要以法律、政策的方式，体现政府调控原则。而政府调控的变动是作为计划调节发生的。这两个原则的结合之处，就是责权利相一致的原则，即在当事人经济行为的权利覆盖下所产生的生态效果，负面的要承担明确的责任，负责治理，正面的可享有权益。生态补偿就体现了责权利相一致的原则。生态补偿是政府强制执行力和市场机制共同发生作用的结果。因此，必须遵循政府宏观调控与市场机制运行相结合、公平与责任、惩罚与补偿相结合的原则，勇于创新积极探索，从而实现责、权、利相统一。

3. "依法治国"与"以德立国"相结合的原则。生态文明制度建设包括法制建设。经济社会发展离不开法制建设，百姓福祉离不开法制保驾护航，法制建设就是以公正有效的方式保护生态环境，维护社会公共利益，这就是我们常说的"依法治国"。法治是治国理政的基本方式，法治建设既是生态文明建设的一个重要方面，又是实现生态文明的基本条件和法律保障。通过法制来维护生态环境，本身是一个系统工程。经济建设与环境保护经常发生矛盾冲突，如何制定规章规则呢？人口、资源、环境因素在不同地方不同区域与经济之间的冲突激烈程度不一样，如何解决统一的规则与因地制宜的矛盾？这些都需要充分集思广益，通过民主决策、科学决策、专家论证的程度来解决。

"依法治国"不管怎么公平有效，还只是停留在"强制"的层面，要进入

"自觉"的层面，必须有伦理道德、社会风气的作用，法制本身也要与舆论相配合。因此，必须增强生态文明教育，提高社会成员的生态文明意识。

（三）各领域的生态文明制度建设

1. 生态文明的政治制度建设。生态环境问题不是简单的环境保护问题，也不仅仅是一个经济问题，而是一个重大的政治问题。政治的一个传统的定义是指"大众的事"。凡是有关社会群体权利义务的事项，都属于政治。政治领域的主体关联着制度的行为者——政府，以及直接参与者——媒体与社会群体。建设生态文明，不仅仅是政府的事，更是全社会、所有民众的大事。因此，政府、政治家们、企业家们必须用更多的财力、物力、人力来保护生态环境，以达到经济与生态环境协调发展的目的。

生态文明建设的制度构架，即共产党作为我国政治制度中的领导力量提出生态文明建设的方针路线，经过人民代表大会转化为人口、资源、环境、经济等方面的法律，并审议政府在生态文明建设方面的工作，政府通过行政法规管理社会的生态环境问题，通过发展规划推进生态文明建设的经济项目，如国土整治、产业发展、经济结构调整、科技开发、政协和各政党、各社会团体在生态文明建设方面建言献策，媒体在推进生态文明建设中发挥舆论监督作用，群众通过信访等渠道反映有关生态文明的批判与建议，并以论著、网络等方式形成生态文明的社会舆论，从而影响决策。

要想使上述理论框架真正运作顺畅，需要有相应的政治文明作为社会背景：各级党组织真正贯彻立党为公、执政为民的宗旨；必须消除权大于法的机制；加强党内民主监督；致力于生态文明的社会团体、学术团体有法律地位和参政权，具备与政府、民众在资源、环境、保健方面沟通的常设制度。

生态文明必然要与政治文明相结合。政治建设是生态文明建设的重要保障，社会主义性质的政治制度是为全体人民利益服务，保障全体人民根本利益和长远利益的实现。[1] 生态文明建设是一个系统工程，涉及诸方经济利益，政府在进行生态环境管理时，必须做到公正、公开、公平，前提是政府机构与官员要有官德、党员要有党性。

2. 生态文明的经济制度建设。

（1）生态要素的产权制度。经济学要解决的是资源配置问题，由于资源稀缺性和有限性，在人们经济活动中会发生利益冲突，产权制度可以较好地解决这种冲突。产权所表现出来的行为规则，实质上是交易主体之间的权、责、利关系。只有明晰了自然资源的产权，自然资源才可交易，其经济价值才能体现出来。自

---

① 黄娟、高凌云：《论政治建设与生态文明建设协调发展》，载《创新》2015 年第 3 期，第 70～71 页。

然资源、绿水青山是资产，是资本，具有自然价值，一旦与人类劳动相结合，就会给行为主体带来经济利益，具有经济价值。因此，明晰自然资源资产产权制度，有利于更好地明确中央各部门间、中央与地方间资源管理的责、权、利关系，防止因管理不严或产权纠纷导致自然资源资产流失。

（2）生态建设投资制度。中央政府的生态建设投资，通过五年国民经济发展规划、年度发展计划直接落实到具体的建设项目。在建设过程中，鼓励企业参与既有生态效益，又有经济效益、社会效益的投资。倾力打造与民生相关的基础和重大项目，比如城中村改造、集体康养中心、老旧小区综合整治、江河湖泊整治、农田基本建设、农村能源建设等等。① 地方政府的生态建设投资，一方面要落实中央政府细分到地方的计划，另一方面要根据本地的实际情况和发展需要确定一些生态建设投资项目。投资涉及的财政预算与实施业绩向本级人民代表大会报告、接受审议，政府内部上级检查下级的工作。农村社区公有制组织也是生态建设投资的主体，这类投资是为本社区的公共生态福祉开展的，其运作在政府系列之外，包括农村沼气开发、植树造林、农田灌溉、小流域生态治理等。经济发达的农村地区与经济欠发达的农村地区，政府对其投资力度将根据财力大小会有所不同。因此，农村经济的发展有利于农村生态文明建设。

（3）产业生态化管理制度。经济生态化是在可持续发展的背景下提出来，是指如何通过生态学范式研究促进人的可持续发展。产业生态管理就是要禁止各产业继续按照粗放模式扩大生产，要求没有集约型的内容不能上项目。节能减排是我国的基本国策，节能减排的目标责任要落实到具体的行业、企业管理层。一是要继续推进对于排放物的监控；二是要推进产业经济低碳化和低碳技术产业化。政府一方面对推进节能减排的措施制定出奖励政策，另一方面对未能完成目标责任、超标污染者制定出惩罚法规。地方环保部门应通过有效的工作加强节能减排监督检查和监督能力建设，一些重点开展节能减排的企业要实施强制生态审计。

3. 生态文明的文化制度建设。文化，作为与政治、经济相并列的概念，包括了新闻传播、文学艺术、伦理道德、民俗风情等内容，宣传媒体在其中起到主导作用。文化的繁荣和发展是一个国家或地区经济、政治、社会、生态的集中反映，对生态文明建设具有重大的价值。文化通过政治制度，使社会敦促政府实行生态文明的正确舆论导向。之后，文化制度让政府的生态文明建设作用于新闻、广告、出版、书刊、展览、文艺活动等领域。由政府机构投资的生态文化项目占有比较大的份额，起到示范、引领、导向以及培育人才和积累经验的作用。全国

---

① 李欣广：《新时代中国特色社会主义政治经济学的文明形态转换内涵》，载《桂海论坛》2018年第3期，第22页。

各地的生态文明建设、污染治理的重大成就，在各地举办的各种大型会议加以介绍，以及在当地的综合展览上予以宣传介绍。新闻媒体报道对于政府行为的激励作用是最强的，对于推进社会的生态文明建设作用也是最直接的。

（四）各区域（各层级）的生态文明制度建设

1. 城市生态文明制度建设。推动城市生态文明建设产业规划布局非常重要，必须把相对高效低耗的产业放到城区，相对低效高耗的产业可以放到郊区或县乡。（1）城市建设要规划引领。城市建设规划应该包括这些内容：积极改造脏、乱、差的街区，保障城市清洁卫生，限制频繁地拆建完好的建筑；城市建设必须融贯生态文明理念，以建设"美丽城市"为目标，尽量增加市区内的植被特别是树木，应在沿江沿街、市区中的山坡都种植树木、花草。（2）高标准地建设城市的静脉产业。静脉产业重点要承担两大任务：一是处理全城的生活垃圾，将其中的有机物全部转化为肥料；二是处理全城的人粪尿，要全部转化为有机肥料。从有关统计资料来看，城市生活污染有超过生产污染的趋势，因此，在城市建设中，必须建设好城市垃圾与污染处理设施一类的系统性工程，用于城市居民生活排泄物循环利用。静脉产业应该也可以取得两大产出：一是为农业提供生产的有机肥料；二是为社会提供了优美的环境。（3）努力向低碳经济城市、绿色经济城市学习，逐步推行可行的经验，并进行不断创新。比如，推广节能城市照明，推广节能或再生能源的建筑，发展城市公寓、学生公寓集中式的他太阳能利用，按照生态法则为导向改进城市布局等等。学习、试验、示范、推广的过程本身也可成为制度。

2. 小城镇生态文明制度建设。城镇化经济建设的落脚点就是满足人在城市生活的良好感受和促进城市社会经济可持续协调发展。生态文明作为一种理念、一种性的文明形态，强调的是人、自然、社会和谐发展。小城镇生态文明制度建设事项：（1）按照生态原则建立健全小城镇建设规划制度。在城镇化过程中尊重自然、顺应自然和保护自然，生产空间必须集约高效，生活空间必须宜居适度、生态空间必须山清水秀，从而形成科学的合理的生产空间、生活空间和生态空间。建设标准与城市相比，既有追求不同，也有保持区别的双重性。小城镇的街道和建筑群可以与农田适当交错。既然生产空间要高效集约，那么必须减少工业用地增加居民居住用地和生活用地。科学合理划定生态红线，切切实实地保护好农村耕地、园地和菜地。加快划分城市与农村的开发边界，科学设置开发强度，把城市融入大自然中，把绿水青山等资源留给城市居民。[①]（2）利用生态优势和区位优势，引资建城，逐步消灭城乡差别。在相关生态文明与精神文明的社会生

---

① 《中央城镇化工作会议提出推进城镇化六大任务》，载《城市问题》2013 年第 12 期，第 102 页。

活方面，镇政府的城镇社会管理、环境管理要逐步赶超城市。在产业生态化发展方面，加强吸收与应用城市的先进科技成果，力争创造出与城市分工合作、共同提升、创造特色的新局面。

3. 乡村生态文明制度建设。

（1）从制度上确立与完善城乡基础设施建设一体化。通过"城市圈"、"城市经济带"、"城市后花园"的建设，逐步完善乡村的交通、通讯、能源、供水、供电的基础设施。城乡基础设施建设一体化，是贯彻落实科学发展观和推进生态文明建设内在要求，必须从制度上加以确立和完善的，这是各级政府贯彻执行国家的长远规划的基础工作。从生态文明建设的视角来看有特别重大的意义：保障乡村的自来水供应是保障农村村民人体生态、水资源合理开发利用的生态措施；保障农村生活用能问题，利用农村的资源条件科学开发多种多样的新能源，如风能、太阳能、沼气能、小水电等再生能源的利用等。不管是哪种能源，都要贯彻城市支援农村、城乡结合的原则。（2）从制度上保证不能再把农村当作垃圾转运站和处理场。农村对现有的垃圾基本是简单的填埋，这种做法是只顾眼前不顾后代，终究将导致地下水水源遭受污染。因此，要引导村民制定"环保公约"，将畜禽粪便管理、垃圾管理、水体管理、村前村后的植被保护和管理等纳入公民行为规范中，确保乡村环境清洁、生态良好。①

三、生态文明制度建设与经济制度建设之间的关系

（一）生态文明建设与经济建设

党在十七大报告中首次正式把生态文明建设纳入经济建设之中，成为经济建设的一部分。并在报告中强调：建设生态文明，加快转变经济发展方式，调整产业结构，改革增长方式，改变消费模式，形成有益于资源和环境的生产生活方式。② 党的十八大给予生态文明建设更高的关注和评价，强调社会各领域、各层面、各层次的发展都要融贯生态文明建设。国务院总理李克强指出，"生态文明的建设成果要通过改革这个'红利'的体现，建设好生态文明是大势所趋民心所向。"③ 周生贤（2012）提出，"要尽快改变现实生活中重经济轻环保的倾向，要

① 李欣广等：《少数民族地区迈向生态文明形态的跨越发展》，经济管理出版社 2017 年版，第 181～183 页。

② 胡锦涛：《高举中国特色社会主义伟大旗帜　为夺取全面建设小康社会新胜利而奋斗》，2007 年 10 月 24 日，http://news.xinhuanet.com/newscenter/2007-10/24/content_6938568.htm。

③ 李克强：《建设一个生态文明的现代化中国》，载《人民日报》2012 年 12 月 13 日。

真正将生态环境保护融入经济发展之中。"① 吴瑾箐、祝黄河（2013）认为，"转变经济发展方式必须大力推进生态文明建设"；"把生态文明建设作为调结构、保增长的抓手不断挖掘新的经济增长点"；"把增强生态产品生产能力作为经济建设的重点"②；"与以往先污染后治理的观念不同，生态文明强调在源头上对污染环境的行为进行修正，做到从根本上保护生态环境，保证社会的长远发展。"③ 罗健、夏东民（2012）指出："经济建设需要生态文明作为基础，市场经济是能够持续健康进同样行需要生态文明"，"健全的生态环境是保证市场秩序能够正常运行的基础，是社会主义社会能够长期稳定发展的必要条件。"④ 高文全、吴秀波（2009）认为，"生态文明建设覆盖了经济、政治、文化和社会四个层面。""科学社会主义的发展目标在于可持续性，可持续性要求在发展的过程中做到各个指标的生态化，这是一种全方位的生态化，涉及经济社会的各个领域和不同方面。"⑤ 沈满洪（2014）指出，生态文明理念指引社会主义经济建设，在建设经济的过程中要促进与自然生态之间的和谐发展，杜绝不利于环境的现象发生，既要做到经济又好又快发展，又要在发展中保护环境，进而为人类提供赖以生存的自然环境。⑥

（二）生态文明制度建设与经济制度建设

从社会生产力发展特点看，人类的社会文明是一个由低级到高级、由对立到统一的发展演进过程。从人类经济活动演进过程来看，是一个自然历史的过程，适合与促进社会生产力发展的经济制度就是可以存活下去的制度。之所以强调建立制度的重要性，是因为制度给社会带来约束力的同时也促进创造力的形成，其中约束力告诉人们应该干什么和不应该干什么使整个社会的秩序能够更加有序地进行，而创造力促进整个社会的进步。⑦ 从社会结构视角来看，制度可以从不同角度进行划分，包括政治、经济、生态、文化和社会在内的各种制度。不同类型的制度之间是相互联系、相互发生作用的。一个国家采取什么样的制度，是由其

---

① 周生贤：《充分发挥环保主阵地作用 大力推进生态文明建设》，载《中国科学院院刊》2013年第2期，第219～223页。

② 吴瑾箐、祝黄河：《"五位一体"视域下的生态文明建设》，载《马克思主义与现实》2013年第1期，第158～159页。

③ 周生贤：《生态文明建设：环境保护工作的基础和灵魂》，载《求是》2008年第4期，第18页。

④ 罗健等：《全面推进中国特色社会主义生态文明建设》，载《毛泽东邓小平理论研究》2012年第8期，第35～36页。

⑤ 高文全、吴秀波：《关于生态文明建设的几个问题》，载《大连干部学刊》2009年第11期，第11页。

⑥ 沈满洪：《生态文明建设：思路与出路》，中国环境出版社2014年版，第6页。

⑦ V. 奥斯特罗姆：《制度分析与发展的反思——问题与抉择》，商务印书馆1996年版，第45～46页。

社会制度属性决定的。我国生态文明制度建设是由我国社会性质和人民群众的根本利益决定的，是中国特色社会主义制度的重要组成部分。中国生态文明制度建设的目标是促进实现人与自然和人与人和谐相处。在生态文明新时代里，人与自然和人与人能够和谐相处的经济制度就是可持续发展的制度。生态文明制度与经济制度两者关系密切，生态文明制度是经济制度建设的一个部分构成，经济制度建设是否能取得成功需要生态文明制度作为保障。

1. 生态文明制度建设内嵌于中国经济制度建设之中。中国特色社会主义经济制度的形成和建立是一个实践探索过程，经过一系列的理论和实践的经验总结，我国逐步形成公有制为主，多种所有制经济共同发展的制度。这个经济制度框架体现了现阶段经济制度的基础是以公有制为主体，又体现了我国现阶段生产力发展不平衡的特点下多种所有制形式共同发展。很明显，中国经济制度的特点表现在：以公有制为主体、多种所有制共同发展；公有制与非公有制经济统筹协调发展；以人为本的全面协调可持续的科学发展观。把这些特点联系起来，共同构成具有中国特色的社会主义制度。

发展中国特色社会主义制度需要更加全面的深化改革。改革是制度创新，改革解决危机。改革开放以来，我国经济总量在世界上居第二位，社会生产力、经济实力、科技实力方面取得的成绩令世人瞩目，人民生活水平、居民收入水平、社会保障水平在 21 世纪均得到跨越式发展，综合国力、国际竞争力、国际影响力也越来越大。中国的腾飞是世界有目共睹的，这与我们国家领导人的正确制度理念息息相关。正如胡锦涛同志所说，中国的崛起与党的正确领导是分不开的，经济的发展靠的是正确的思路和理念，靠的是坚持走中国特色社会主义道路，这是全体广大劳动人民智慧的结晶。[1] "35 年来，依靠改革的相关政策作为指引，我们成功解决了建设社会主义道路过程中出现的各种难题，使人民的生活越来越好。与此同时，我们也面临着新的问题和新的矛盾，需要我们继续完善相关规章制度，让改革的步伐走得更远。"[2]

生态文明建设不是简单的污染防治，而是经济发展中进行的一场伟大革命。这场革命要想能够取得最终的胜利，需要我们继续走可持续发展的道路，继续做好环境的保护工作，节约资源，使资源的永续利用得到保障。发展生态农业，建设生态城市，使人民在物质生活得到满足以后，精神生活也逐步提升。[3] 毫无疑

①　宋毅俊、毛子微：《以胡锦涛为总书记的中央领导集体形成始末》，载《党史文苑》2017 年第 5 期，第 21 页。

②　习近平：《关于〈中共中央关于全面深化改革若干重大问题的决定〉的说明》，新华网，2013 年 11 月 15 日，http：//news. xinhuanet. com/politics/2013 - 11/15/c_118164294. html。

③　周生贤：《生态文明不是简单的污染防治》，2012 年 12 月 10 日，http：//www. chinanews. com/gn/2012/12 - 10/4395247. shtml。

问，生态文明建设，不仅是经济社会发展史中的伟大革命，而且是人类社会发展史上前所未有的伟大革命。生态文明建设是在超越工业文明基础上进行的新的文明建设。是在汲取工业文明过程中依靠过度利用自然资源，过度透支生态环境发展经济造成生态环境被恶意破坏的反思上提出的更适合人类社会发展的新的文明形态。它摆脱了工业文明给人类带来的高碳高熵污染，是对过去不文明发展方式的反思后的总结，因此生态文明是最适应当今社会发展的文明。①

生态文明制度具有较强的社会属性。它在一定程度上折射了当今社会的主要经济制度。生态文明制度坚持以人为本，以提升人民群众生活质量为出发点和归宿，所坚持的是一条可持续的发展道路，对整个社会的发展起着基础性的地位与作用。建设美丽中国离不开生态文明作为基础保障，把生态文明的理念植入于社会经济发展的各个方面，促进绿色生产、绿色服务、绿色消费等等的各个部分的建设和发展，另一方面又通过发展保护生态环境来促进创新，积极转变产业结构，调整产业链条转型升级，从而达到社会的更好发展。因而，我们所说的生态文明制度建设不仅仅是建设单一制度，更是对一套全新理论体系的建立。

2. 经济制度建设是生态文明制度建设的根基。建设社会经济制度，我们应该从社会主义生态文明的视角进行研究，这是一个崭新课题。② 在这里，人类经济活动过程是一个自然与社会交互运动并无时无刻不表现出二重性的过程。

按照马克思主义观点：无论哪一种社会经济，在运行过程中都不是单一的，都需要经历无数次的重复和更新。在社会的再生产过程中，生产是最初的出发点，它决定着运动中的交换、分配和使用，与此同时交换、分配和使用反作用于生产。整个经济系统就是在这种相互作用中发展起来的使物质在系统内循环不已，一步比一步更推动着社会再生产的发展。马克思的物质循环理论告诉我们，物质在循环往复中出现发生和消亡。大到整个宇宙小到一粒砂砾都是处在不停地运动和变化之中。所以说整个自然界也处于一个不断循环往复的过程中。③ 由此，我们认为，无论是生态系统还是经济系统，物质都处在流动之中。因此，作为生态系统和经济系统的复合生态经济系统，也是处在永恒的流动和不断循环运动中"。"生态循环和经济循环的相互转化，是生态经济系统物质循环运动的重要表现，它能够使生态经济系统建立在良性循环的基础上，实现生态和经济有机整体的可持续发展。④

---

① 高红贵：《绿色经济发展模式论》，中国环境出版社 2015 年版，第 xxii 页。

② 杨志、王岩、刘铮：《中国特色社会主义生态文明制度研究》，经济科学出版社 2014 年版，第 125 页。

③ 《马克思恩格斯选集》第 4 卷，人民出版社 1995 年版，第 270 ~ 271 页。

④ 刘思华：《生态马克思主义经济学原理》（修订版），人民出版社 2014 年版，第 351 ~ 352 页。

经济制度安排，是社会与自然环境和自然生态连接最密切的地方。因此，人类的经济建设也是环境建设和生态建设联系最紧密的地方。经济制度作为支撑整个社会的现实基础的基础地位，说到底是由人的二重属性决定的，人是自然生态人又是社会经济人。作为地球生物的一部分，人首先和生态相互依存也就是人是具有生态属性的生态人，与此同时，人的生存环境需要社会的存在作为依托，理所应当具有社会属性。这两种属性共同结合构成人的本质属性。社会实践是人与自然相联系的中介。人类之所以要进行一系列的社会实践活动，是为了满足自身根本利益的需要，同时，也是为了整个地球生物圈和谐发展长期共存的需要。在实践的进行过程中，人与自然的关系不断深化，由最初的相互排斥相互对立走向最终的相互依存相互协同，这是历史性的进步，是人与自然生态和谐相处的最深刻体现。[①]

第二节　生态文明建设视域中的制度建设实践行动

重视社会主义生态文明制度建设的意义，不仅在于大力推动生态文明建设，为把生态文明建设落在实处提供制度保障，而且在于把其规范化，上升到理论的高度。要做到在建设社会的各个过程中，充分融入生态文明的理念和方法。[②] 另外，在生态文明制度建设过程中要考虑其的全面性，具体来说在建设过程中既要注意经济方面的又要注意社会方面的，既要注意城市方面的又要注意农村方面的，既要注意生产领域方面的又要注意生活领域方面的；既要注重正式制度建设，也要注重非正式制度建设。这里主要分析以下两个方面。

一、生态文明建设的制度安排

生态文明建设的制度安排主要包括两个方面：正式制度及非正式制度，具体内容如图 3－2 所示。正式制度是指具有强制性及权威性的法律规章及环境政策，而非正式制度是指不经意间形成的道德观念及意识形态，其也是正式制度的扩展和细化。正式制度主要起的是约束功能，约束生态文明建设中出现的种种问题，规范市场经济行为，非正式制度主要起的是激励功能，引领生态文明观念，稳固社会环保共识，彼此相容，相互协调，共同推进生态文明建设与经济建设相融合。

----

① 高红贵：《绿色经济发展模式论》，中国环境出版社 2015 年版，第 51～52 页。
② 杨志、王岩、刘铮：《中国特色社会主义生态文明制度研究》，经济科学出版社 2014 年版，第 126 页。

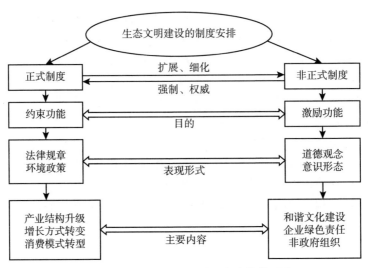

图 3-2 生态文明建设的制度安排关系图

（一）正式制度

1. 正式制度的内涵。制度经济学告诉我们：正式制度，又称正式规则，指的是人们在一定的活动范围内，带有目的性，有意识地去创造的一系列法律法规、规章规定等去规范人们的行为，通过契约的方式等建立的一种等级结构，从而达到能够约束人们行为的目的。[①]

正式规则主要表现为以下四点：（1）对两个人在分工过程中的"责任"的规则进行界定。举例来说，在市场上，就是约定哪些商品由哪些人生产。（2）对每个人能够做什么，不能够做什么的规则进行界定。因为在经济学上，假定人是理性的经济人，因而每个人都想用最小的成本来获取约定上的好处，长此以往，这样的行为可能就会损害别人的利益。例如，偷排、超标排放就是以最小成本代价换取较高收益的行为危害了社会利益。（3）关于惩罚的规则。约定对该干什么而不干，不该干什么而为之的行为要付出什么样的代价。例如污染需付费。（4）关于"度量守恒"规则。这一规则更进一步说是交换的各方面需要约定如何度量每个人的物理投入与物理产出。[②] 制度是人为设定的，显然制度设定及其实施都是需要成本或费用的。社会越能提高正式约束形成的收益率，制度能够在大范围内进行适用，便越具有普遍适用性，这样伴随而来的制度实施的边际成本也会较少。换言之，制度的实施也具有"规模经济"这方面的问题。

---

① 胡键：《要正视农民市民化的障碍》，载《党政论坛》2017 年第 2 期，第 34 页。
② 卢现祥：《西方新制度经济学》，中国发展出版社 2003 年版，第 40～41 页。

生态文明建设中的正式制度，是指为了约束生态文明建设中出现的种种人口、资源、环境、经济等方面的问题，而有目的有意识有针对性创造的一系列法律法规及规章制度。正式制度是由权威机构制定，带有一定的强制性。正式制度的建立，有利于推进生态文明建设进程，有利于提高生态文明与经济建设融合发展的程度和水平。生态文明建设是一项复杂的工程，是一项社会工程，涉及全社会方方面面。这项伟大工程需要国家权威机构制定正式法律法规、政策规章等制度来作保障。

2. 中国初步形成了生态文明建设的基本制度框架。党的十七大报告强调，要牢固树立生态文明观念，并且在社会建设的过程中融入生态文明，发展循环经济，合理使用可再生能源，为社会的发展和进步创造健康的生产方式和生活方式。从新制度经济学视角来进行理解：一是在制度层面上构建并形成生态文明；二是在制度安排层面上，除了要做到对观念上把控的给正式制度，在今后较长时期内实施以产业结构升级、增长方式转变、消费模式转型为主要内容的正式制度。

党的十八大报告中提出要建立完善的生态指标考核体系，把生态文明建设的理念融入经济建设的各个部分，充分体现生态文明建设的重要性。保护生态环境这项任务必须通过制度实施并落到实处，对破坏环境的违法犯罪行为进行责任追究。强化公民环保意识，努力形成新的社会风尚。① 这些内容主要包括生态环境保护理念的政治制度、社会组织制度、文化制度、经济制度建设，以及生态环境保护法律法规、行政管理制度等制度运行机制构建。党的十八届三中、四中全会都强调"生态文明制度建设"、"用制度保护好生态环境"，同时要求"加快速度建立约束机制"以促进生态文明与经济建设融合发展。

在生态环境保护的总体方面，国务院发布了《关于落实科学发展观加强环境保护的决定》（2005 年 12 月 3 日），国家环境保护总局颁发了《关于进一步加强生态保护工作的意见》（2007 年 3 月 15 日），国家环境保护总局、商务部、科技部发布了《关于开展国家生态工业示范园区建设工作的通知》（2007 年 4 月 3 日），环境保护部发布了《关于推进生态文明建设的指导意见》（2008 年 12 月 18 日）等。十八大以来，中共中央、国务院就推进生态文明建设作出了一系列决策部署，提出了创新、协调、绿色、开放、共享的新发展理念。第一次全面部署生态文明建设，并印发了《关于加快推进生态文明建设的意见》（简称《意见》）、《生态文明体制改革总体方案》。该文件明确了生态文明建设的总体要求、目标愿景、重点任务和制度体系，突出体现了战略性、综合性、系统性和可操作

---

① 胡锦涛：《坚定不移沿着中国特色社会主义道路前进　为全面建成小康社会而奋斗》，新华网，2012 年 11 月 19 日，http//www. xj. xinhuanet. com/2012－11/19/c113722546. htm。

性，进一步细化了有关生态文明建设的系列举措，并专门就生态文明制度建设作出了战略性安排，要求逐步"构建起由自然资源资产产权制度、国土空间开发保护制度、空间规划体系、资源总量管理和全面节约制度、资源有偿使用和生态补偿制度、环境治理体系、环境治理和生态保护市场体系、生态文明绩效评价考核和责任追究制度等八项制度，构成产权清晰、多元参与、激励约束并重、系统完整的生态文明制度体系"①。

在具体工作方面，2006 年下半年，国务院印发《加强节能工作的决定》，正式启动全国范围内的节能减排工作；同年底，国家环境保护局成立华东、华南、西北、西南、东北五个环保监察中心，以强化国家环境监察能力、加强区域环境执法监察。2007 年 5 月，国家发展和改革委员会同有关部门制定《节能减排综合性工作方案》，国务院发布《关于印发节能减排综合性工作的通知》。2008 年 2 月 28 日，新的《中华人民共和国水污染防治法》颁布实施。2008 年 8 月 29 日，全国人民代表大会委员会通过《中华人民共和国循环经济促进法》，自 2009 年 1 月 1 日起实施。2009 年 4 月，《重点流域水污染防治专项规划实施情况考核暂行办法》出台。2015 年 5 月、7 月、9 月党中央和国务院连续出台《关于加快推进生态文明建设的意见》、《环境保护督察方案（试行）》和《生态文明体制改革方案》等专项政策文件，对生态文明体制改革进行系统制度安排，有力推动了生态文明制度创新。目前，我国已完成对 31 个省（区、市）的环保督察全覆盖，并对督查结果以及整改方案和整改进展进行公示，一大批群众身边的突出环境问题得到快速解决。随后为加快绿色发展，推进生态文明建设，2016 年 12 月，中共中央办公厅、国务院办公厅印发了《生态文明建设目标评价考核办法》，这一考核体系进行颁布说明了对生态文明建设进行了制度上的规范。尤其是对领导干部开展长效考核机制建设，强化刚性约束的法治思维和维护生态安全的底线思维，表明了中国共产党治理生态环境的决心和魄力。

（二）非正式制度

非正式制度的具体内涵是人们在长期交往过程中不经意间形成的，这种制度生命力十分持久，并能够代代相传，例如约定俗成的风俗习性、道德上的观念、价值上的导向以及意识形态上的因素。通常而言，非正式制度是对正式制度的扩展、细化和限制，它同时也是社会认可的行为规则。② 相对于正式制度来说，生态文明建设中的非正式制度变迁是一个缓慢渐进过程，这与社会意识形态、价值观念、文化底蕴、风俗习惯等因素有密切关系。尽管非正式制度不具有强制性，

---

① 环境保护部编：《向污染宣战：党的十八大以来生态文明建设与环境保护重要文献选编》，人民出版社 2016 年版，第 31 页。

② 卢现祥：《西方新制度经济学》，中国发展出版社 2003 年版，第 46～47 页。

但必须保证正式制度、非正式制度与实施机制彼此相互融合相互协调，才能有效推进生态文明的制度建设。

非正式制度是正式制度实施机制的一部分，主要原因有以下几点：（1）非正式制度缺乏有效力的实施机制，举例来说，我们生活中并没有一种所谓的"道德法庭"的存在，均是靠人们之间某种道德力量进行约束，从这个意义上来说这种制度并不能构成能够相对独立发挥效果的制度形态，而这有通过正式制度进行约束才能发挥它的作用，并达到预期目的。（2）非正式制度（例如形式意态的滞后）如果与制度环境和制度安排不一致，将会对新的制度实施有一定阻碍，扩大了制度实施上的成本。非正式制度是一种没有法律约束力的制度，这也是它与正式制度的最大区别，非正式制度更倾向于对人们道德的约束从而和正式制度一起作为社会的制度存在。

由此看来，建设生态文明和发展绿色经济，必须通过生态文明理念和生态文明意识的宣传教育和舆论导向，增强全民的生态文明意识，培养人们的绿色思维和绿色价值观。我国在非正式制度创新作出了巨大的努力，这里主要谈谈和谐文化建设、企业绿色责任和绿色诚信以及环保非政府组织（NGO）。

和谐文化建设。和谐文化是人类追求的共同价值和理想境界，贯穿在和谐社会建设的过程中。和谐文化的产生，是人类精神发展的最先进体现。十六届六中全会中首次以战略的高度提出构建社会主义和谐文化。[1] 把和谐文化作为我国文化工作的主体[2]。和谐文化的提出，为我国建设和谐社会，促进绿色经济发展提出了新的理论方法和指导原则。[3]

培育绿色责任和建设绿色诚信。包括一是在生产的过程中，企业要做到满足社会福利的最大化而不单单是企业利润的最大化；二是企业要具有社会责任。这种社会会责任不仅仅是指企业对其员工的关心，还要包括其他相关主体的利益；三是把人类普遍幸福作为企业的目标。[4] 人是社会性动物，因此个人的幸福与社会的幸福是相互作用的，个人的幸福依赖于身边的人，社会的幸福增加也会加强个人的幸福感。企业在其经济的绿色发展中应该承担绿色责任。[5] 这要求企业应该做到，一是培养企业社会责任理念，提高企业社会责任意识；二是建立长效诚

---

[1] 《中共中央关于构建社会主义和谐社会若干重大问题的决定》，载《学习导报》2006 年第 11 期。

[2] 胡锦涛：《在中国文联第八次全国代表大会　中国作协第七次全国代表大会上的讲话》，载《人民日报》2006 年 11 月 11 日。

[3] 高红贵：《关于绿色经济发展中非正式制度创新的几个问题》，引自《2011 中国可持续发展论坛 2011 年专刊（一）》2011 年第 11 期，第 37 页。

[4] 高红贵：《关于绿色经济发展中非正式制度创新的几个问题》，引自《2011 中国可持续发展论坛 2011 年专刊（一）》2011 年第 11 期，第 38 页。

[5] 环境保护部副部长潘岳在中国环境文化促进会和神农架林区政府共同举行的"绿色责任与生态文明——神农架绿色责任蓝皮书发布座谈会"上的讲话。www.china.com.cn，2008 年 6 月 27 日。

信机制；三是建立诚信监督机制，强化对企业失信行为的惩罚。绿色责任和绿色诚信是绿色经济发展的基础。①

非政府组织 NGO，所代表的是除政府和企业环保机构之外的部门。它是社会民间环保人员自发组织而成的团体，其日常活动围绕保护生态环境而展开。非政府组织作为独立于政府部门的环境保护组织，具有非营利性的特点。但这并不代表非政府组织在日常活动行为松散缺少行为规范，实际上，非政府组织在进行环境保护的公益活动过程中有着自己的章程和要遵守的行为准则。②

二、生态文明制度建设的博弈分析

生态文明建设与经济建设融合发展的过程，实质上就是发展绿色经济的过程，内在地蕴含着生态建设的经济化和经济建设的生态化路径。当代中国绿色经济发展道路的核心问题是"经济发展生态化之路"，这是一条不同于西方发达国家，也不同于一般发展中国家的中国特色发展之路。为了达到最终目的，我们要建设有利于绿色发展的相关体制，通过制度约束来发展绿色经济，从而达到抑制甚至制止经济活动中存在的短期行为。③

（一）制度实施是一个博弈过程

作为一种博弈，制度的实施过程需要制定规则来激励行为主体的行为活动。在这个过程中，如何实施规则，如何激励实施者实行规则并确保实施过程中的行为是我们要考虑的问题。

博弈论是对个体的预测行为和实际行为进行比较，同时研究在这个过程中达到最优策略。博弈的决策者在进行博弈决策时相互作用并最终达到均衡。博弈规则是内在产生的。博弈的一种划分可以分为合作博弈和非合作博弈。合作博弈是使博弈双方至少一方能够增加利益而其余参与者利益不受损失的博弈，它的最终结果能够促使整个社会的利益增加。而非合作博弈研究人们在相关利益中如何行动从而使自己达到最大收益，非合作博弈是一个策略选择问题。我们目前所谈的博弈一般是指非合作博弈。传统经济学认为，在存在个人理性与集体理性冲突

---

① 高红贵：《关于绿色经济发展中非正式制度创新的几个问题》，引自《2011 中国可持续发展论坛 2011 年专刊（一）》2011 年第 11 期，第 38 页。

② 高红贵：《关于绿色经济发展中非正式制度创新的几个问题》，引自《2011 中国可持续发展论坛 2011 年专刊（一）》2011 年第 11 期，第 38～39 页。

③ 李克强：《推动绿色发展　促进世界经济健康复苏和可持续发展》，载《光明日报》2010 年 5 月 9 日。

时，可以通过价格进行调节来达到平衡。而现代经济学解决这一矛盾的主要方法是通过机制的设计来完成。制度安排能够处理好由于信息不对称和个人理性有限等原因造成的冲突问题。其中"囚徒困境"博弈模型可以很好地说明这一问题。[①]

"囚徒困境"。囚徒困境的前提假定是每个参与者都是利己的，追求自己利益的最大化。现假定有 A 和 B 两个犯罪嫌疑人，警察在没有足够证据确认其犯罪的情况下对其进行单独谈话。现在两名囚徒面对着相同的选择：若两人中有一方背叛另一方，那么背叛者得到释放，另外一人判刑 10 年；若两人都不背叛对方，每人各判刑 1 年；若两人都背叛对方，每人各判刑 8 年。对 A 和 B 两个犯罪嫌疑人来说，最好的选择是相互不背叛对方，也就是所谓的集体理性。但是单个囚徒在做决策的过程中要考虑对方的行为选择，这种情况下博弈双方都会选择背叛对方，最终使双方都受到损失，使集体选择出现非理性的局面。[②]

"囚徒困境"生动体现了个人理性和集体理性之间所存在的矛盾。另外，囚徒困境还告诉我们博弈的参与者在对方不进行策略的改变情况下，也不会改变自己的策略，也就是不存在所谓的帕累托改进，存在纳什均衡。本书所要论述的生态文明和绿色经济的建设过程中也存在相关问题。下文会进行详细说明。

（二）生态文明的绿色经济发展过程中的博弈分析

历史在进步，时代在发展，旧的文明一直在被新的文明所取代。生态文明时代的到来，绿色经济的发展是当今社会变革的最新体现。事物演进规律告诉我们，在新事物取代旧事物的过程中存在着各种利益冲突。需要协调好各利益主体之间的关系。博弈的过程就是处理好在建设生态文明的绿色经济过程中政府、排污企业及消费者之间的关系，使绿色经济发展过程中各方利益得到满足，从而达到群体效用最大化。

1. 绿色经济发展中的一般博弈。博弈的要素主要包含局中人、策略和得失。以博弈的角度分析绿色经济，可以看作是绿色经济消费者和企业二者之间在相应的制度下，按照一定的规则进行的博弈行为。先来分析作为绿色经济倡导者的政府与企业之间的博弈行为。假设在一个博弈中政府和企业各有两种行为可供选择，政府的策略选择在于是否进行维护，企业策略选择进行高排污或者低排污。并记企业高排污时的高收益为 R，企业在严格执行政策标准的情况下需要付高排污费 F，获得 R－F 的净收益；企业低排污时的低收益为 r，此时只需要支付一个

---

① 卢现祥：《西方新制度经济学》，中国发展出版社 2003 年版，第 51~53 页。

② W. 吉帕·维斯库斯：《反垄断与管制经济学》，机械工业出版社 2004 年版，第 416 页。

较低的排污费 f，获得 r − f 的净收益。政府的策略为维护时成本为 c，不维护时成本为 0，为了能够更好地说明问题，我们要求 c < f①。在双方信息对称情况下，博弈如表 3 − 1 所示。

表 3 − 1   绿色经济运行中政府与企业间的博弈分析

		政府	
		执行 I	不执行 N
企业	低排污 L	(r − f, f − c)	(r, 0)
	高排污 H	(R − F, F − c)	(R, 0)

分析表 3 − 1，若政府对企业征收较低的排污费用（R − F > r − f），博弈的结果为（高排污，监管），存在纯策略纳什均衡。若政府对企业征收较高的排污费用（r − f ≥ R − F），不存在纯策略纳什均衡。

在不存在纯策略纳什均衡的情况下，我们分别对政府和企业进行概率分配：假设政府监管的概率为 p（不监管为 1 − p），企业低排污的概率为 q（高排污为 1 − q）。（其中 0 ≤ p ≤ 1，0 ≤ q ≤ 1）。企业所采取的混合策略 x 的结果应该达到这种平衡，该平衡使政府是否监管都会获得相同的收益。当政府选择不监管时期望收益 $u3(x, N) = q \cdot 0 + (1 − q) \cdot 0$，选择监管时期望收益 $u3(x, I) = q(f − c) + (1 − q)(F − c)$. 令 u3 = u4，

记：$q \cdot 0 + (1 − q) \cdot 0 = q(f − c) + (1 − q)(F − c)$

得：$q = \dfrac{F − c}{F − f}$

同样，政府所采取的混合策略 y 的结果应该达到一种平衡，该平衡使企业不论选择哪种排污标准都获得相同的收益。接下来计算企业的期望收益，当选择高排污时 $u1(H, y) = p(R − F) + (1 − p)R$ 低排污时 $u2(L, y) = p(r − f) + (1 − p)r$；令 u1 = u2，

记：$p(R − F) + (1 − p)R = p(r − f) + (1 − p)r$

得：$p = \dfrac{R − r}{F − f}$

根据以上计算，得到混个策略纳什均衡的结果：

$$\left(\left(\dfrac{F − c}{F − f},\ 1 − \dfrac{F − c}{F − f} \right),\ \left(\dfrac{R − r}{F − f},\ 1 − \dfrac{R − r}{F − f} \right) \right)$$

———————

① 参照高红贵：《中国绿色经济发展中的诸方博弈研究》，载《中国人口·资源与环境》2012 年第 4 期，第 13 ~ 18 页。

此时企业的期望得益 $u^*(x, y)$ 为：

$$u^*(x, y) = (1-q) \cdot u1(H, y) + q \cdot u2(L, y)$$
$$= (1-q)[p(R-F) + (1-p)R] + q[p(r-f) + (1-p)r]$$
$$= R - pF + q[r - R + P(F-f)]$$

将 $q = \dfrac{F-c}{F-f}$，$p = \dfrac{R-r}{F-f}$ 代入上式得：

$$u^*(x, y) = R - \frac{F(R-r)}{F-f}$$

上文假定 $r-f \geqslant R-F$，因此 $0 \leqslant \dfrac{R-r}{F-f} \leqslant 1$，则 $R-F \leqslant u^*(x,y) \leqslant R$。

相同分析方法，得出政府的期望得益 $u^{**}(x,y)$

$$u^{**}(x, y) = (1-p) \cdot u3(x, N) + p \cdot u4(x, I)$$
$$= (1-p) \cdot 0 + p[q(f-c) + (1-q)(F-c)]$$
$$= p[q(f-c) + (1-q)(F-c)]$$

同样代入 $q = \dfrac{F-c}{F-f}$，$p = \dfrac{R-r}{F-f}$ 得：

$$u^{**}(x, y) = 0$$

根据上述模型分析可以看出，在绿色经济的实施过程中决定一个企业是进行高排污还是低排污的关键在于政府的监管力度。另外，由于不同的行业面对的情况不同，因此需要政府制定符合实际情况的不同的排污标准，这要求政府做好制度建设并依法行政。政府作为政策的制定者和监管者，要严格控制企业对污染的排放，从各个方面多角度入手。同时政府相关人员自身也要做到在道德上强化自己的行为，在法律上按照标准对违法行为进行惩治。

2. 绿色经济模式构建及其发展中的各方博弈。上文所分析的仅仅只是绿色经济发展中的一般博弈，即只考虑政府与企业之间的博弈。现实中的情况更为复杂，可将参与者分为四类：最大程度维护集体利益的中央政府，由于各种原因（例如单以 GDP 为导向的政绩考核方式）更多关注短期经济利益的地方政府，排放污染的企业及公众。下面构建四类参与者的两两博弈，以期更好地分析绿色经济发展过程中各利益主体之间的关系，从而找到治理污染的有效解决办法。

（1）中央政府和地方政府间的博弈。由于中央政府与地方政府在推动绿色经济的过程中利益有所差别。[1] 作为一国权利最高的中央政府为了达到长期的公共最大利益更多考量国家整体利益，而受限于政策导向及区域发展的地方政府更多考虑区域利益，这种情况下容易出现地方政府只享受其他区域在治理污染后带来

---

① 丹尼尔·F. 史普博：《管制与市场》，上海三联书店、上海人民出版社 1999 年版，第 47 页。

的外部经济效益，即所谓的"搭便车"现象。①

　　通常情况下，中央政府和地方政府之间存在着前者颁布并制定政策，后者进行选择，随后前者对这种选择进行回应，接着后者调整选择的行动顺序。这也是中央政府和地方政府在完全信息下的动态博弈过程。引入模型"子博弈纳什均衡进行分析（见图3-3）。

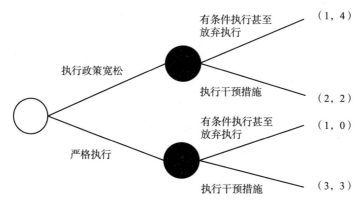

图3-3　中央政府和地方政府间的博弈

　　这是一个逆向思维的博弈过程，我们通常使用逆向归纳法求解纳什均衡。分析上图，由于我国在环境管控方面实行的是地方政府对本辖区环境质量负责的方法。对于地方政府来说，如果中央政府的考核指标在于整个社会经济是否得到了均衡发展，在中央政府严格监管环境政策的实施情况下，地方政府的最优选择为执行环境保护政策；如果中央政府的考核指标更多偏重于对 GDP 指标的考核，对环境保护的执行力度过低甚至放弃时，地方政府就会采取有条件的执行甚至放弃对排污企业的惩罚，只注重短期利益而忽视长远利益来发展经济。因此，要想发展好绿色经济，中央政府需要严格执行健全的责任追究制度并均衡好与政府之间的利益，实现博弈过程中中央政府和地方政府的收益均衡，走出目前在政策执行过程中所面临的困境。

　　（2）政府和企业间的博弈。由于"环境保护"这件"物品"具有较强的正外部性，如果完全由市场自行调节其供需状况容易产生"公地的悲剧"现象。此时需要政府作为一个宏观的调控者对其进行干预，制定相关的环境政策和法规。对于政府和企业之间的博弈，传统经济学把企业利润最大化作为最终目的。以这个目标作为出发点，企业在面对政府所颁布的相关法律法规时通常

　　①　周国雄：《共同之处执行阻滞的博弈分析——以环境污染治理为例》，载《同济大学学报（社会科学报）》2007 年第 4 期，第 91～96 页。

有保护和不保护两种选择，在执行过程中企业的具体行为更多依赖于政府对所制定法规的执行力度，也就是通常所说的"上有政策，下有对策"。相对于企业对自身经营过程中信息的完全掌控，政府对企业的了解较少，在信息不对称的情况下，以不完全信息博弈的精炼贝叶斯博弈模型分析两者之间的博弈（见图 3 - 4）。

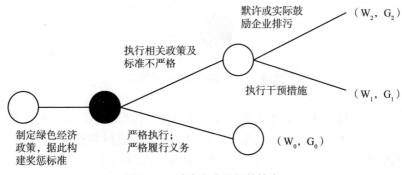

图 3 - 4　政府和企业间的博弈

我们同样以逆向思维的过程分析政府和企业之间的博弈。对于企业来说，如果选择严格遵照政府颁布的法律法规执行环境政策，那么博弈提前结束；如果在政策的执行过程中，政府的监管力度不够或者企业借信息完备等原因钻政策"漏洞"这个空子，此时企业就会选择污染作为博弈的最终结果，相反，如果企业严格按照标准执行政策，对超标污染企业进行惩罚，并对环境友好型企业给予相应补偿奖励，企业就会在下一轮的行为上考虑自己的污染后果，降低污染。

通常情况下，作为绿色经济推行者的政府与企业之间的利益是根本对立的。政府在环境保护的法律法规框架下制定相应的制度和规则来控制企业的排污行为，从而达到自身管控净收益最大化的目的。企业的生存目的是为了获得最大利润，作为制度的顺从者，根据政府的不同行动建立自己的最优反应。同时需要注意，此博弈不是一次性完结的，是政府和企业在各自的策略集中不断通过策略选择来进行博弈。

（3）企业与公众间的博弈。公众是企业最终产品的购买者，公众的行为会最终决定企业的行动选择。企业在生产产品的过程中除了要做到尽量压低生产成本以外，还要考虑公众的真实需求，从而促使企业的利润达到最大化。因此，利用博弈分析企业之间相互促进相互制约的关系（见图 3 - 5）。

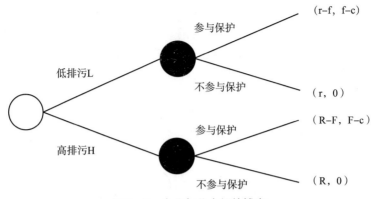

图 3-5　企业与公众间的博弈

在这个博弈模型中，企业的策略选择有两种：污染和不污染。假设企业高排污时的高收益为 R，企业在公众参与保护的情况下需要付高排污费 F，企业低排污时的低收益为 r，获得 R-F 的净收益；此时只需要支付一个较低的排污费 f，获得 r-f 的净收益。公众的策略为维护时成本为 c，不维护时成本为 0，为了能够更好地说明问题，我们要求 c<f。

在不存在纯策略纳什均衡的情况下，我们分别对企业和公众进行概率分配：假设企业低排污概率为 p（高排污为 1-p），公众参与保护的概率为 q（不参与为 1-q）。（其中 $0 \leqslant p \leqslant 1$，$0 \leqslant q \leqslant 1$）

公众所采取的混合策略 m 的结果应该达到这种平衡，该平衡使企业是否获得监管都会得到相同的收益。当公众选择不参与保护时期望收益 $u1(m, N) = q \cdot 0 + (1-q) \cdot 0$，选择参与保护时期望收益 $u2(m, I) = q(f-c) + (1-q)(F-c)$。令 $u1 = u2$，

记：$q \cdot 0 + (1-q) \cdot 0 = q(f-c) + (1-q)(F-c)$

得：$q = \dfrac{F-c}{F-f}$

同样，企业所采取的混合策略 n 的结果应该达到一种平衡，该平衡使公众不论选择哪种排污标准都获得相同的收益。接下来计算企业的期望收益，当选择高排污时 $u3(H, n) = p(R-F) + (1-p)R$ 低排污时 $u4(L, n) = p(r-f) + (1-p)r$；令 $u3 = u4$，

记：$p(R-F) + (1-p)R = p(r-f) + (1-p)r$

得：$p = \dfrac{R-r}{F-f}$

根据以上计算，得到混个策略纳什均衡的结果：

$$\left(\left(\frac{F-c}{F-f},\ 1-\frac{F-c}{F-f} \right),\ \left(\frac{R-r}{F-f},\ 1-\frac{R-r}{F-f} \right) \right)$$

由此可见，在处理环境污染的过程中，居民的选择将会决定企业的行为准则，当公众加大对环境保护的监管力度并把这种力度上升到市场消费活动中后，企业在面对这种压力下，会更加积极的保护环境。

通过以上博弈对经济行为主体之间的分析，可以看出，在生态文明的绿色经济建设过程当中，我们需要做到均衡各方面的利益。注重创新制度，建立监督机制，保障制度的实施能够顺利进行，并运用法律法规、行政政策等手段进行监管。因此，我们必须意识到制度的实施机制在生态文明建设中的作用，好的实施机制有利于生态文明与经济建设更好地融合发展。

第三节　生态文明视域中的制度实施机制

制度的形成需要机制的实施。在对一个国家制度实施的有效性进行判断的时候，除了要对正式和非正式规则是否健全和完善进行判断，另外，实施机制是其中的一个重要内容。

所谓的实施机制是指为了达到一定的目的（激励或约束），社会机构或组织对那些破坏规则制度的人进行的奖励或者处罚的统称。[1] 建立的制度能否顺利实施，实施机制起着关键性的作用。通常情况下，如果一项规章制度建立后不能被更好的实施，那么对于整个社会来说，不实施规则的结果往往会更糟。究其原因，任何制度建立的目的都是为了更好的规范人们的行为，如果制度的建设达不到最初的目的，除了会影响制度的权威性以外，同时会使人们建立错误的认知观念，产生不重视制度的心理，这是一个恶性循环的过程，会愈演愈烈。[2] 制度的实施需要具有可行性，也就是所谓的实施机制。没有了它，制度就会成为一种摆设，不能发挥其应有的作用。

那么，之所以要建立制度，原因：一是在日常的经济活动中，如果一项经济活动的发生越复杂，那么实施机制就越有必要被建立，比如原始社会就不需要建立质量监管机构的原因也是基于如此；二是考虑到人的理性是有限的，任何的行为都需要一定的约束；三是由于信息的不对称，合作者存在违背最初口头约定的动机。而制度的强制实施有利于减少该事件的发生。[3]

制度的实施程度与实施机制是密切联系的。比如环境问题，市场本身是解决不好环境问题的，需要支付管制。如果企业排污量在增加，表明环境管制制度的实施程度在下降，我们用一个简单的函数关系来表述这个问题。假定企业排污量

①② 柳新元：《制度安排的实施机制与制度安排的绩效》，载《经济评论》2002 年第 4 期，第 48 页。
③ 卢现祥：《西方新制度经济学》，中国发展出版社 2003 年第 2 版，第 42 页。

同偷排后被发现的概率、同偷排后的惩罚、同偷排后可得到的收入等其他变量之间存在着某种关联，这种关联用下面的函数式表示：

$$Q = Q(q, r, f)$$

在这里，Q 表示特定时期企业的排污量，q 表示企业偷排后被发现的概率，r 表示企业偷排被发现后的惩罚，f 代表其他所有影响企业排污量的综合因素。

我们只有证实企业确实偷排或超标排污，排污企业才会受到惩罚，但这里面有许多不确定因素存在，如果管制机构掌握了排污企业的情况，判定该企业违约，排污企业将因此而付出 r 的惩罚，否则它将不支付任何成本而进行排污。q 或 f 的任何增加（实施机制的强化）都会减少企业的排污数量。

从实施机制的概念中可看出，制度的实施是社会组织或机构。在现实的经济社会中，环境管制制度实施机制的主体一般是政府环境管制机构。我们假设所提到的制度已经被创新，需要考虑的只是制度是否被更好的实施，因此我们所要研究的重点是如何做到在存在不利因素的情况下，实施该项制度。

党的十八大以来，国家大力推进国家治理体系和治理能力现代化，要求"构建系统完备、科学规范、运行有效的制度体系，使各方面制度更加成熟更加定型。"[1] 党的十九大报告明确指出，我国已经由高速增长阶段转向高质量发展阶段，社会的主要矛盾也发生了深刻的巨变，人们不再满足于物质的需要，开始更多地考虑精神追求。进入新时代，踏上新征程，需要有新的制度安排。自党的十八大以来，加大了生态文明制度建设力度，对制度体系进行了一系列调整，但还不够健全，尤其是在制度的形成过程中还存在着一些障碍。需要我们相关机制组织完善生态文明的制度建设，促进生态文明能够得到更深入的推进。

一、改革自然资源监管体制

改革的目标既不是单一的行政管理体制，也不是纯粹的市场化配置体制，应该是两者兼而有之的融合管理体制。党的十八届三中全会《关于全面深化改革若干重大问题的决定》（简称《决定》）在阐述生态文明体制改革过程中，同时涉及体制改革、机制改革和制度改革。从《决定》提出的生态文明体制改革的基本目标和内容来看，主要包括三方面的内容：[2] "改善并健全我国的自然资源资产管理体制"；"改革自然资源行政监管体制、完善自然资源监管体制"；"改革

---

[1]　《十八大以来重要文献选编》（上），中央文献出版社 2014 年版，第 75～76 页。

[2]　《中共中央关于全面深化改革若干重大问题的决定》，中央政府门户网，2013 年 11 月 15 日，http://www.gov.cn/jrzg/2013－11/15/content_2528179.htm。

生态环境保护管理体制"。为了全面贯彻党的十八大和十八届二中、三中、四中全会精神，国务院印发《生态文明体制改革总体方案》，旨在更好地解决目前所出现的环境问题，把我们国家建设得更加美丽。我们认为应该从以下几个方面着手①：

（一）按照所有者和监管者分开的原则落实所有者权益和监管者职责

我国资源环境领域突出问题主要是全民所有自然资源资产的所有权人不到位以及其权益不落实。在传统的公有制和计划经济体制下，自然资源为国家所有和集体所有，分别归国有和集体组织占有和使用，自然资源管理和资产管理也没有什么明确界限。随着市场经济体制改革，自然资源的所有、占有、使用和收益逐渐分离，但自然资源国家所有的所有者权益没有体现出来或者没有得到充分的体现。例如水资源，在水价构成中往往只体现治水成本、治污成本，而没有考虑国家所有者权益收入。然而所有者权益收入是水资源构成中的一个重要组成部分，落实水资源所有权需要建立更加全面的体制机制。

另外，作为"公共资源"的资源环境，需要加强政府的监管，履行政府的管理职能。目前，自然资源管理中存在的突出问题是：条与条的矛盾（如环保部与水利部的矛盾、水利部与林业部的矛盾）、块与块的矛盾（上游与下游的矛盾）、条与块的矛盾（部门与地方的矛盾）。因此，必须理顺各部门职责关系，推进政府机构改革，按照优化政府机构设置和职能配置对相关部门适当合并和重组。可见，与生态文明建设相关的大部制改革呼之欲出。

（二）按照自然资源和资产分类的原则划清中央和地方的行政事权

处理好中央政府和地方政府的关系，是深化生态文明体制改革最为复杂的一项任务。我国法律是属于单一制国家，但地方政府拥有相对较大的权力，中央政府有关部门对地方政府及其有关部门基本上是行政业务指导关系。在很多方面比如哪些是中央事权，哪些是地方事权，哪些是中央和地方共享事权，划分不清，特别是在共享事权上各自职责和支出责任更加划分不清，加之缺乏有效引导和监督体制机制，极大地制约了国家管理的效能和效率。因此，我们必须对自然资源和资产进行合理的分类，明确其目的和功能定位及其管理原则。

我们要确保中央和地方政府在行使所有权时候的职能和范围。对于中央政府来说，要加大对石油、天然气、矿产、湿地、珍贵野生动物等对生态环境起着重要作用的资源的管理，充分发挥作为国家最高权力机构的职能。②

---

①② 《中共中央 国务院印发〈生态文明体制改革总体方案〉》，载《人民日报》2015 年 9 月 22 日。

（三）梳理各部门污染防治方面的管理职责，实施环境监测、环境监管与环境治理分离

一方面，环境信息的扭曲更多是由制度的安排造成的，我国对政府官员的政策过渡偏重于对地区 GDP 的衡量上，而且地方政府在监管中没有做好环境监测和分离。为了防止地方保护主义，可以实施第三方环境监测体制，建立统一服务于各级政府和社会公众的环境监测和信息网络平台。另一方面，环境监管与环境治理不能统一稍有脱节。地方政府作为地方上环境治理的主要责任人，因此，环境监管应由其余部门"独立进行"。真正建立"统一规划、统一监测、统一监管、统一评估、统一实施"的体制机制。

二、探索生态环境保护管理体制

党的十八大和十八届三中、四中全会对加快建设生态文明制度、完善最严格的环境保护制度提出了明确要求，对领导干部实行严格的评价考核和责任追究制度，使领导干部真正扛起环保责任。

（一）明晰自然资源产权制度

目前，我国还尚未建立起一种适合所有自然资源的自然资源资产产权制度。这是因为对自然资源产权的界定尚不明晰，资源所有者不能被清楚地区分，面对一种资源，到底应该属于国家所有，地方政府所有还是集体或者个人所有的职能划分不够，导致我国一部分资源环境成为"免费午餐"，人人都想无偿占有，结果产生"公地悲剧"。① 建立完善的自然资源产权制度的主要目的是为了解决产权边界模糊、责任划分不明确等问题。完善的自然资源产权制度是生态文明建设中的一项重要任务。

建立健全自然资源资产产权制度必须树立绿色财富的理念，处理好自然资源公有与自然资源是公共产品的关系，只有可以设立产权的自然资源才能成为自然资源资产，而公众共用自然资源不能设立排他性的产权或制度。比如，国务院在所颁布的《关于加快推进生态文明建设的意见》（2015 年 4 月 25 日）中强调"良好生态环境是最公平的公共产品，是最普惠的民生福祉……让人民群众呼吸

---

① 靳利飞：《关于新形势下我国自然资源资产管理制度建设的思考》，载《国土资源情报》2017 年第 2 期，第 15 页。

新鲜的空气，喝上干净的水，在良好的环境中生产生活"。① 这说明，自然资源和自然环境基本上或整体上属于公众共用物（或环境公众共用物、环境公共产品、公众共用自然资源），不宜将所有自然资源和自然环境都规定为具有排他性产权的自然资源资产。

建立健全自然资源资产产权制度，必须坚持自然资源"公有性""共用性"或"共享性"原则。中国特色社会主义经济制度的特点，就是"以公有制为主体""公有制和非公有制经济统筹协调发展""经济全面可持续发展""以人为本"。"坚持公有制主体地位"包括坚持自然资源国家所有制主体地位、作为公众共用物的自然资源公众共用制等内容。坚持不断满足人民日益增长的美好社会需要。建立健全自然资源资产产权制度，必须坚持"物权法定"的原则，使产权制度管理能够落实到具体的细节中。

（二）国土空间开发保护制度

该项制度是指调整国土空间开发保护的一套法律规范的总称。国土空间是人类得以生存与发展的重要资源，是中华儿女生生不息和永续发展的家园，完善国土空间开发保护工作需要制度具体包括：

建立健全空间规划制度。任何制度的建立都需要一个宏观的结构框架。空间规划安排得是否合理决定着国土空间开发保护的顺利进行。它是国家空间开发的科学行动指南。完善的制度建立需要在整合目前空间编制信息的基础上做出合理的规划从而能够在随后的工作中更好的实施和监督管理。② 这是一个繁复具体的过程，以省级空间规划要求作为根据，以主体功能定位作为指导，为对土地进行标准划分，界定清楚生活、生产、生态空间，并明确区分工业区和农业区的区分边界，从而达到更好规划国土空间的目的。③

与此同时，国土空间管理制度的健全是保障规划制度能够顺利实施的基础。特别要重视用途管制制度的建立健全，它能够形成自上而下的管理体系，使自然生态空间的规划更加合理。另外，作为约束性指标的存在也可以更好地控制目前地方政府为了自身利益过度发展建设用地的问题，使破坏生态红线的行为能够更好地得到治理和解决。

建立独具特色的主体功能区制度。主体功能区制度是中国政府为了有效开发利用和保护生态空间而成长的一项制度。其中根据不同地区的资源禀赋、资源环境承载能力、现有开发密度和发展潜力等，把国土空间大致分为城市化地区、农业化地区、生态功能地区等。中国首个全国性国土空间开发规划《全国主体功能

---

① 《中共中央 国务院关于加快推进生态文明建设的意见》，新华社，2015 年 5 月 5 日，http://www. gov. cn/xinwen/2015 – 05/05/content_2857363. htm。

②③ 《中共中央 国务院印发〈生态文明体制改革总体方案〉》，载《人民日报》2015 年 9 月 22 日。

区规划》于 2011 年 6 月 8 号正式发布，该项规划是一个战略性、约束性的规划。它按照开发方式将国土空间划分为优化开发区域、重点开发区域、限制开发区域和禁止开发区域等四大类。[①] 该项制度有利于合理控制国土空间开发强度，增加生态空间。2017 年 2 月划定并颁布的"生态保护红线"，是贯彻落实主体功能区制度的重要举措，有利于国土生态空间的优化和保护，促进生态功能区的生态功能保持稳定。"主体功能区"制度对于推进形成人口、资源、环境与经济相协调发展具有重要战略意义，有利于促进社会主义现代化建设目标的实现。

建立健全国家公园管制制度。国家公园制度是有关国家公园体制、管理机构和监督管理措施的一整套完善的制度体系。它的建设初衷是为了能够更好地保护和使用重要的自然生态和历史文化等资源，构建保护重要生态系统、文化自然遗产和珍稀野生动植物的长效机制。[②] 通常情况下，国家公园是一个完整的生态系统，可以作为休闲旅游、环境教育和科学研究等功能而存在。它既不同于严格意义上的自然保护区，也不同于一般的旅游风景区。[③] 在中国特色社会主义新时代里，必须加大对国家公园建设投入力度，以保护好生态环境为基础，以合理利用自然资源为目标，科学合理的开发和利用国家公园，是社会可持续发展的直接体现。近年来，我国对国家公园进行了一系列的试点工作，以期能够更好地制定国家公园体制制度。为了更好地保护自然生态系统，科学地利用自然资源，促进人与自然和谐共生，中共中央办公厅、国务院办公厅印发了《建立国家公园体制总体方案》（2017）。国家规定了公园体制改革进程时间表：到 2020 年，建立国家公园试点基本完成。"三江源国家公园"是中国首个国家公园体制的试点，后来陆续设立的国家公园体制试点达到 10 个。

三、深化生态文明考评机制

十八大以来，党中央出台了一系列推进生态文明建设的重大体制机制。顶层设计很全面，但具体落实受阻碍。这些阻力主要来自各级政府部门、管制机构的不同利益诉求，使改革进程受到事权的阻扰，因此必须从考评机制入手，通过建立科学合理的考评机制引导和鼓励各级政府推动生态文明建设的积极性。

一是要构建综合性、科学性、可操作性的政绩评价考核标准。评价指标体系

①《国务院印发〈全国主体功能区规划〉》，中国新闻网，2011 年 6 月 9 日，http：//www. chinanews. com/gn/2011/06 – 09/3099774. shtml。

②肖翔：《中国的走向——生态文明体制改革》，时代传媒股份有限公司、北京时代华文书局 2014 年版，第 54 页。

③《中共中央国务院印发〈生态文明体制改革方案〉》，载《人民日报》2015 年 9 月 22 日。

要科学合理，政绩评价既要看经济状况，也要看自然资源状况；既要看经济效益，也要看生态效益和社会效益；既要看单位 GDP 的能耗、水耗、物耗，也要看单位 GDP 的污染物排放水平等等。二是必须以考评结果作为奖惩的依据。考评的目的是为了及时发现问题及时督促相关进行整改。中央开展环保督察工作，及时发现问题及时向各省反馈意见进行整改，"反馈意见"及"整改结果"作为领导干部提拔任用的重要依据。对在生态建设和环境保护中有贡献的单位和个人，给予表扬和鼓励，对不顾生态环境盲目决策造成严重后果的领导干部，严格追究责任。三是实行多部门参评。为了使考评结果更加科学合理公平公正，必须要形成一个权威领导机构的部门牵头，建立一个涉及生态、经济、社会、文化各方面的相关部门，还有审计部门、监察部门共同参与的考评机构。

四、探索建立生态市场机制

生态文明制度建设必须遵循产权激励和政府管制相结合的原则。中央顶层设计提出市场在资源配置中起决定性作用。如何将市场的活力激发出来？必须要建立一个有利于推动生态文明制度实施落地的市场机制。过去的实践经验证明，错误的或者价格信号失真的定价机制，必将导致资源的掠夺性开发和浪费且低效使用，以致造成资源耗损速度过快甚至耗竭，加剧生态环境恶化。因此，建立一个公平、高效的生态要素市场，有利于资源合理配置，有利于生态文明建设。

生态产品市场。自党的十八大报告提出增强生态产品的供给能力后，社会各界对生态产品的关注不断提高。所谓"生态产品"，简单地理解可以说是"绿水青山"，清洁的空气、干净的水、宜人的气候、茂盛的森林草原等。要想增加生态产品的供给，就必须加强生态环境保护，减少对环境的开发和干扰，舍弃或放弃眼前部分经济利益，舍弃部分地区的经济利益。为了保障生态产品供给，就必须建立一种有效的长效机制激励生态产品的供给者的积极性，并对神态产品供给者舍弃的经济利益进行"补偿"，也就是说，需要把生态产品变成一种可以通过市场交易的产品，实现生态产品的价值。通过建立生态产品的价值实现机制，盘活自然资源价值，生态产品通过生产交易实现价值，也就是生态产品的市场化，这就是我们常说的绿水青山就是金山银山。增加生态产品的市场化供给方式有：市场的直接经济交易（排污权交易、水权交易、林权交易）、生态资本产业化经营和政府购买市场主体生产的生态产品。

排污权交易市场。自 20 世纪 80 年代开始的排污交易试点工作，取得了初步经验。进入 21 世纪以来，排污权交易机制在全国各地得到广泛探索和应用，成为许多地区建立健全污染减排长效机制、完善环境资源价格形成机制，促进经济与环境协调发展的重要手段。2009 年、2010 年政府工作报告都明确提出扩大排污权交易试点。党的十八大以来，党中央国务院出台了多项生态文明体制改革方案以及相关实施措施，2018 年环保部发布《重点行业排污许可管理试点工作方案》《排污许可管理办法（试行）》等，特别强调夯实市场导向，通过市场机制激活生态红利的释放和放大。

水权交易市场。水权制度改革的核心就是建立水权交易制度。水权制度的改革离不开政府，即便是用水户之间的资源交易也离不开政府的干预：政府提供水权交易的规则；政府通过管制保障生产交易秩序；特殊情况下，水资源配置的公平问题要由政府来解决和协调。即使在水权制度改革到位以后，政府的作用依然不可小看。① 建立水权交易市场，通过对水资源稀缺程度的收费来控制过度用水，通过水资源的市场化交换使水资源的配置更加合理。由此可知，水资源交易只是解决水资源合理利用的一种途径，关键在于必须建立一套可操作性强的、符合长远发展的水资源利用体系和体制机制。根据水利部 2007 年发布的《水量分配暂行办法》，提出了全面建立和推广水权制度，水将作为一种商品在同一流域的上下游进行交易。

---

① 沈满洪：《水权交易制度研究》，浙江大学出版社 2006 年版，第 28 页。

第四章

生态文明建设与经济建设
相融合的障碍因子分析

本章主要是对生态文明建设与经济建设融合发展的障碍因素进行诊断，分别从两个方面进行：首先构建了经济发展、环境建设以及制度实施三个方面的融合水平评价指标体系，对我国省域的生态文明建设与经济建设融合发展水平进行评价，分析区域之间生态文明建设与经济建设融合发展水平存在的差异；其次在此基础上，分析了阻碍生态文明建设与经济建设融合发展的主要障碍因素。以期为我国省域生态文明建设与经济建设更好地融合发展提供科学的参考依据。

第一节 生态文明建设与经济建设融合
发展的指标体系构建

一、生态文明建设评价研究进展

（一）对生态文明建设评价指标体系构建研究

当前，国内学界关于"融入"（融合）水平的评价指标构建，主要是从经济、社会、环境、资源等方面入手的。严耕（2009）[①] 主要从生态活力、环境治理、社会发展和协调程度四个方面构建了 22 项指标，并同时用"AHP 法"赋权重，分析指标间的相关性。该指标体系创新性地对生态、资源、环境与经济的协调程度进行了量化，总体上来说指标体系设置的较为合理，但生态文化方面尚未凸显。宓泽锋等（2016）[②] 从自然、经济、社会三个方面构建了 24 项指标，并

---

① 北京林业大学生态文明研究中心 ECCI 课题组：《中国省级生态文明建设评价报告》，载《中国行政管理》2009 年第 11 期，第 13～18 页。

② 宓泽锋、曾刚等：《中国省域生态文明建设评价方法及空间格局演变》，载《经济地理》2016 年第 4 期，第 15～21 页。

通过熵权 TOPSIS 法对各个指标赋权重，同时用协调模型构建耦合协调度模型。该体系考虑了指标间的内在联系和系统间的协调关系，并在指标选取上采用了自上而下以及自下而上的两种方式，同时试运算中通过指标方差进行筛选。但以生态省建设的内涵替代生态文明建设的内涵，指导生态文明建设指标构建不尽合理，同时指标梯度设计中，将所有关于资源环境的指标均归类于自然，也不太合理。成金华（2015）① 从国土空间优化布局、资源能源节约集约利用、生态环境保护、生态文明制度建设四方面构建了生态文明评价指标体系，并运用动态因子分析法计算得出了我国 31 个省份 2003 ~ 2012 年的静态得分和动态综合得分。文章创新点在于考虑到制度建设在生态文明建设中的重要性，在生态文明发展水平测度评价指标体系中创新加入了生态文明制度建设，并从制度执行和执行效果两方面进行说明，但忽略了经济发展、社会和谐、生态文化方面，指标层过于单一。项赟等（2015）② 通过文献统计及客观赋权法，从生态经济、生态环境、生态人居、生态文化和生态制度五类 28 项指标。该文章创新点在于通过规范对比 41 个研究案例的指标体系，建立在大量数据基础上进行的实证分析，但指标分层较为合理，但所筛选的 41 个研究案例是否具有代表性值得商榷。岳利萍（2014）③ 基于对发展视域下生态文明经济学内涵的理解，以条件—过程—结果—保障为逻辑依据设计了 4 个系统层、10 个准则层、41 项具体指标。该体系以全新的视角进行指标体系构建，很好地与发展视域下生态文明经济学内涵相结合，从条件—过程—结果—保障四个方面生态化进行详细设计，遗憾的是只是简单地设计出指标体系，缺乏在实践中检验指标体系的合理性，同时，部分指标是定性指标，在实际操作中不好测定。袁晓玲等（2016）④ 分别从资源节约、生态建设、生态损害、发展方式、民生建设五个方面设计 35 项指标体系，并采用纵横拉开档次方法进行评价。紧紧围绕着强可持续性理论指导指标体系的设计，但该指标体系构建是依据学者成金华一家之言进行构建，缺乏一定的合理性，且指标体系更偏向于生态环境建设方面，对生态文明内涵理解有失偏颇。

（二）研究评述

总的来看，不同的学者对生态文明建设的内涵理解各不相同，会从不同的视角

① 成金华等：《中国生态文明发展水平的空间差异与趋同性》，载《中国人口·资源与环境》2015年第 5 期，第 1 ~ 9 页。

② 项赟等：《我国生态文明建设成效评估指标体系的研究》，载《生态经济》2015 年第 8 期，第 14 ~ 19 页。

③ 岳利萍：《发展视阈下生态文明评价指标体系构建》，载《经济纵横》2014 年第 4 期，第 10 ~ 15 页。

④ 袁晓玲等：《中国生态文明及其区域差异研究——基于强可持续视角》，载《审计与经济研究》2016 年第 1 期，第 92 ~ 101 页。

设计相关的指标体系，但当前关于生态文明建设指标体系主要存在以下几点不足：①

（1）从内容上看，学者们较少从生态文明建设与经济建设融合发展方面进行客观的评价，不利于各省域考察经济建设的现状。

（2）从指标设计上来看，多数指标体系引入了定性指标，在实际操作中不好测定；较少考虑到制度实施这一顶层实际，制度的实施作为生态文明建设与经济建设融合发展的重要保障，科学合理的制度设计和制度创新保障生态文明建设。

（3）横向可比性不足，建立评价体系主要目的是对生态文明工作的进展进行评估，为以后的生态文明与经济建设融合发展指明方向，指标选取上应当重点放在"建设"上，同时各省市的基础条件是千差万别的，生态文明现状不能进行比较，但生态文明进步程度是可以横向比较的。

二、评价指标体系的设计原则

评价指标体系应当能够体现评价对象的内在特征以及客观情况，因而在构建生态文明建设与经济建设融合发展水平评价指标体系时，本章遵循了如下几个原则：

（一）科学性原则

对我国生态文明建设与经济建设融合发展水平指标体系的构建应该具有科学性，能够准备无误的反映生态文明建设与经济建设融合的现状，同时应当有经典的生态经济学、绿色发展理论作为支撑，使其经得起推敲。

（二）动态性原则

在对生态文明与经济建设融合发展的指标体系进行构建时应该具有动态性，其指标不仅要具有静态指标，还应当具有动态指标，例如人均 GDP、城镇居民可支配收入、农村居民可支配收入等，以突出生态文明建设与经济建设相融合这一过程中的变化。

（三）客观性原则

在对生态文明与经济建设融合发展的指标体系进行构建时应该具有客观性，不应当掺杂个人太多的主观因素，特别对于指标上的数据收集上，应当是可以量化的指标，可以直接从官方渠道一手获得的数据。

---

① 高红贵、王如琦：《我国省域生态文明建设与经济建设融合发展水平的评价研究》，载《生态经济》2017 年第 9 期，第 205 ~ 206 页。

（四）全面性原则

在对生态文明与经济建设融合发展的指标体系进行构建时应该具有全面性，能够全方位的考察生态文明与经济建设融合发展的现状，能够从多种角度对其进行分析。

（五）代表性原则

在对生态文明与经济建设融合发展的指标体系进行构建应当具有代表性，这个代表性不仅仅是说指标选取上要能准确代表"融合"程度，同时也应当选取有代表性的评价方法。

三、评价体系的构建

一般来说指标体系的构建具有两种方式：一是"自上而下"的方式，即从评价对象的本质出发选择相应的指标；二是"自下而上"的方式，即通过大量指标进行分析，选出最适合的指标体系。[1] 鉴于对生态文明建设与经济建设融合发展水平进行评价的指标体系构建研究文献甚少，故只能从其本质出发，因而本章指标体系主要是采取从自上而下的方式进行设计，辅助自下而上的方式。关于生态文明建设与经济建设融合发展指标体系构建的合理性将从相关学者研究、生态文明建设与经济建设融合发展的内涵以及指标筛选三个方面进行说明。[2]

（一）生态文明建设与经济建设融合发展指标设计的内涵

大部分学者对生态文明建设与经济建设发展关系进行研究，例如，沈满洪等（2012）[3]、高德明（2009）[4]、郑艳玲等（2016）[5] 分别从不同的视角和不同维度上研究经济发展与环境保护协调、融合发展问题。但这些学者的观点存在着一定的共性，综合来说，要想两者协调发展就要求既要金山银山又要绿水青山，仔细来说，金山银山方面，不仅注重经济增长，更要注重经济高质量发展，在确保经济呈

---

① 谢鹏飞等：《生态城市指标体系构建与生态城市示范评价》，载《城市发展研究》2010 年第 7 期，第 12~18 页。

② 高红贵、王如琦：《我国省域生态文明建设与经济建设融合发展水平的评价研究》，载《生态经济》2017 年第 9 期，第 205~206 页。

③ 沈满洪、程华、陆根尧等：《生态文明建设与区域经济协调发展战略研究》，科学出版社 2012 年版。

④ 高德明：《国内外生态文明研究概况》，载《红旗文稿》2009 年第 18 期，第 26~28 页。

⑤ 郑艳玲、高建山、韩伏彬：《生态文明建设与区域经济协调发展的绩效评价研究——以河北省为例》，载《生态经济》2016 年第 12 期，第 198~203 页。

中高速增长的基础上，对传统产业调结构、转方式，同时科学技术是第一生产力，经济高质量的发展离不开科技的创新；绿水青山方面要求，要真正走好绿色、低碳循环的道路就需要做到降低资源能源消耗，环境污染以及加大环境治理。但更进一步，如何在金山银山中体现着绿水青山，即生态文明建设融入经济建设中，只有良好的制度才能发挥作用，这样才是真正实现生态文明建设与经济建设融合发展。

生态文明这一概念首次在中国提出，是没有经验可循，探索生态文明建设与经济建设如何融合更是在摸着石头过河，这就亟须对目前各个省域生态文明融合经济建设水平进行考量，而目前大多数学者均是从生态文明内涵出发，对生态文明建设现状进行研究，较少从生态文明建设与经济建设融合发展方面进行客观的评价，不利于各省域考察经济建设的进步程度。故本章以制度经济学为视角，构建经济发展—环境建设—制度实施三个方面指标体系，研究生态文明建设与经济建设两者融合发展水平。[1]

（二）评价指标体系的框架

生态文明内涵丰富，不同学者基于自身知识累积对其有着不同的理解与认知，这便影响着生态文明建设指标体系的构建。基于此，生态文明建设与经济建设融合发展的内涵也是众说纷纭，不管是从何种视角构建的何种指标体系，都不可能包罗生态文明建设与经济建设融合的方方面面。在现有的认知下，本章构建的生态文明建设与经济建设融合水平评价指标体系依据生态文明的核心思想，紧紧围绕着生态文明与经济建设融合的中心思想，以制度经济学为视角，参照《绿色发展指标体系》《生态文明建设考核目标》以及相关学者构建的生态文明建设指标体系，同时突出生态文明建设融入经济建设的进步程度，试图从经济发展、环境建设、制度实施三个方面构建出一套客观实用、横向可比的生态文明建设与经济建设融合水平的评价指标体系。其具体评价指标体系如表4-1所示。

表4-1　　　　我国省域生态文明与经济建设融合发展水平评价指标体系

一级	二级	三级	单位	功效性
经济发展	经济增长	人均 GDPx_1	元	+
		城镇化率 x_2	%	+
		城镇居民人均可支配收入 x_3	元	+
		农村居民人均可支配收入 x_4	元	+
		第三产业占 GDP 比重 x_5	%	+

---

① 高红贵、王如琦：《我国省域生态文明建设与经济建设融合发展水平的评价研究》，载《生态经济》2017 年第 9 期，第 205~208 页。

一级	二级	三级	单位	功效性
经济发展	技术创新	R&D 支出占 GDP 的比重 x_6	%	+
		国家财政性教育经费占 GDP 的比重 x_7	%	+
环境建设	资源能源消耗	万元国内生产总值能耗 x_8	吨标准煤	−
		万元国内生产总值电耗 x_9	千瓦时	−
		万元国内生产总值用水量 x_{10}	立方米	−
	环境污染	万元工业增加值废水排放量 x_{11}	万吨	−
		化学需氧量排放量 x_{12}	万吨	−
		氨氮排放总量 x_{13}	万吨	−
		万元工业增加值废水排放总量 x_{14}	立方米	−
		二氧化硫排放量 x_{15}	万吨	−
		氮氧化物 x_{16}	万吨	−
		烟尘排放量 x_{17}	万吨	−
		万元工业增加值固体废弃物产生量 x_{18}	吨	−
		每公顷耕地化肥使用量 x_{19}	吨	−
		每公顷耕地农药使用量 x_{20}	千克	−
	环境治理	城市污水处理率 x_{21}	%	+
		生活垃圾无害化处理率 x_{22}	%	+
		工业固体废弃物综合利用率 x_{23}	%	+
		工业二氧化硫去除率 x_{24}	%	+
		工业烟（粉）尘排放达标排放率 x_{25}	%	+
制度实施	制度执行过程	环境污染治理投入占 GDP x_{26}	%	+
		环境污染治理投资总额 x_{27}	亿元	+
		治理工业废水投资 x_{28}	万元	+
		治理工业废水完成投资 x_{29}	万元	+
		治理固体废弃物完成的投资 x_{30}	万元	+
制度实施	制度执行效果	省会空气质量达到及好于二级的天数 x_{31}	天	+
		水土流失治理面积 x_{32}	千公顷	+
		矿山恢复面积 x_{33}	公顷	+
		突发环境事件 x_{34}	次	−
		每万人公众环境参与度 x_{35}	万人	+

（三）评价指标的释义

根据上述指标框架的设计，本章选取以下几点具有代表性指标进行说明。

1. 经济发展指标。

（1）经济增长。

①人均GDP。为了不受省域规模的影响，本书选取人均GDP表征各个省域的经济规模大小。该指标数据来源于《中国统计年鉴》。

②城镇化率。城镇化的发展水平在一定的程度上表示经济基础设施的建设，从另一方面代表经济增长的质量。该指标数据来源于《中国统计年鉴》。

③城镇居民人均可支配收入。经济发展质量越高，则城镇居民人均可支配收入就越多，侧面说明生态文明较好地与经济建设相融合。该指标数据来源于《中国统计年鉴》。

④第三产业占GDP的比重。当生态文明较好地融入经济建设中，在产业结构上便有所体现，重心应当转向低能耗、低污染的第三产业。当该指标比重越大则说明，生态文明建设较好地与经济建设相融合。该指标数据来源于《中国统计年鉴》。

（2）技术创新。

①R&D支出占GDP的比重。R&D经费是指全社会研究与试验发展经费，用这一指标表征技术创新方面。该指标来源于《中国统计年鉴》。

②国家财政性教育经费占GDP的比重。人才是保证技术进行创新的基础，而国家财政性教育经费又从侧面反映一个地方对于人才的重视，并且该指标一般大于4%。该指标数据来源于《中国教育统计年鉴》。

2. 环境建设指标。

（1）资源能源消耗。

分别从能、电、水三个方面的消耗表征资源能源的消耗，同时为了使各地的"三耗"具有对比性，分别选取万元国内生产总值能、电、水耗。这三项指标均来源于《中国统计年鉴》。

（2）环境污染。

生态文明建设与经济建设融合发展最重要目标之一，就是减少生态环境污染，该类指标用环境污染排放值来表征。

①万元工业增加值废气排放量。该项指标顾名思义便是废气排放量与万元工业增加值的比值，指标来源于《中国统计年鉴》以及《中国环境统计年鉴》。

②万元工业增加值废水排放量。该项指标顾名思义便是废水排放量与万元工业增加值的比值，指标来源于《中国统计年鉴》以及《中国环境统计年鉴》。

③万元工业增加值固体废弃物产生量。该项指标顾名思义便是固体废弃物产生量与万元工业增加值的比值，指标来源于《中国统计年鉴》以及《中国环境

统计年鉴》。

④每公顷耕地化肥使用量。该项指标顾名思义便是化肥使用量与耕地面积的比值，指标来源于《中国统计年鉴》。

（3）环境治理。考察环境治理水平也即是考察环境建设水平。

①工业固体废弃物综合利用率。该项指标是指工业固体废弃物综合利用量与工业固体废弃物产生量的比值，数据来源于《中国统计年鉴》。

②工业二氧化硫去除率。该项指标是指工业二氧化硫去除的量与工业二氧化硫产生量的比值，数据主要来源于《中国城市统计年鉴》。

③工业烟（粉）尘排放达标排放率。

3. 制度实施。

（1）制度执行过程。制度的执行过程表征政府在执行过程中的重视城市，用环境治理投入及各类污染物治理投资额进行表示，该类指标主要来源于《中国环境统计年鉴》。

（2）制度执行效果。制度执行的效果分别从省会城市空气质量达到或好于二级的天数、水土流失治理面积、突发环境事件以及每万人口公众环境参与度进行考察。

四、评价方法和数据的来源

（一）评价方法的选取

熵权法[①]考察的是指标变异性的大小。如果某项指标变异较多，说明这个指标能够提供的信息量也就越多，相对应的信息熵便会越大，这样说来权重也会越大；反之，则相应的权重也会越小。

计算各评价对象水平值如下：

1. 原始数据表示为：

$$X = \{X_{ij}\}_{mn} \tag{4.1}$$

式（4.1） x_{ij} 代表 i 项指标的 j 个评价对象对应指标的数值，m 代表评价指标总数，n 代表评价对象的总数。

2. 将原始数据进行标准化，公式如下：

负指标：

---

① 张茜、王益澄、马仁锋：《基于熵权法与协调度模型的宁波市生态文明评价》，载《宁波大学学报（理工版）》2014 年第 3 期，第 113 ~ 118 页。

$$X'_{ij} = \frac{\max X_{ij} - X_{ij}}{\max X_{ij} - \min X_{ij}} \qquad (4.2)$$

正指标：

$$X'_{ij} = \frac{X_{ij} - \min X_{ij}}{\max X_{ij} - \min X_{ij}} \qquad (4.3)$$

式（4.2）、式（4.3）中，$\max X_{ij}$代表第 j 个评价对象中 i 项指标的最大值；$\min X_{ij}$代表第 j 个评价对象中 i 项指标的最小值。

3. 熵权的计算如下：

$$H(X_j) = -k \sum_{i=1}^{n} P_j \ln P_{ij} \qquad (4.4)$$

式（4.4）中，i = 1，2，…，n；j = 1，2，…，m；其中 K = 1/lnn，P_{ij}代表着第 i 个评价对象的第 j 个标准化后的比值。并存在着。

4. 指标权重的确定，公式如下：

$$w_i = \frac{1 - H_i}{m - \sum_{i=1}^{m} H_i} \qquad (4.5)$$

5. 最终评价水平值的计算，公式如下：

$$Y_{ij} = w_i X'_{ij} \qquad (4.6)$$

式（4.6）中，Y_{ij}表示每个评价对象"融合"水平值；w_i代表第 i 个指标的权重；X'_{ij}代表第 i 个指标第 j 个评价对象的规范化处理后的值。

（二）数据来源

本章中的数据主要来源于《中国统计年鉴》（2012～2016 年）、《中国环境统计年鉴》（2012～2016 年）、《中国城市统计年鉴》（2012～2016 年）、《中国能源统计年鉴》（2012～2016 年）、《中国科技统计年鉴》（2012～2016 年）、《中国教育统计年鉴》（2012～2016 年）。本章将台湾、香港、澳门以及西藏这四个地区剔除，同时对于本章中的缺失数据采用插补法进行预处理。

第二节　生态文明建设与经济建设融合发展的评价结果和实证分析

一、各省份生态文明建设与经济建设融合发展水平综合评价

本章中对我国各省域生态文明建设与经济建设融合发展水平评价测算结果如

表 4 - 2 所示。

表 4 - 2　　我国各省域生态文明建设与经济建设融合发展水平综合测度

省份	2011 年	2012 年	2013 年	2014 年	2015 年	平均值	排位
北京	0.47	0.51	0.52	0.56	0.50	0.51	2
天津	0.53	0.47	0.45	0.47	0.42	0.47	7
河北	0.37	0.46	0.31	0.30	0.35	0.36	13
辽宁	0.48	0.50	0.42	0.36	0.38	0.43	8
吉林	0.31	0.33	0.30	0.29	0.24	0.30	27
黑龙江	0.31	0.32	0.32	0.29	0.28	0.30	26
上海	0.46	0.45	0.47	0.52	0.47	0.47	6
江苏	0.48	0.52	0.53	0.44	0.52	0.50	3
浙江	0.45	0.50	0.49	0.48	0.52	0.49	4
安徽	0.35	0.38	0.36	0.33	0.32	0.34	17
福建	0.40	0.46	0.45	0.40	0.40	0.42	9
山东	0.59	0.61	0.49	0.46	0.47	0.52	1
广东	0.42	0.48	0.40	0.41	0.40	0.42	10
海南	0.29	0.30	0.24	0.24	0.25	0.26	30
河南	0.34	0.32	0.39	0.30	0.28	0.33	20
湖北	0.35	0.36	0.43	0.34	0.30	0.36	14
湖南	0.34	0.35	0.34	0.31	0.32	0.33	19
山西	0.40	0.37	0.43	0.36	0.32	0.38	11
内蒙古	0.41	0.50	0.52	0.55	0.45	0.48	5
江西	0.36	0.35	0.37	0.32	0.30	0.34	18
重庆	0.41	0.37	0.35	0.36	0.31	0.36	12
四川	0.32	0.33	0.31	0.32	0.28	0.31	23
贵州	0.42	0.33	0.28	0.29	0.28	0.32	22
云南	0.34	0.37	0.35	0.41	0.31	0.36	15
陕西	0.37	0.41	0.33	0.32	0.30	0.35	16
甘肃	0.28	0.41	0.30	0.30	0.27	0.31	24
青海	0.30	0.28	0.24	0.25	0.26	0.27	29
宁夏	0.29	0.34	0.30	0.32	0.28	0.31	25

续表

省份	2011 年	2012 年	2013 年	2014 年	2015 年	平均值	排位
新疆	0.28	0.29	0.32	0.29	0.29	0.29	28
广西	0.32	0.33	0.30	0.33	0.35	0.32	21

资料来源：根据表 6 - 1 中的指标以及相应的评价方法进行测算。

表 4 - 2 结果显示，从总排名来看，"融合"水平较好的省份主要集中在我国东部地区和中部地区，较差的省份主要集中在我国西部地区，其中排名前 5 的省份分别是山东省（0.52）、北京市（0.51）、江苏省（0.50）、浙江省（0.49）、内蒙古自治区（0.48），中部省份占 20%，东部省份占 80%，这可能与东部省份经济基础较好，经济发展是生态文明建设与经济建设融合发展的基础，由于东部拥有较好的经济发展水平，使得在融合过程中效果比较突出，后劲较为充足；"融合"水平排名前 10 位的省份中，中部省份占比为 10%，东部省份占比为 90%；排名 10 ~ 20 位的省份中，中部省份除内蒙古自治区外其余均在该行列，西部省份占 30%，东部省份占 20%；排名后 10 位省份中，东部省份占 30%，西部省份占 70%。

分区域来看（如图 4 - 1 所示），生态文明建设与经济建设融合发展具有区域差异，整体情况是东部好于中部，中部好于西部。对比全国平均融合发展水平来看，东部的生态文明建设与经济建设的融合水平好于全国平均水平，而中部与西部大体上低于全国平均水平，其中在 2013 年中部的平均融合水平要高于全国的平均融合水平，究其深层原因，是 2013 年制度实施这一子指标情况较好（如图 4 - 2 所示），从图中可看出，中部地区在 2013 年制度实施这一子指标数值较高。

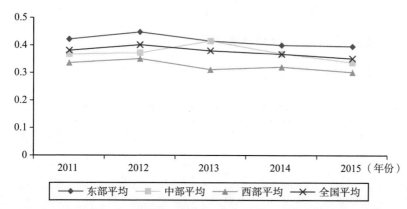

图 4 - 1　我国东、中、西部生态文明建设与经济建设融合综合发展水平趋势

资料来源：根据表 4 - 2 相关数据进行整理绘制。

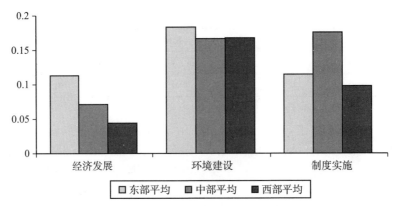

图4－2　2013年东、中、西部生态文明建设与经济建设融合发展水平子指标水平值
资料来源：根据表4－1中的指标以及相应的评价方法进行测算。

　　横向来看，2011～2015年我国生态文明建设与经济建设融合水平趋势是波动起伏的，具体来看，全国以及东中西平均"融合"水平趋势呈现波动下降的趋势，其中中部波动性最大，2013年有一个较大的涨幅。细分到各个省域中，2011～2015年生态文明建设与经济建设融合发展呈现上升趋势的省份：北京市、江苏省、内蒙古自治区、浙江省以及广西壮族自治区，均值附近波动的省份：上海市、福建省、甘肃省、宁夏回族自治区以及新疆维吾尔自治区，其余省份均呈下降的趋势，说明近几年生态文明建设与经济建设融合效果不是很好，也从侧面反映了其融合难度之大。

二、我国省域生态文明建设与经济建设融合发展一级指标评价

（一）经济发展一级指标体系评价

　　经济发展水平测度结果见表4－3。

表4－3　　我国生态文明与经济建设融合发展中经济发展水平测度

省份	2011年	2012年	2013年	2014年	2015年	平均值	排序
北京	0.18	0.21	0.22	0.26	0.26	0.22	1
天津	0.16	0.17	0.17	0.20	0.20	0.18	3
河北	0.04	0.05	0.05	0.05	0.05	0.05	25
辽宁	0.09	0.09	0.09	0.11	0.09	0.09	9
吉林	0.05	0.06	0.05	0.06	0.06	0.06	20

续表

省份	2011 年	2012 年	2013 年	2014 年	2015 年	平均值	排序
黑龙江	0.05	0.06	0.06	0.07	0.07	0.06	17
上海	0.19	0.17	0.22	0.26	0.25	0.22	2
江苏	0.13	0.14	0.14	0.15	0.15	0.14	5
浙江	0.13	0.15	0.15	0.16	0.17	0.15	4
安徽	0.06	0.06	0.05	0.06	0.07	0.06	18
福建	0.09	0.10	0.09	0.10	0.10	0.10	8
山东	0.09	0.10	0.10	0.10	0.11	0.10	7
广东	0.12	0.13	0.12	0.14	0.14	0.13	6
海南	0.06	0.06	0.06	0.08	0.09	0.07	13
湖北	0.06	0.07	0.15	0.07	0.08	0.09	10
湖南	0.06	0.06	0.06	0.06	0.08	0.06	16
山西	0.06	0.06	0.06	0.07	0.08	0.07	14
内蒙古	0.06	0.07	0.07	0.10	0.08	0.08	12
江西	0.05	0.05	0.05	0.06	0.06	0.05	22
河南	0.04	0.04	0.04	0.05	0.05	0.05	28
重庆	0.07	0.07	0.07	0.09	0.09	0.08	11
四川	0.04	0.04	0.04	0.05	0.05	0.04	29
贵州	0.06	0.04	0.04	0.06	0.05	0.05	24
云南	0.05	0.04	0.04	0.06	0.07	0.05	27
陕西	0.05	0.05	0.05	0.05	0.06	0.05	21
甘肃	0.05	0.04	0.03	0.06	0.07	0.05	26
青海	0.07	0.04	0.04	0.06	0.07	0.06	19
宁夏	0.06	0.06	0.06	0.06	0.07	0.06	15
新疆	0.05	0.04	0.04	0.06	0.07	0.05	23
广西	0.04	0.04	0.04	0.04	0.04	0.04	30

资料来源：根据表 4-1 中的指标以及相应的评价方法进行测算。

从表 4-3 中可以看出，经济发展排名前 10 的省份有北京市（0.22）、上海市（0.22）、天津市（0.18）、浙江省（0.15）、江苏省（0.14）、广东省（0.13）、山东省（0.1）、福建省（0.1）、辽宁省（0.09）以及湖北省（0.09），其中中部省份占 10%，东部省份占比高达 90%；排名在 11~20 位省份中，中部省份占 30%，西部省份占 30%，东部省份占 40%；排名在 21~30 位省份中，中部省份占20%，东部省份占10%，西部省份占70%。

分区域来看（如图4-3），经济发展水平较好的区域是东部，其次是中部，最后是西部地区，这与三个地区的经济发展水平现状较符合，对比全国平均水平，其中东部地区经济发展水平高于全国平均水平，而中部和西部地区经济发展水平均低于全国平均发展水平。

横向来看（见图4-3），2011~2015年我国生态文明建设与经济建设相融合的经济发展水平趋势是呈现上升的趋势，具体来看，全国以及东中西地区经济发展水平趋势均呈上升趋势，其中中部地区13年上升幅度最大，西部地区在2013年呈现小幅下降的趋势。细分到各个省域中，2011~2015年生态文明建设与经济建设融合发展水平呈现均值附近波动的省份：河北省、辽宁省、吉林省、安徽省、福建省、江西省、河南省、四川省、贵州省、云南省、陕西省、青海省、宁夏回族自治区以及广西壮族自治区，其余省份均呈上升趋势，说明近几年生态文明建设与经济建设融合中经济发展水平还可以，后面进程中需要继续保持。

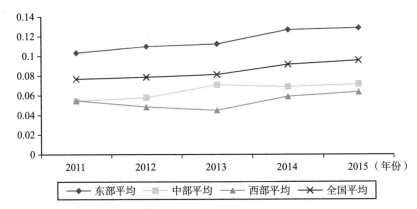

图4-3　我国东、中、西部生态文明建设与经济建设融合发展的经济发展水平趋势
资料来源：根据表5-3数据进行整理绘制而成。

（二）环境建设一级指标体系评价

环境建设水平测度值见表4-4。

表4-4　　我国生态文明与经济建设融合发展中环境建设水平测度值

省份	2011年	2012年	2013年	2014年	2015年	平均值	排序
北京	0.23	0.24	0.23	0.22	0.17	0.22	2
天津	0.24	0.24	0.24	0.22	0.17	0.22	1
河北	0.15	0.14	0.12	0.12	0.09	0.12	30

续表

省份	2011 年	2012 年	2013 年	2014 年	2015 年	平均值	排序
辽宁	0.14	0.18	0.16	0.15	0.11	0.15	25
吉林	0.19	0.19	0.19	0.18	0.14	0.18	9
黑龙江	0.17	0.17	0.16	0.15	0.12	0.15	23
上海	0.22	0.23	0.22	0.21	0.16	0.21	3
江苏	0.20	0.19	0.18	0.17	0.12	0.17	10
浙江	0.22	0.21	0.20	0.19	0.14	0.19	5
安徽	0.21	0.20	0.19	0.18	0.14	0.18	6
福建	0.21	0.20	0.19	0.17	0.13	0.18	7
山东	0.19	0.18	0.17	0.16	0.09	0.16	21
广东	0.18	0.18	0.17	0.16	0.11	0.16	19
海南	0.17	0.17	0.14	0.12	0.14	0.15	26
湖北	0.19	0.19	0.18	0.17	0.13	0.17	11
湖南	0.19	0.19	0.17	0.16	0.12	0.17	15
山西	0.17	0.15	0.15	0.14	0.11	0.14	28
内蒙古	0.17	0.18	0.16	0.16	0.12	0.16	18
江西	0.19	0.20	0.19	0.17	0.13	0.17	12
河南	0.18	0.17	0.15	0.15	0.10	0.15	24
重庆	0.23	0.21	0.21	0.20	0.16	0.20	4
四川	0.18	0.19	0.17	0.17	0.12	0.17	14
贵州	0.19	0.19	0.16	0.15	0.14	0.17	13
云南	0.17	0.19	0.17	0.16	0.14	0.17	16
陕西	0.20	0.20	0.17	0.18	0.14	0.18	8
甘肃	0.16	0.19	0.17	0.15	0.13	0.16	22
青海	0.17	0.19	0.16	0.14	0.13	0.16	20
宁夏	0.15	0.16	0.14	0.14	0.13	0.14	27
新疆	0.16	0.17	0.14	0.13	0.11	0.14	29
广西	0.19	0.17	0.17	0.16	0.14	0.17	17

资料来源：根据表 4-1 中的指标以及相应的评价方法进行测算。

从表 4-4 中可以看出，环境建设水平排名前 10 的省份有天津市（0.22）、北京市（0.22）、上海市（0.21）、重庆市（0.20）、浙江省（0.19）、安徽省（0.18）、福建省（0.18）、陕西省（0.18）吉林省（0.175）以及江苏省

（0.17），其中东部省份占到 80%，西部省份占到 20%；排名在 11～20 位省份中，东部省份占 10%，中部省份占 40%，西部省份占 50%；排名在 21～30 位省份中，东部省份占 50%，中部省份占 20%，西部省份占 30%。

　　环境建设水平差距不大，大体上呈现着东部优于中部，中部优于西部的趋势，对比全国平均水平，仍存在着东部地区环境建设水平高于全国平均水平，全国平均发展水平高于中、西部地区。主要是因为东部地区经济较为发达，带动着环境方面的建设，中部地区一直是工业化程度较高，故而排放的废弃物也较多，但同时经济发展又不如东部城市，造成了中部地区环境治理方面难度较大，西部地区在环境治理方面比较弱。

　　横向来看，2011～2015 年我国生态文明建设融合经济建设的环境建设水平趋势是呈现下降的趋势，具体来看，全国以及东中西地区经济发展水平趋势均呈连年下降的趋势。细分到各个省域中，基本上 2011～2015 年生态文明建设融合经济建设的环境建设水平各个省域均呈下降趋势。说明近几年生态文明建设与经济建设融合中环境建设力度不足，从侧面反映出生态文明建设尚未很好地与经济建设相融合发展。

第三节　生态文明建设与经济建设融合发展的水平障碍因子诊断

　　基于以上的研究结果，结合指标层对生态文明建设融合经济建设水平的影响作用的大小，本节将对我国各省域生态文明建设融合经济建设水平的障碍度及障碍因子进行诊断分析，由大及小，首先对一级指标层障碍因子进行诊断，然后对指标层的障碍因子进行诊断，为了便于研究，本书单列出障碍度指数排名前十位因子进行分析。

一、各省域生态文明与经济建设融合发展水平的障碍因子诊断模型

　　在测算出我国各省域生态文明建设与经济建设融合发展水平后，对各指标进行深入的分析，找出影响我国各省域生态文明建设与经济建设融合发展的障碍因素，有利于对生态文明建设与经济建设相融合过程中提出针对性、差异化的政策建议。其具体的做法是引入因子贡献度 w_i（单因素对总目标的权重），指标偏离度 I_i（单因素指标与各省域生态文明建设水平与经济建设融合发展水平目标之间的差距，即单项指标因素评估值与 100% 之差），障碍度 O_i、U_i（分别表示单项

指标和分类指标对生态文明建设融合经济建设水平的影响程度）三个指标进行分析与诊断。[①] 其具体计算公式如下所示：

$$O_i = \frac{w_i \times I_{ij}}{\sum_{i=1}^{m} w_i \times I_{ij}} \times 100 \tag{4.7}$$

$$I_{ij} = 1 - X'_{ij} \tag{4.8}$$

$$U_i = \sum O_i \tag{4.9}$$

式（4.7）中，O_i 表示单项指标的障碍度，w_i 表示单项指标对总目标的权重，I_{ij} 表示指标偏离度；式（4.8）中 X'_{ij} 表示单项指标标准化后的结果；式（4.9）中 U_i 表示分类指标的障碍度。

O_i 障碍度越大，说明该指标对生态文明建设融入经济建设中的制约程度越大。

二、子系统指标层障碍因子诊断

根据式（4.7）～（4.9），得出一级分类指标层的障碍度，其结果如表4-5所示。可以清楚地看出一级分类指标层对生态文明建设融入经济建设中的阻碍程度不一样，大部分省份的经济发展障碍度呈现下降—上升—下降的波动趋势，环境建设障碍度呈现上升—下降，最终是一个下降的趋势，制度实施障碍度呈现上升—下降—上升波动的趋势。从具体数值上来看，一级分类指标层中，制度实施障碍度最大，全国平均值达到了54.47，其次为经济发展，平均值为33.95，最后是环境建设，平均值为11.34，表明制度实施与经济发展是制约我国生态文明建设融入经济建设的因素。为了有一个更加直观的认识，绘制了我国省域各一级指标层障碍度平均值的折线图（见图4-4），可以清楚地看到，除开内蒙古、山东这两个省份，其余省份生态文明建设融入经济建设评价指标体系中的一级指标层障碍度均是制度实施障碍度＞经济发展障碍度＞环境建设障碍度，从表4-5中也可以看出，除2013年的河北、山东、河南、山西、内蒙古、江西、云南、新疆，2014年的内蒙古以及2015年的内蒙古，其余年份、其余省份也是制度实施障碍度＞经济发展障碍度＞环境建设障碍度。因此，关注的重点应当放在制度实施和经济发展上，只有建立了符合社会主义生态市场的经济体制，建立符合生态文明要求的考评制度，建立社会主义生态文明建设相关的法律法规制度，才能真正走出一条中国特色的绿色经济发展道路。不能在一味地追求青山绿水的同时，也忘了金山银山。

[①] 李新举等：《黄河三角洲垦利县可持续土地利用障碍因素分析》，载《农业工程学报》2007年第7期，第71~75页。

表4-5　我国各省域2011~2015年生态文明建设与经济建设融合发展一级指标层障碍度

	2011年			2012年			2013年			2014年			2015年		
	经济发展	环境建设	制度实施	经济发展	环境建设	制度实施	经济发展	环境建设	制度实施	经济发展	环境建设	制度实施	经济发展	环境建设	制度实施
北京	13.2	6.8	80.0	9.2	6.4	84.4	23.2	5.4	71.4	13.1	4.6	82.3	12.5	3.8	83.7
天津	21.3	4.1	74.6	15.7	4.3	80.0	28.7	4.0	67.3	21.5	4.2	74.2	21.5	3.3	75.3
河北	34.7	17.2	48.2	37.8	23.1	39.1	42.1	18.2	39.7	39.5	16.8	43.7	42.1	12.9	45.0
辽宁	33.8	22.6	43.5	32.1	18.2	49.7	41.6	15.6	42.8	33.0	14.1	52.9	37.6	11.6	50.9
吉林	30.5	10.6	58.9	29.2	12.0	58.8	40.1	9.4	50.5	35.9	9.1	54.9	35.3	6.1	58.6
黑龙江	30.6	12.6	56.8	28.5	14.6	56.9	40.5	13.6	45.9	35.0	12.3	52.7	35.1	8.0	56.9
上海	11.6	8.5	80.0	14.0	8.2	77.9	21.1	7.7	71.2	12.4	7.5	80.1	12.9	4.6	82.5
江苏	25.4	11.6	63.0	24.3	15.7	60.1	41.4	15.7	42.8	29.8	12.8	57.4	35.9	12.6	51.5
浙江	22.8	7.7	69.5	21.3	11.4	67.3	36.2	11.4	52.4	30.4	10.7	58.9	32.5	8.6	58.9
安徽	30.5	8.7	60.8	31.6	11.0	57.4	43.5	9.5	47.0	37.7	9.0	53.3	37.6	6.6	55.9
福建	28.1	9.4	62.6	28.3	12.3	59.4	43.5	12.3	44.2	36.1	11.2	52.7	37.1	8.9	54.0
山东	40.7	17.3	42.0	38.8	21.8	39.4	46.3	17.0	36.6	39.7	15.8	44.5	41.1	17.6	41.3
广东	23.3	14.2	62.5	23.5	16.7	59.7	34.5	15.1	50.3	29.5	14.5	56.0	30.7	13.1	56.2
海南	27.5	12.9	59.6	27.5	14.5	58.0	35.7	15.5	48.8	30.6	16.3	53.0	31.7	6.3	61.9
东部平均	26.7	11.7	61.6	25.8	13.6	60.6	37.0	12.2	50.8	30.3	11.4	58.3	31.7	8.8	59.5
河南	32.8	12.4	54.8	31.0	14.3	54.7	48.4	16.6	35.0	38.5	13.1	48.3	37.8	10.9	51.3
湖北	30.8	11.2	57.9	29.2	12.6	58.2	31.6	12.9	55.5	36.8	10.1	53.1	35.3	7.9	56.8

续表

	2011 年			2012 年			2013 年			2014 年			2015 年		
	经济发展	环境建设	制度实施	经济发展	环境建设	制度实施	经济发展	环境建设	制度实施	经济发展	环境建设	制度实施	经济发展	环境建设	制度实施
湖南	30.8	10.5	58.7	29.8	12.3	57.8	41.2	12.3	46.5	37.0	11.1	51.9	35.8	9.8	54.4
山西	35.7	13.7	50.7	31.2	17.7	51.1	50.3	17.2	32.6	39.6	14.3	46.1	37.4	9.0	53.7
内蒙古	34.9	13.7	51.4	36.4	16.6	46.9	56.1	17.8	26.1	50.3	16.4	33.4	45.5	11.1	43.5
江西	32.4	11.1	56.5	31.4	12.3	56.3	44.9	12.6	42.5	37.7	10.8	51.5	37.3	7.5	55.2
中部平均	32.9	12.1	55.0	31.5	14.3	54.2	45.4	14.9	39.7	40.0	12.6	47.4	38.2	9.4	52.5
重庆	32.3	5.4	62.3	30.6	6.5	62.8	39.9	6.4	53.7	34.8	6.1	59.1	33.7	4.0	62.3
四川	32.7	11.6	55.7	31.8	11.6	56.6	43.2	11.6	45.2	40.2	10.6	49.1	37.3	8.3	54.4
贵州	36.8	11.0	52.3	31.9	10.7	57.4	42.1	12.1	45.7	37.6	11.4	51.0	38.1	4.7	57.2
云南	32.4	12.8	54.8	33.9	12.1	54.1	46.1	12.6	41.3	44.6	12.3	43.1	39.6	6.4	54.0
陕西	32.7	10.5	56.8	33.7	11.2	55.1	42.3	12.8	44.9	38.8	8.6	52.5	37.1	6.6	56.3
甘肃	30.8	12.3	56.9	37.6	16.5	45.9	44.0	11.2	44.7	37.8	11.2	51.0	36.5	5.9	57.6
青海	30.2	10.4	59.4	30.5	9.6	59.9	41.5	9.8	48.7	37.1	10.1	52.8	36.1	5.3	58.6
宁夏	30.9	12.4	56.8	30.8	15.0	54.2	42.0	13.2	44.8	40.5	11.7	47.8	37.8	4.6	57.6
新疆	31.0	11.8	57.2	30.9	13.2	55.8	44.9	15.0	40.1	38.5	13.1	48.4	38.4	7.8	53.8
广西	32.0	10.9	57.1	31.8	13.7	54.6	42.5	11.9	45.6	41.3	11.8	46.9	43.5	7.1	49.4
西部平均	32.2	10.9	56.9	32.4	12.0	55.6	42.8	11.7	45.5	39.1	10.7	50.2	37.8	6.1	56.1
全国平均	29.8	11.5	58.7	29.1	13.2	57.6	40.6	12.6	46.8	35.2	11.4	53.4	35.0	8.0	57.0

资料来源:根据表 4－1 中计算数值以及式(4.6)～(4.8) 进行测算整理而得。

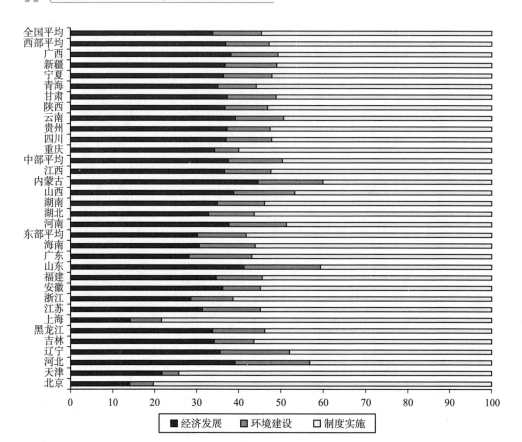

图 4 - 4　我国省域生态文明建设与经济建设融合发展评价各一级指标层障碍度平均值

资料来源：根据表 4 - 6 进行整理绘制而成。

三、指标层障碍因子诊断

根据式（4.6）对我国各省域 2011 ~ 2015 年生态文明建设与生态经济建设融合发展的障碍度进行计算，并筛选出障碍度排名前六的指标（见表 4 - 6）。并将每年指标进行筛选，选取频次出现在 10% 以上的指标，发现 2011 ~ 2015 年间，影响我国各省域生态文明建设融入经济建设提高的因素主要集中在 x_{33}（矿山恢复面积）、x_{30}（治理固体废弃物完成的投资）、x_7（国家财政性教育经费占 GDP 的比重）、x_{28}（治理工业废水的投资）、x_5（第三产业占 GDP 的比重）、x_{29}（治理工业废气完成的投资）、x_2（城镇化率）、x_3（城镇居民人均可支配收入）、x_{32}（水土流失治理面积）。根据筛选结果，第一障碍因子分别是 x_{30}（52%）、x_{33}（43.3%）；第二障碍因子分别是 x_{30}（38%）、x_{33}（48%）、x_7（18%）；第三障

碍因子分别是 x_{28}（29.3%）、x_5（22%）、x_{33}（14.7%）、x_{29}（14.7%）；第四障碍因子分别是 x_{29}（26.7%）、x_5（25.3%）、x_{28}（18.7%）、x_3（14%）；第五障碍因子分别是 x_5（22%）、x_3（18.7%）、x_{29}（16.7%）、x_{28}（12%）、x_{32}（10.7%）；第六障碍因子分别是 x_3（26.7%）、x_{29}（15.3%）。说明在以后的发展融合过程中要多注意"三废"的投资治理情况，加大教育的投资力度以及优化升级产业结构。

表4-6　我国各省域生态文明建设与经济建设融合发展的主要障碍因子排序

省份	年份	1	2	3	4	5	6
北京	2011	x_{33}	x_{30}	x_{28}	x_{29}	x_7	x_{32}
	2012	x_{30}	x_{33}	x_{28}	x_{29}	x_{32}	x_{31}
	2013	x_{30}	x_7	x_{33}	x_{29}	x_{28}	x_{32}
	2014	x_{30}	x_{33}	x_{29}	x_{28}	x_{32}	x_7
	2015	x_{33}	x_{30}	x_{28}	x_{29}	x_{32}	x_7
天津	2011	x_{33}	x_{30}	x_{28}	x_7	x_{29}	x_{32}
	2012	x_{30}	x_{33}	x_{28}	x_{29}	x_{32}	x_5
	2013	x_{30}	x_7	x_{33}	x_{28}	x_{29}	x_{32}
	2014	x_{30}	x_{33}	x_{29}	x_{28}	x_{32}	x_5
	2015	x_{33}	x_{30}	x_{28}	x_5	x_{32}	x_7
河北	2011	x_{33}	x_{30}	x_7	x_5	x_{28}	x_6
	2012	x_{28}	x_5	x_{33}	x_3	x_{23}	x_{30}
	2013	x_{30}	x_7	x_5	x_{33}	x_3	x_1
	2014	x_{30}	x_{33}	x_2	x_5	x_3	x_7
	2015	x_{30}	x_5	x_{28}	x_3	x_7	x_1
辽宁	2011	x_{30}	x_7	x_{28}	x_{29}	x_5	x_{11}
	2012	x_{30}	x_{28}	x_{29}	x_5	x_3	x_{23}
	2013	x_{30}	x_7	x_5	x_{28}	x_3	x_{29}
	2014	x_{30}	x_{33}	x_5	x_{29}	x_7	x_{28}
	2015	x_{33}	x_{28}	x_5	x_7	x_{30}	x_{29}
吉林	2011	x_{33}	x_{30}	x_{28}	x_6	x_{29}	x_5
	2012	x_{30}	x_{33}	x_{28}	x_{29}	x_5	x_3
	2013	x_{30}	x_7	x_{33}	x_5	x_{28}	x_{29}

省份	年份	1	2	3	4	5	6
吉林	2014	x_{30}	x_{33}	x_5	x_{29}	x_2	x_{28}
	2015	x_{33}	x_{30}	x_5	x_{28}	x_{29}	x_3
黑龙江	2011	x_{33}	x_{30}	x_{28}	x_7	x_5	x_6
	2012	x_{30}	x_{33}	x_{28}	x_{29}	x_3	x_5
	2013	x_{30}	x_7	x_{33}	x_5	x_{28}	x_3
	2014	x_{30}	x_{33}	x_{29}	x_2	x_{28}	x_5
	2015	x_{33}	x_{30}	x_{28}	x_3	x_5	x_{29}
上海	2011	x_{33}	x_{30}	x_{28}	x_7	x_{29}	x_{32}
	2012	x_{30}	x_{33}	x_{28}	x_{29}	x_{32}	x_6
	2013	x_{30}	x_7	x_{33}	x_{29}	x_{28}	x_{32}
	2014	x_{30}	x_{33}	x_{29}	x_{32}	x_7	x_{26}
	2015	x_{33}	x_{30}	x_{28}	x_{29}	x_{32}	x_7
江苏	2011	x_{33}	x_{30}	x_7	x_5	x_{28}	x_{32}
	2012	x_{30}	x_{33}	x_{28}	x_5	x_{32}	x_3
	2013	x_7	x_{33}	x_{30}	x_5	x_{32}	x_3
	2014	x_{30}	x_{33}	x_{29}	x_7	x_5	x_2
	2015	x_{30}	x_7	x_5	x_{32}	x_{33}	x_3
浙江	2011	x_{33}	x_{30}	x_7	x_{28}	x_{29}	x_5
	2012	x_{30}	x_{33}	x_{28}	x_{29}	x_5	x_{32}
	2013	x_{30}	x_7	x_{33}	x_5	x_{32}	x_{29}
	2014	x_{33}	x_{30}	x_{29}	x_5	x_7	x_2
	2015	x_{30}	x_{33}	x_5	x_7	x_{32}	x_{29}
安徽	2011	x_{33}	x_{30}	x_{28}	x_5	x_{29}	x_7
	2012	x_{30}	x_{33}	x_{28}	x_5	x_{29}	x_3
	2013	x_{30}	x_7	x_5	x_{33}	x_3	x_{28}
	2014	x_{30}	x_{33}	x_2	x_5	x_{29}	x_3
	2015	x_{30}	x_{33}	x_5	x_{28}	x_3	x_{29}
福建	2011	x_{33}	x_{30}	x_7	x_{28}	x_5	x_{29}
	2012	x_{30}	x_{33}	x_5	x_{29}	x_{28}	x_{32}
	2013	x_7	x_{30}	x_5	x_{33}	x_{29}	x_3

续表

省份	年份	1	2	3	4	5	6
福建	2014	x_{33}	x_{30}	x_{29}	x_5	x_2	x_7
	2015	x_{33}	x_{30}	x_5	x_7	x_{29}	x_3
山东	2011	x_{33}	x_7	x_5	x_3	x_2	x_4
	2012	x_{33}	x_5	x_{30}	x_3	x_2	x_4
	2013	x_{30}	x_7	x_5	x_3	x_{32}	x_2
	2014	x_{33}	x_{30}	x_2	x_5	x_7	x_3
	2015	x_{33}	x_5	x_7	x_3	x_{28}	x_{32}
广东	2011	x_{33}	x_{30}	x_7	x_{28}	x_{29}	x_5
	2012	x_{33}	x_{30}	x_{28}	x_5	x_{32}	x_{29}
	2013	x_{30}	x_7	x_{33}	x_5	x_{32}	x_{28}
	2014	x_{33}	x_{30}	x_{29}	x_7	x_5	x_{32}
	2015	x_{33}	x_{30}	x_5	x_7	x_{29}	x_{32}
海南	2011	x_{33}	x_{30}	x_6	x_{28}	x_{29}	x_{32}
	2012	x_{30}	x_{33}	x_{29}	x_{28}	x_{32}	x_3
	2013	x_{30}	x_7	x_{33}	x_{28}	x_{29}	x_3
	2014	x_{30}	x_{33}	x_{29}	x_2	x_{28}	x_3
	2015	x_{33}	x_{30}	x_{28}	x_{29}	x_3	x_{32}
东部平均	2011	x_{33}	x_{30}	x_7	x_{28}	x_{29}	x_5
	2012	x_{30}	x_{33}	x_{28}	x_{29}	x_5	x_{32}
	2013	x_{30}	x_7	x_{33}	x_5	x_{32}	x_{29}
	2014	x_{30}	x_{33}	x_{29}	x_5	x_2	x_7
	2015	x_{30}	x_{33}	x_5	x_{28}	x_7	x_{29}
河南	2011	x_{33}	x_{30}	x_5	x_{28}	x_7	x_6
	2012	x_{30}	x_{33}	x_{28}	x_5	x_{29}	x_3
	2013	x_7	x_5	x_{33}	x_3	x_1	x_2
	2014	x_{30}	x_{33}	x_2	x_5	x_3	x_{29}
	2015	x_{33}	x_{30}	x_5	x_3	x_{28}	x_7
湖北	2011	x_{33}	x_{30}	x_7	x_{28}	x_{29}	x_5
	2012	x_{30}	x_{33}	x_{28}	x_{29}	x_5	x_3
	2013	x_{30}	x_{33}	x_5	x_{28}	x_3	x_{29}

续表

省份	年份	1	2	3	4	5	6
湖北	2014	x_{30}	x_{33}	x_2	x_{29}	x_5	x_7
	2015	x_{30}	x_{33}	x_5	x_{28}	x_7	x_3
湖南	2011	x_{33}	x_{30}	x_{28}	x_7	x_{29}	x_5
	2012	x_{30}	x_{33}	x_{28}	x_{29}	x_5	x_3
	2013	x_{30}	x_7	x_{33}	x_5	x_3	x_{29}
	2014	x_{30}	x_{33}	x_2	x_{29}	x_5	x_3
	2015	x_{30}	x_{33}	x_5	x_{28}	x_{29}	x_7
山西	2011	x_{33}	x_{30}	x_{28}	x_5	x_7	x_6
	2012	x_{30}	x_{33}	x_{28}	x_5	x_3	x_4
	2013	x_7	x_5	x_{33}	x_3	x_1	x_{28}
	2014	x_{33}	x_{30}	x_2	x_{29}	x_5	x_3
	2015	x_{33}	x_{30}	x_{28}	x_3	x_5	x_{29}
内蒙古	2011	x_{33}	x_{30}	x_{28}	x_{29}	x_6	x_7
	2012	x_{30}	x_{28}	x_5	x_{29}	x_{33}	x_3
	2013	x_7	x_5	x_{33}	x_3	x_6	x_{28}
	2014	x_5	x_{30}	x_2	x_{28}	x_7	x_6
	2015	x_{30}	x_5	x_{33}	x_{28}	x_7	x_3
江西	2011	x_{33}	x_{30}	x_{28}	x_5	x_7	x_6
	2012	x_{30}	x_{33}	x_{29}	x_{28}	x_5	x_3
	2013	x_{30}	x_7	x_5	x_3	x_{29}	x_{28}
	2014	x_{30}	x_{33}	x_2	x_{29}	x_5	x_3
	2015	x_{33}	x_{30}	x_5	x_{29}	x_3	x_{28}
中部平均	2011	x_{33}	x_{30}	x_{28}	x_5	x_7	x_{29}
	2012	x_{30}	x_{33}	x_{28}	x_5	x_{29}	x_3
	2013	x_{30}	x_7	x_5	x_3	x_{28}	x_{33}
	2014	x_{30}	x_{33}	x_2	x_5	x_{29}	x_3
	2015	x_{33}	x_{30}	x_5	x_{28}	x_3	x_{29}
重庆	2011	x_{33}	x_{30}	x_{28}	x_{29}	x_5	x_7
	2012	x_{30}	x_{33}	x_{29}	x_{28}	x_5	x_3
	2013	x_{30}	x_7	x_{33}	x_5	x_{28}	x_{29}

续表

省份	年份	1	2	3	4	5	6
重庆	2014	x_{33}	x_{30}	x_{29}	x_2	x_{28}	x_5
	2015	x_{33}	x_{30}	x_{28}	x_5	x_{29}	x_3
四川	2011	x_{33}	x_{30}	x_5	x_6	x_{28}	x_7
	2012	x_{30}	x_{33}	x_{29}	x_{28}	x_5	x_3
	2013	x_{30}	x_7	x_5	x_{33}	x_3	x_{28}
	2014	x_{30}	x_{33}	x_2	x_{29}	x_5	x_3
	2015	x_{33}	x_{30}	x_5	x_{29}	x_3	x_{28}
贵州	2011	x_{33}	x_{28}	x_6	x_{29}	x_3	x_4
	2012	x_{30}	x_{33}	x_{28}	x_{29}	x_3	x_1
	2013	x_{30}	x_7	x_{33}	x_3	x_1	x_{28}
	2014	x_{30}	x_{33}	x_2	x_{29}	x_3	x_1
	2015	x_{33}	x_{30}	x_{28}	x_5	x_3	x_{29}
云南	2011	x_{33}	x_{30}	x_6	x_{28}	x_{29}	x_5
	2012	x_{30}	x_{33}	x_{29}	x_5	x_{28}	x_3
	2013	x_{30}	x_7	x_{33}	x_5	x_3	x_1
	2014	x_{33}	x_2	x_{29}	x_3	x_5	x_1
	2015	x_{33}	x_{30}	x_5	x_3	x_{28}	x_1
陕西	2011	x_{33}	x_{30}	x_5	x_{29}	x_7	x_6
	2012	x_{30}	x_{33}	x_5	x_{29}	x_{28}	x_3
	2013	x_{30}	x_7	x_{33}	x_5	x_3	x_4
	2014	x_{33}	x_{30}	x_2	x_5	x_{29}	x_3
	2015	x_{33}	x_{30}	x_5	x_{28}	x_3	x_{29}
甘肃	2011	x_{33}	x_{30}	x_{28}	x_6	x_5	x_3
	2012	x_{33}	x_{28}	x_{29}	x_3	x_5	x_{31}
	2013	x_{30}	x_7	x_{33}	x_3	x_5	x_{28}
	2014	x_{30}	x_{33}	x_2	x_{29}	x_3	x_5
	2015	x_{33}	x_{30}	x_{28}	x_3	x_{29}	x_5
青海	2011	x_{33}	x_{30}	x_{28}	x_{29}	x_5	x_6
	2012	x_{30}	x_{33}	x_{28}	x_{29}	x_5	x_3
	2013	x_{30}	x_7	x_{33}	x_5	x_{28}	x_{29}

续表

省份	年份	1	2	3	4	5	6
青海	2014	x_{33}	x_{30}	x_2	x_{29}	x_5	x_3
	2015	x_{33}	x_{30}	x_5	x_{28}	x_3	x_{29}
宁夏	2011	x_{33}	x_{30}	x_{28}	x_{29}	x_6	x_5
	2012	x_{30}	x_{28}	x_{29}	x_{33}	x_5	x_3
	2013	x_{30}	x_7	x_{33}	x_5	x_3	x_{28}
	2014	x_{33}	x_2	x_{30}	x_{29}	x_5	x_3
	2015	x_{33}	x_{30}	x_{28}	x_5	x_3	x_{29}
新疆	2011	x_{33}	x_{30}	x_6	x_{28}	x_5	x_{29}
	2012	x_{30}	x_{33}	x_{29}	x_{28}	x_5	x_3
	2013	x_{30}	x_7	x_5	x_3	x_{33}	x_6
	2014	x_{30}	x_{33}	x_2	x_5	x_{29}	x_3
	2015	x_{30}	x_{33}	x_{28}	x_5	x_3	x_{29}
广西	2011	x_{33}	x_{30}	x_{28}	x_{29}	x_5	x_6
	2012	x_{30}	x_{33}	x_{29}	x_{28}	x_5	x_3
	2013	x_{30}	x_7	x_{33}	x_5	x_3	x_{29}
	2014	x_{33}	x_2	x_{29}	x_5	x_{30}	x_3
	2015	x_{33}	x_5	x_{28}	x_3	x_1	x_{29}
西部平均	2011	x_{33}	x_{30}	x_{28}	x_6	x_{29}	x_5
	2012	x_{30}	x_{33}	x_{29}	x_{28}	x_5	x_3
	2013	x_{30}	x_7	x_{33}	x_5	x_3	x_{28}
	2014	x_{33}	x_{30}	x_2	x_{29}	x_5	x_3
	2015	x_{33}	x_{30}	x_5	x_{28}	x_3	x_{29}
全国平均	2011	x_{33}	x_{30}	x_{28}	x_7	x_5	x_{29}
	2012	x_{30}	x_{33}	x_{28}	x_{29}	x_5	x_3
	2013	x_{30}	x_7	x_{33}	x_5	x_3	x_{28}
	2014	x_{33}	x_{30}	x_2	x_{29}	x_5	x_3
	2015	x_{33}	x_{30}	x_5	x_{28}	x_3	x_{29}

本 章 小 结

本章首先构建了经济发展、环境建设以及制度实施三个方面的生态文明建设与经济建设融合发展水平评价指标体系，然后运用熵权法对我国30个省域2011～2015年生态文明建设与经济建设融合发展水平进行评价，分析区域之间生态文明建设与经济建设融合发展水平存在的差异，最后在此基础上，分析了阻碍生态文明建设与经济建设融合发展的主要障碍因素，得出三点结论：

1. 省域生态文明建设与经济建设融合水平有着空间上的差异，具体来看，东部＞中部＞西部，对比全国平均发展水平，东部的"融合"水平优于全国，中部和西部"融合"水平低于全国，这一结果大体上反映了我国生态文明建设与经济建设融合发展的现状。

2. 省域的生态文明与经济建设融合发展水平呈现着起伏波动的状态，这说明了中国省域生态文明建设与经济建设融合发展的过程并非一帆风顺，尤其以制度实施这一子系统起伏波动最大，说明各地均在寻求一种既能保持生态环境政策的一致性和连贯性，又能保证经济发展呈现良好态势，从而达到生态文明建设与经济建设长效融合机制。从各个区域的融合水平可以看出，东中西部平均"融合"水平趋势呈现波动下降的趋势，其中中部波动性最大，2013年有一个较大的涨幅。

3. 从各个子系统来看，我国生态文明建设与经济建设融合发展过程中，环境建设水平优于经济发展水平，经济发展水平优于制度实施水平。尤其对于制度实施来说，虽然其是两者"融合"的重要保障，但最终的结果是所有一级指标体系中最低的，这样就减慢了我国生态文明建设与经济建设融合发展的进程。

4. 从障碍因子诊断结果上来看，对于一级指标层而言，我国生态文明建设与经济建设融合发展的主要障碍因子是制度实施；对于各个指标层而言，我国生态文明建设与经济建设融合发展的主要障碍因子是矿山恢复面积、治理固体废弃物完成的投资、国家财政性教育经费占GDP的比重、治理工业废水的投资、第三产业占GDP的比重、治理工业废气完成的投资、城镇化率、城镇居民人均可支配收入、水土流失治理面积。

另外，本章的实证数据截至2015年，但本书对数据没有更新作一点说明。本章的实证研究是在2017年完成的，作为2013年国家社科基金项目《生态文明建设融入经济建设的制度机制研究》（13BJL088）研究报告的部分内容之一，提交给国家社科办结项。之所以现在没有更新实证研究数据，就是不想改变之前的研究结论。党的十八大以来，我国共推出了 50 多项专项方案，一些重大生态文明建设制度实施方面取得了明显突破，党的十九大报告进一步指出了"加快生态文明体制改革"的重大任务，强调用制度保障生态文明建设。根据现实情况，加强对生态文明制度补缺、补短、补"软"，促进了制度实施，推动了环境治理能力现代化，为经济社会创造和谐稳定的环境，促进绿色循环低碳发展，使广大人民群众的安全感幸福感获得感持续增强。到 2018 年末，国内生产总值 900309 亿元，人均可支配收入 28228 元；2018 年末，定期航班航线里程 838 万公里，比 1950 年末增长 734 倍。①

---

① 秦刚：《新中国 70 年制度建设和国家治理成就》，载《中国党政干部论坛》2019 年第 10 期，第 22 页。

第五章

生态文明建设与经济建设融合
发展的实践路径（上）

第一节　生态与经济融合发展

一、绿水青山与金山银山

（一）"两山"理论体现了生态环境保护和社会经济发展的关系

2005 年 8 月 15 日，时任浙江省委书记的习近平同志在湖州市安吉县天荒坪镇余村考察时指出，"不能以牺牲生态环境为代价来发展经济"。[①] 他明确指出，"我们过去讲既要绿水青山，也要金山银山，其实绿水青山就是金山银山"。[②] 时隔不久，《浙江日报》（2005 年 8 月 24 日）正式刊登了《绿水青山也是金山银山》的文章，他强调说，"良好的生态优势可以通过人们的智慧转化为经济优势，即实现了绿水青山到金山银山的转变"。后来，习近平在很多场合很多次讲话中都讲到"绿水青山"和"金山银山"的问题。[③] 2013 年 5 月 24 日，习近平在十八届中央政治局第六次集体学习时的讲话中指出，"要正确处理好经济发展同生态环境保护的关系"。[④] 在习近平看来，生态与生命是等量齐观的。他在参加十二届全国人大三次会议江西代表团审议时强调，"环境就是民生，要像保护眼睛一样保护生态环境，像对待生命一样对待生态环境，把不损害生态环境作为发展的底线。"[⑤] "底线"就是最低要求，是不可逾越的"红线"。这就要求我们对破

---

①② 《习近平"两座山论"的三句话透露了什么信息》，新华网，2015 年 8 月 7 日。

③　习近平：《之江新语》，载《浙江日报》2005 年 8 月 24 日。

④　习近平：《谈治国理政》，外文出版社 2014 年版，第 209 页。

⑤　中共中央宣传部：《习近平总书记系列主要讲话读本》，人民出版社 2016 年版，第 233 页。

坏环境的行为，绝对不能手软，坚持走可持续发展的经济发展道路。

2013 年 9 月，习近平总书记在哈萨克斯坦那扎尔巴耶夫大学发表演讲时，再次表达其绿色发展思想，他提出"我们既要绿水青山，也要金山银山。宁要绿水青山，不要金山银山，而且绿水青山就是金山银山"。① 习主席用生动的比喻，论证了保护生态环境的重要意义，一旦经济发展与生态保护发生冲突矛盾时，"宁要绿水青山，不要金山银山"，必须毫不犹豫地把保护生态放在首位，生态不能与经济分离，生态要凌驾于经济至上，决不能损害和破坏绿水青山来换取金山银山。在习近平的心中，生态环境保护是一条不可逾越的底线，是要用实际行动来捍卫的，而不是用来做表面文章和用来说漂亮话的，这就是他为什么提出"宁要绿水青山，不要金山银山"。"绿水青山就是金山银山"阐述了保护生态环境就是保护生产力。明确中国必须把生态环境保护放在更加突出的位置。② 保护生态环境是一个需要长期坚持的事情，发展好经济必须走好这条道路。③

保护生态环境不是一句简单的口号，也不是空穴来风，而是一项重要国策，是既能为当代人谋利益又能给子孙后代留后路的一项重要工作。必须花大力气扎扎实实干实事。习近平总书记在 2014 年考察北京时指出，"要加大大气污染治理力度，应对雾霾污染、改善空气质量的首要任务是控制 PM2.5"。④ 他强调，"如果经济发展了，但生态破坏了、环境恶化了，大家整天生活在雾霾中，吃不到安全的食品，喝不到洁净的水，呼吸不到新鲜的空气，居住不到宜居的环境，那样的小康、那样的现代化不是人民希望的。"⑤ 所以，彻底消除雾霾必须把生态文明建设摆在全局工作的突出地位，既要金山银山，也要绿水青山，保护蓝天就是守望幸福，为人民群众提供更多更好的大气、水、绿色覆盖率，为人民创造美好的生产生活环境。

（二）绿水青山和金山银山绝不是对立的⑥，而是内在统一的

1. 既要金山银山，也要绿水青山。习总书记把发展经济与保护生态环境生动地比喻为"金山银山""绿水青山"。这两者的相同点就在于绿水青山和金山

① 《习近平在哈萨克斯坦扎尔巴耶夫大学发表重要演讲》，载《人民日报》2019 年 9 月 8 日。

② 高红贵、赵路：《基于生态经济的绿色发展道路》，载《创新》2018 年第 5 期，第 7~8 页。

③ 习近平：《在云南考察时的讲话》（2015 年 1 月 19 日 – 22 日），载《人民日报》2015 年 1 月 22 日。

④ 中共中央文献研究室：《习近平关于社会主义生态文明建设论述摘编》，中央文献出版社 2017 年版，第 86 页。

⑤ 中共中央文献研究室：《习近平关于社会主义生态文明建设论述摘编》，中央文献出版社 2017 年版，第 36 页。

⑥ 中共中央文献研究室：《习近平关于社会主义生态文明建设论述摘编》，中央文献出版社 2017 年版，第 23 页。

银山是绿色和发展的内在统一，但在实践中也表现出了诸多矛盾。拥有良好的生态优势必不可少，如果能够把它转化为经济优势，社会的生产力会得到更好的发展，文明的步伐将会向前迈进一大步，也就实现了绿水青山就是金山银山的美好愿望。建设好人与自然和谐相处的环境友好型、资源节约型社会，就是要让绿水青山源源不断地带来金山银山。生态资源优势变成经济发展优势，使生态与经济融合为一体，经济与环境就一定能变成和谐统一的关系。

习近平讲这"两座山"之间是有矛盾的，但又可以辩证统一。① 可以说，这是从中国环境保护实践中对这"两座山"之间关系的认识得出来的，是我国发展实践催生的理论成果。我们对"两座山"的认识是一个由低到高的递进过程，在这个过程中，我们需要转变经济发展和增长的方式，走可持续发展的道路，最终使人与自然达到和谐相处的局面。传统的经济理论框架内，根本不考虑或者很少考虑环境的承载力，掠夺式开发和索取资源，也就是牺牲绿水青山去换取金山银山，结果引发生态危机、环境危机、能源危机、社会危机，影响社会稳定和破坏百姓身体健康以及生命财产安全。工业文明的时代里，社会经济高速发展造成对资源的过度开发，人类无止境的欲望使生态环境遭到严重破坏，当自然开始报复人类的过激行为时，人们开始认识到保护生态环境的重要性，开始逐渐认识到了只有保住绿水青山，才能保持社会经济可持续发展。这时开始重视资源节约、环境保护和生态建设，"既要金山银山，也要绿水青山"。进入生态文明时代，绿色发展新理念使人们深刻知晓能够不断带来金山银山的只有绿水青山，且其本身就是金山银山的一种存在方式。此种全新的认识视域是建立在全新的以生态经济、绿色经济和绿色发展的新经济学平台之上的，我们逐渐地把生态环境优势变成经济发展优势，我们种的常青树就变成了摇钱树。

2. 既要绿水青山，也要金山银山。习近平总书记非常重视环境保护与经济发展之间的关系，并将这两者放在了同等重要的地位，与过去"只要金山银山，不管绿水青山"相比，无论是在认识上还是在实践中都是很大的进步，已经将经济发展与环境保护联系起来了。习近平总书记强调，"金山银山""绿水青山"，丢掉哪一座"山"，都不是人民群众希望的科学发展，都不能完全满足老百姓的愿望，不能很好地实现生态利益和经济利益。如果我们的"金山银山"没有与绿水青山结合在一起，那就不是理想的金山银山，这样的"金山银山"不可能持久。这种认识上的进步来源于社会实践，这种绿色发展理念已经成为我国绝大部分地区的发展纲领和主要观念。

用绿水青山换取金山银山，走的是一条"先污染、后治理"的道路，这一条

---

① 习近平：《干在实处走在前列——推进浙江新发展的思考与实践》，中共中央党校出版社 2006 年版，第 198 页。

道路在实践中是走不通的，尤其随着生态环境问题的日益严峻以及大量的环境群体性事件问题威胁社会的和谐稳定。为了应对这些现实问题，开始对环境采取一些保护措施。

3. 宁要绿水青山，不要金山银山，而且绿水青山就是金山银山。习近平同志认识到了环境保护与经济建设的辩证关系，进而反复强调"绿水青山"的重要性，这也凸显了"绿水青山"在习近平总书记心目中的重要地位。我国经济经过几十年的快速增长后，自然资源日益匮乏，环境与经济的矛盾日趋尖锐，习近平总书记指出，当经济发展与生态保护发生冲突矛盾时，就必须毫不犹豫地把"生态放在首位"，"坚持生态优先发展"。习近平总书记的"绿水青山"就是"金山银山"理论给出了化解环境保护与发展经济这一"两难"困境的良方，破解了如何正确处理生态文明建设与经济建设的关系。

保护绿水青山，直接关系到增大金山银山的发展后劲。干净的水、清新的空气、绿色的环境本身就是宝贵财富。绿水青山是人类社会存在和发展的自然条件，是基础和前提。有了绿水青山，才可以做大做强金山银山；甚至即使没有金山银山，也要绿水青山。

绿水青山具有越来越重要的价值，是物质的财富。良好的环境，清新的空气，是生活的财富，是我们对生活质量的追求。绿水青山已经成为生活质量与幸福指数的重要内容与稀缺资源，是幸福的财富。保护生态环境，正在成为一种新的时代精神，一种新的精神追求，是精神的财富。总之，要辩证看待经济发展和GDP 增长，绿水青山金不换，千金散尽还复来。

二、规划引领实现生态与经济融合发展

规划是制定一个城市发展的长远发展计划，是一个城市的发展愿景。建设生态文明城市，就是把生态文明理念融贯到城市规划的制定中，再在规划的指导下有序地实现。先进理念决定城市的水平，正确的定性、定位、定向决定城市的命运。[①] 因此，在制定城市总体规划时，应该把"创新、协调、绿色、开放、共享"理念贯穿到城乡总体规划、分区规划中，落实到城市空间布局等各个专项规划，旨在实现城市经济目标、社会目标和生态目标。

把江西鄱阳湖生态经济区打造成全国大湖流域综合开发示范区，是一个国家战略的区域性发展规划。该规划实施的主线是促进生态与经济协调发展。江西正在进行着科学发展、绿色崛起的生动实践，探索生态与经济协调发展的新路。

---

① 张复明：《城市定位问题的理论思考》，载《城市规划》2000 年第 3 期，第 54～57 页。

（一）江西遵循生态经济发展规律，打造鄱阳湖生态经济示范区

江西以鄱阳湖为龙头推进生态文明建设。鄱阳湖位于江西省的北部，长江中下游南岸，该生态经济示范区不仅是我国重要的生态功能保护区，同样也是世界自然基金会划定的全球重要生态区，承载着引领经济社会又好又快发展的主要功能，对维系区域和国家生态安全具有重要作用。该区域自然资源丰富，具有发展生态经济、促进生态与经济协调发展的完备条件。2009 年 12 月 12 日，国务院正式批复《鄱阳湖生态经济区域规划》，这是国家的一个重要战略规划[1]。鄱阳湖生态经济区建设的本质内涵可以简括为十个字——"特色是生态，核心是发展"。

为了把鄱阳湖生态经济区打造成"全国大湖流域综合开发示范区、长江中下游水生态安全保障区、加快中部崛起重要带动区和国际生态经济合作重要平台"。[2] 江西省全面启动了"五河一湖"及"东江源头保护"、"县（市）污水处理设施建设"、"农村无害化处理"、"造林绿化'一大四小'"等四大生态工程建设。[3] 据有关资料显示，在鄱阳湖区域，已经关闭了五大水系，搬迁了近 300 家企业；环境管制措施不断加强，县城以上建成了 100 家污水处理厂并全部投入使用；建立了 8000 个村级垃圾处理点；加强了环境污染处置设施的建设，完成了 5 万个自然村、500 个集镇农村垃圾无害化处理设施建设；加强了荒山宜林地及城镇乡村、公路通道和开发区的绿化建设，全面提升绿化水平。[4]

江西省以建设鄱阳湖生态经济示范区为契机，适时推出和实施了 12 大生态经济工程。这些重大生态经济工程既是经济建设工程，又是生态建设工程，总投资预计高达 3600 亿元，单个项目平均投资预计高达 300 亿元。这 12 大生态经济工程成为鄱阳湖生态经济区生态文明建设和经济建设紧密融合的强大引擎[5]，这些生态建设工程有利于生态系统功能的增强、生态环境容量的扩大和生态安全保障体系的完善。生态建设与经济建设的深入融合和协调发展，将会大大夯实江西社会经济发展的自然生态基础。

建设鄱阳湖生态经济区，实行的是先行先试，没有经验可借鉴，江西省在进行大规模生态工程建设和经济建设中，不断探索和创新生态与经济融合、协调发展的新模式。江西省为实现规划期的奋斗目标，采取了以下工作重点：

一是坚持生态优先，促进绿色发展。生态是基础，发展是着眼点。在鄱阳湖

---

① 《国务院正式批复〈鄱阳湖生态经济区规划〉》，新华网，2009 年 12 月 16 日，http：//news. xin-huanet. com/fortune/2009 – 12/16/content_12656830. htm。

② 《鄱阳湖生态经济区规划》，载《江西日报》2010 年 2 月 22 日。

③ 邹元宝：《江西："生态经济区"承载发展梦想》，载《安徽日报》2010 年 8 月 8 日。

④ 《鄱阳湖生态经济区建设有关情况介绍》，江西新闻网，2011 年 12 月 5 日，http：//jiangxi. jx-news. com. cn/system/2011/12/05/011838705. shtml。

⑤ 华斌：《江西：打造生态经济示范区》，载《中国经济导报》2011 年 12 月 13 日。

生态经济示范区建设中，生态保护和经济发展同等重要，齐头并进，把资源承载力、生态环境容纳量作为经济发展的重要依据，探索建立反映资源环境成本和生态经济效益的绿色国民经济核算体系，保护"一湖清水"，建设绿色生态家园，发展生态产业，实现在环境保护和资源节约利用中求发展，在经济发展中保护生态环境。根据《鄱阳湖生态经济区规划》要求，有步骤分阶段推进鄱阳湖生态经济区建设，力争在 2009~2015 年重点规划期内，使鄱阳湖生态经济区的生态建设取得显著成效、初步建成生态产业体系、初步构建生态文明社会，使鄱阳湖区域的生态文明建设处于全国领先水平。①

二是加快发展方式的转变。鄱阳湖生态经济示范区的经济要转变成生态经济，必须转变经济发展方式，这是践行科学发展观和贯彻落实党的十八届三中全会、四中全会精神的重要目标和战略举措，是加快推进生态文明建设的根本途径，是促进经济提高质量增强效率的关键所在。鄱阳湖生态经济示范区建设的目标，就是要因地制宜探索出一条生态与经济协调发展的新模式和新道路。转变经济的发展方式，实际上就是要转变过去由依靠增加资源投入和消耗的粗放型增长方式，转变为主要依靠提高资源使用效率来实现经济增长的集约型增长方式。因此，必须遵循创新、协调、绿色发展理念，通过融贯生态经济这根主线，推进生产方式和消费方式绿色化，创新生态经济运行的体制机制，大力发展生态经济。

三是坚持以重大项目建设作为推进鄱阳湖生态区建设重要抓手。通过实施生态环境保护体系建设工程项目和重大基础设施建设工程项目，创建生态城镇、绿色乡村建设项目，将城市规划描绘的美好蓝图变为又富又美现实。按照生态经济协调发展理论的要求，在遵循自然规律和经济规律基础上，加快实施重大产业项目，特别是重大生态化产业项目。同时，按照以人为本的新型城镇化发展要求，尊重城镇自然风貌，突出历史文化传承，打造时尚、富有特色的魅力、宜居宜业宜游的生态城镇。② 既然鄱阳湖生态经济区实行先行先试，那就力争在区内率先绿色崛起，推进生态与经济协调发展。

四是坚持新兴产业与生态工程"双管齐下"。实施大型生态工程项目，需要新兴产业来推动，"重点发展高科技含量、高附加值的产业"，"加快做大做强新能源、新材料、绿色照明、新动力汽车、生物医药、绿色有机食品等战略性新兴产业"③；通过提升各个产业链的耦合能力，从而增强该区域的核心竞争力和市场竞争力；加快推进第三产业的发展，既要发展现代服务业，又要发展生产性服务业，同时还要大力发展生活性服务业。生态经济发展模式里的第三产业，不是某一行业、某些项目特别发达的经济形态，而是经过统筹规划——包括既有商贸

---

① ② 《鄱阳湖生态经济区规划》，载《江西日报》2010 年 2 月 22 日。

③ 寇勇：《江西：生态经济唱大戏》，载《科技日报》2011 年 3 月 6 日。

物流、金融保险，又有商务会展、信息咨询、文化创意和旅游娱乐等现代服务业，并且要不断提高现代服务业在整个服务业中的比重。

（二）江西正确处理生态与经济的关系，在生态保护和经济发展中双赢共进

江西省属于经济发展欠发达省份，这是江西省目前面临的主要问题。但江西省地处我国中部，资源种类较为丰富，具有较好的生态资源优势。习近平同志在参加十二届全国人大三次会议江西代表团审议时强调，"环境就是民生，要像保护眼睛一样保护生态环境，像对待生命一样对待生态环境，把不损害生态环境作为发展的底线。"[①] 习近平总书记曾指出，"山高沟深偏远的地方要想富，恰恰要在山水上做文章"。这就需要想办法想思路，在可持续发展的基础上，充分利用欠发达地区的资源，发挥地区资源优势，做大金山银山，贫困人口由此富裕了。习近平在调研中还发现，"很多贫困地区、贫困村通过发展旅游扶贫、搞绿色开发绿色种养，找到了一条建设生态文明和发展经济相得益彰的脱贫致富新路子。"[②] 正是所谓思路一变天地宽，对于贫困地区而言，青山绿水、宜人景色等良好的生态环境变成了金山银山。经济的发展离不开生态环境，需要从自然界获取资源和能源，即生态和资源是经济的重要物质基础。

江西省委省政府认真贯彻落实科学发展观，认真学习习近平"绿水青山就是金山银山"的重要思想，吸取国内外关于正确处理经济发展和生态环境保护的正反两方面的例子，以与全国同步实现全面小康为目标，牢牢把握绿色发展的思想战略，坚定不移地把"绿水青山就是金山银山"的发展思想深入到江西发展之中。江西正确认识经济发展与生态保护既可共荣，也能互衰的真理，积极破解"生态与经济协调发展"这一"世界性难题"，坚持一手抓经济发展，一手抓绿色发展。

发展就有金山银山。发展就是硬道理。建设生态文明是一种更高层次的发展，"绿水青山就是金山银山"的理论，指引着新时代的发展，必须要转换思维，"两山"理论推动发展理念、发展方式、发展模式的提升，实现绿水青山与金山银山的统一，实现经济发展与环境保护的双赢。"双赢"准确地道出了"换一种思维抓发展"的价值取向，生态文明的绿色经济具有双重价值取向，既要保证满足全体人民可持续生存与全面发展的需要和利益；又要保证满足非人类生命物种的生存健康与安全发展的需要和利益。[③] 从发展理念出发，大力发展绿色经济。

---

① 中共中央宣传部：《习近平总书记系列主要讲话读本》，人民出版社 2016 年版，第 233 页。

② 中共中央文献研究室：《习近平社会主义生态文明建设论述摘编》，中央文献出版社 2017 年版，第 30 页。

③ 刘思华：《生态文明与绿色低碳经济发展总论》，中国财政经济出版社 2011 年版，第 5 页。

江西强调新一轮产业结构调整的机遇，加快构建现代生态产业体系，强化产业政策引导，合理规划布局。坚持走新型工业化道路，贯彻绿色发展理念，使新材料、新能源等战略性新兴产业绿色化，大力推进生态文明建设，发展绿色低碳循环经济，构建工业循环经济体系。从发展这个理念出发，江西强调大力发展高效生态的循环农业。以"百县百园"为平台推动现代农业发展跃上品质、品牌新高度，加快绿色、有机农产品基地建设。① 也正是从发展这个理念出发，江西提出"像抓工业化、城镇化那样抓旅游"，充分发挥生态优势，推动旅游强省战略，大力发展旅游业。②

保护就有绿水青山。保护，必须守住底线。江西省领导干部紧紧抓住建设生态文明先行示范区的历史机遇，"强化底线思维，强化底线管控，划定了生态红线、水资源红线和耕地红线，扎牢江西的绿色篱笆，创造生态盈余，为子孙后代留下永续发展的绿色财富"。③ 江西省第十二届人民代表大会第四次会议通过了《关于大力推进生态文明先行示范区建设的决议》（简称《决议》），《决议》划定并严守生态保护红线。严格水资源管理制度，通过实行最严格水资源"三条红线"（用水总量控制、用水效率控制、主要水功能区达标控制）管理制度，使任何单位、任何个人都不能踩、都不能碰这根"红线"，即"高压线"。各级领导干部必须对禁止开发区、重要饮用水源保护区、重要江河源头、主要山脉、重要湖泊等生态功能及重要地区，实施严格管控，确保生态保护红线的安全。④ 保护，必须使政绩考核指挥棒向生态倾斜。建立符合生态文明要求的、有区别的、有侧重的绩效考核评价机制，把资源消耗和环境保护等生态文明建设的指标纳入领导干部考核评价体系中。加快推进流域生态补偿试点和鄱阳湖湿地生态补偿试点，在全国率先实施覆盖全境的流域生态补偿。⑤ 建立省、市、县三级"河长制"，明确河流污染治理责任制，加大了问责力度。同时建立以水质水量监测、水域岸线管理、河流生态环境保护等为主要指标的考核评价体系，考核内容纳入省政府对市县科学发展综合考核评价体系和生态补偿考核体系。

近年来，江西全省上下按照绿色崛起的要求，抓方向、明思路、深入推进、狠抓落实，切实推动生态文明建设与经济发展协调共进、生态文明建设与产业转型协调共进，将生态文明建设融入新型城镇化新农村建设之中，提高人民群众从生态文明建设中获得幸福感，推动生态文明建设与提高社会治理体系和治理能力的协调共进。

---

① 刘箐：《江西实施"百县百园"工程提速现代农业》，载《农民日报》2015 年 8 月 24 日。

②③ 参见刘勇：《奋力打造生态文明的江西样板》，载《江西日报》2015 年 12 月 3 日。

④ 王欢、赵婉露：《江西划定生态保护红线》，中国江西网，2015 年 2 月 1 日，http：//jiangxi. jx-news. com. cn/system/2015/02/01/013599662. shtml。

⑤ 《江西划定生态保护红线　建立生态保护补偿制度》，载《信息日报》2015 年 2 月 1 日。

（三）江西大力推进经济生态化和生态经济化

大力推进经济生态化。江西在经济建设中注重生态保护和环境污染治理，在发展经济时考虑环境容量和资源承载力，遵循资源节约、物质循环、生产过程低碳的生态理念，始终把生态学原理和生态文明理念运用到经济活动当中。在生态文明建设过程中，既要消化环境污染的存量问题，又要控制发展过程中可能形成的污染增量问题。解决这些问题，既要做加法，又要做减法。所谓加法，就是千方百计做大新兴产业，例如光电信息、电子商务、循环农业等，逐步提高新兴产业比重，进一步降低解决发展对资源能源的依赖；就是要大力发展新能源，提高绿色能源比重，大力推进光伏电站，积极争取国家光伏发电计划；就是要加大投入力度，促使污染企业节能降耗，降低污染排放。所谓减法，就是要淘汰一批落后的工艺和设备，淘汰一批高耗能、高污染、高排放的产能，淘汰一批僵尸企业，为新兴产业腾出发展空间；就是要严格环保执法制度，淘汰十吨以下的燃煤锅炉，淘汰黄标车和老旧的机动车，推动还湖还泊，减少埋怨污染；就是要充分运用国家环保政策，发挥节能减排的财政示范政策作用，鼓励企业变废为宝，大力发展循环经济。

大力推进生态经济化。一是依托生态优势，在保护生态环境的同时把生态优势转化为经济优势，利用生态优势打造宜居城市，带动消费和经济增长。江西武宁县从"生态大县"到"生态文明先行示范区"，升级到生态文明建设。武宁县强化生态保护，从山上到山下，从园区到湖区，从城区到农村，像保护自己的眼睛一样保护生态，把山、水、城融为一体。生态优势是武宁最大的优势、最大的品牌、最大的财富，他们通过理念、思维、方式、价值观的提升和创新，将"生态优势""生态资本"变成"富民资本"。通过积极探索，创新体制机制，江西武宁呈现出经济快速增长、生态持续向好、人民安居乐业、社会和谐稳定的可喜局面。先后获得"国家卫生城""国家园林县城""全国文明县城""江西省最具幸福感城市"等荣誉称号。① 二是依托资源和环境优势，因地制宜发展一些以良好生态和环境为依托的旅游经济、休闲经济、林下经济等。江西婺源堪称生态发展的典范。自21世纪初期开始，婺源转变发展思路，充分利用自己的资源优势，大力发展生态文化旅游产业，保护与开发并进提升旅游新水平，实现了经济生态双丰收。目前，婺源有中国历史文化名村5个、中国传统村落15个、全国民俗文化村12个、全国重点文物保护单位5处16个点，境内现存明清古建筑4000余幢。② 如今的婺源被赋予中国最美丽乡村、中国最佳文化生态旅游目的地、中

---

① 《武宁县先行先试为全省生态文明建设探索新路》，中国江西网，2015年11月11日，http：//jj.jxnews.com.cn/system/2015/11/11/014441708.shtml。

② 《从"最美乡愁"到"最美乡村"江西婺源的生态文明"美丽样本"》，华夏经纬网，2016年2月2日，http：//www.huaxia.com/jx – tw/zjjx/2016/02/4716106.html。

国乡村旅游的典范等多张名片。通过旅游业的发展带动地区经济的飞速上升，成为地区经济发展生态化的典范。

三、生态与经济融合的美丽乡村模式

中国的生态文明建设是通过示范区、试点建设开始的，中国美丽乡村建设也不例外，也是基于典型示范再逐渐向全国乡村推广，若要作为一个重要途径来推广美丽乡村建设，就要把典型的事例、成功的做法和经验提升到理论层面，再以较为有针对性的明确模式体现出来，作为一个参照样本，从而提供给全国乡村进行对照和借鉴。自农业部启动美丽乡村创建活动以来，农业部确定 2013 ~ 2015年在全国不同类型地区试点建设 1000 个"天蓝、地绿、水净，安居、乐业、增收"的美丽乡村①。与此同时提出，在建设美丽乡村的道路上，一方面不仅要树立起牢固的生态文明理念，另一方面还要加强农业生态环境保护力度，加大保护投入。引导农民在生产过程中做到生态资源化和资源产业化，把生态农业、循环农业做好做强。倡导建设资源节约型、环境友好型的社会，推动形成绿色生产方式和绿色生活方式。同时确立了建设"美丽乡村"的十大发展模式，分别是："产业发展型、生态保护型、城郊集约型、社会综治型、文化传承型、渔业开发型、草原牧业型、环境整治型、休闲旅游型和高效农业型"。② 伴随着我国城镇化进程的推进，会出现新的问题需要我们进一步关注和思考：美丽乡村的真正内涵是什么？该如何建设我国的美丽乡村？建设好又该怎样使美丽乡村走上可持续发展的道路？

（一）"百姓富"、"生态美"的江西婺源美丽乡村建设模式

江西婺源是中国富起来的最美乡村，是全国首批生态农业示范区、中国乡村旅游的典范。婺源有 7 个 4A 级旅游景，是最多的 4A 旅游景区县。2015 年婺源县接待游客 1529 万人次，综合收入 76 亿元，游客人次连续九年位居全省第一；2016 年油菜花高峰期接待游客 494.7 万人次，增长 10.5%，单日最高人次 23.7万，先后获得首批中国旅游强县、国家乡村旅游度假试验区等荣誉。③ 在许多前来欣赏、游玩旅客的印象中，婺源是中国最美乡村，也是最富乡村之一。婺源的

---

① 农业部办公厅《关于开展"美丽乡村"创建活动的意见》，2013 年 2 月 22 日，http：//www. moa. gov. cn/zwllm/tzgg/tz/201302/t200222_3223999. htm。

② 《农业部发布中国"美丽乡村"十大创建模式》，载《中国乡镇企业》2014 年第 3 期，第 45 ~ 46 页。

③ 《婺源县委书记：游客人数连续九年位居江西省第一》，人民网 - 江西频道，2016 年 4 月 28 日，http：//jx. people. com. cn/n2/2016/0428/c190260 - 28235998. html。

美丽，并不是单一的美，它是美于人与环境的和谐共生，美于生态与文化的深度融合。婺源人共同守住着绿水青山，共享着生态红利，婺源居民储蓄率在整个上饶市是最高的，在江西省排名也是靠前的。

婺源县在推进"美丽乡村"建设过程中，在发展目标上强调"百姓富"，在发展方向上强调"生态美、结构美、视觉美、人文美和古典美"。

一是大力开展农村生态环境综合整治，建设秀美和谐乡村。婺源县大力推进植树造林绿化，实施"花开百村"①、"百万果树进新村"等生态工程项目；建设国家级自然保护区（鸳鸯湖）、国家级湿地公园等生态工程；实施和谐文明村、文化惠民等工程。遵循尊重自然、亲近自然、保护自然的原则，发展以自然为取向，兼顾保护与环境治理。婺源县于 2009 年启动了全县天然阔叶林十年禁伐工作，划定禁伐区 116 万亩。② 加强农村水资源和饮用水源地保护，加强水源地水质改善。2009 年，全县基本形成了县、乡、村三级垃圾处理网，在这个过程中，婺源县投入 480 万建成垃圾焚烧炉 160 个、填埋点 70 个、垃圾池 65 个，使城乡生态环境面貌得到极大优化，吸引了一大批都市"快客"前来"深呼吸"，享受慢生活。

二是围绕"生态立县、绿色崛起"的思路，推进农村特色产业发展。第一，打造优美的生态环境，维护水清、树绿、地净、宜人的田园风光与良田的旅游产业。婺源县委、县政府致力打造婺源这张靓丽的名片，大力推动旅游转型升级，改善服务方式与经营模式。2007 年成立了婺源县旅游股份有限公司，实施集团管理模式，创建旅游品牌，实行集团内"一票制"的思路，实现不同景点之间的联合；2014 年又提出了打造"零门票"景区的目标，吸引了一大批都市"快客"前来"深呼吸"，享受农村田园生活，成功打造了"农家乐"升级版；并且探索出了如"公司＋当地政府＋村民"、"景区＋乡镇政府＋村委会"等多种具有实际借鉴意义的旅游经济发展模式，③ 实现了旅游产业由原来的粗放型经营向集约型经营转变。第二，大力发展生态农业。婺源将自然资源的开发利用与生态农业发展有机结合，把资源优势和生态优势转化为经济社会发展优势，鼓励农民发展休闲农业、生态农业。积极推广农业标准化、现代化、集约化生产方式，积极推进农业"生态化、品牌化、多元化"发展。比如，该县发展的以有机茶叶为龙头的生态农业，已经形成了规模化生产，有力地促进了农民增收致富。开发特色旅游商品（如茶园采制体验、茶园农家乐等），开发生态农产品（如野山鸡、土鸡

---

① "花开百村"就是在婺源县主要公路沿线及景区景点的 132 个村庄，种植开花乔木、灌木 10 万棵，把婺源打造成四季有花、色彩斑斓的花海。

② 《政府工作报告》，中国婺源网，2009 年 1 月 19 日，http：//www.chinawuyuan.com/news/wuyuan/7878.html。

③ 江仲俞：《最美乡村富起来》，载《江西日报》2011 年 6 月 20 日。

蛋等），实现生态效益和经济效益的高度统一和有机结合。

婺源模式证明了"美丽乡村"建设既实现了"百姓富"，又保持了"生态美"。使最美乡村景更美、业更兴、民更富。

（二）保护生态和发展经济"双赢"共进的浙江"安吉模式"

浙江省安吉县，是浙江西北部的一个典型的山区县，长三角经济圈的中心；有着1800多年的建县历史；因气净、水净、土净，堪称"三净"之地。森林覆盖率达71%，植被覆盖率75%，这座绿意盎然的生态城市，是"我国首个生态县"。20世纪90年代末，安吉一跃成为小康县，但付出了巨大的生态环境代价。2000年，安吉县根据当地的资源优势，明确提出了"生态立县"战略，紧接着又进一步全面展开生态县建设。经过不断的探索和不懈努力，安吉县的生态建设和经济建设取得了可喜的成绩。安吉在"生态立县"基础上，自2008年开始实施"中国美丽乡村"建设以来，取得了引人瞩目的成绩，吸引了社会各界的关注并得到了社会各界的高度认可。

一是以"中国美丽乡村"建设为载体，推进社会主义生态文明建设在安吉农村的实践。2008～2013年，安吉经过5年的扎实努力，在美丽乡村建设中取得了惊人的佳绩。全县187个行政村，规划为工业特色村40个、高效农业村98个、休闲产业村20个、综合发展村11个和城市化建设村18个。① 目前，全县12个乡镇实现美丽乡村创建全覆盖。安吉农村的建设非常重视规划设计，对全县的新农村建设实行整体规划，把每一个乡村设计成为一个美丽的景点，把每一个农户当作一个作品来精心打造。

安吉"美丽乡村"建设模式的最大特点：农业是根、生态是本，产业是支撑、乡村美丽、农民幸福。"安吉模式"之所以能够取得如此高的成就，在于其合理的发展规划布局。吉安坚持走生态环境可持续发展之路，坚持城乡协同，产业协调的发展之路，成为美丽乡村建设的典型示范地区。安吉人闯出了一条农业强、农村美、农民富、城乡和谐发展的道路，为全国社会主义新村建设积累了宝贵的经验。

二是安吉以建设"美丽乡村"为载体，整体推进生态文明试点建设。安吉立足自身资源优势和美丽乡村建设的要求，选择竹茶产业和生态旅游业为主导产业，在开发资源的过程中实现农民增收致富，通过发展生态产业将资源优势转化为发展优势，实现生态与经济"双赢"共进。第一，大力发展竹茶产业。竹产业的产业链不断延伸，价值不断提高，仅竹产业每年给农民带来11亿元收入；2014年，全县白茶种植面积达17万亩，种植户15800户，白茶产业链从业人员

---

① 严红枫：《浙江安吉：为美丽乡村建设提供指南》，载《光明日报》2015年6月18日。

达 20 多万人次，农民每年白茶收入 5800 元。安吉强化竹茶产品的深加工，提高竹茶产品的综合利用率。不断提高竹茶制造技术，其中竹纤维技术获得了重大突破，促进竹茶产品的升级换代，安吉竹产品涉及板材、编织、竹纤维、工艺品、医药食品、生物制品、竹工机械等八大系列 3000 多个产品。第二，大力发展生态乡村休闲旅游。安吉建成了一批以"山林体验、民俗风情、自然景观"为特色的山村休闲旅游群落，利用本地的资源优势，打造乡村旅游产业，逐渐呈现出乡村的活力、富足、幸福、美丽，城乡差距日益缩减。近年来，安吉"农家乐"旅游人次、旅游收入年均增长率都在 40% 以上。仅 2014 年，就吸引游客 1200 多万人次，旅游总收入达 127.5 亿元。2014 年安吉农村居民人均可支配收入达到21562 元，在 2005 年的基础上增加了 67.5%。①

安吉在近十年左右的"美丽乡村"建设行动中，不断探索和寻找经济发展和生态文明建设的结合点和突破口。安吉"美丽乡村"建设实践证明了通过持续推进生态建设，改善生态环境，发展生态经济，实现经济社会的持续、协调、和谐发展，走绿色生态富民之路。

第二节　科学技术的交叉融合发展

一、文化与科技融合

文化与科技融合发展问题，是现代科技对文化创新发展的引领、支撑和推动问题，也是学术界关注的问题。

（一）文化与科技融合的内涵、实质及其相互关系

文化和科技是一个国家、一个民族的灵魂。文化是民族的血脉，人民的精神家园，塑造并规定着一国人民的精神气质与思维方式，涵盖了一个国家或民族的历史、地理、风土人情、传统习俗、生活方式、文学艺术、行为规范、思维方式、价值观念，承载着引导社会进步与提升文明程度的重要功能。② 文化是人类在长期历史发展中经验积累传承而凝聚的人文精神及其物质表现的总体体系，是人类共同创造并赖以生存的物质与精神方面的总和。③ 科学技术是人类对自然界、

---

① 严红枫：《浙江安吉：为美丽乡村建设提供指南》，载《光明日报》2015 年 6 月 18 日。
② 刘平中等：《文化与科技融合发展关系探讨》，载《社科纵横》2014 年第 9 期，第 50 页。
③ 王宁：《中国文化概论》，湖南师范大学出版社 2000 年版，第 5 页。

社会、思维过程及其他事物的认知体系和对这些事物改造的物质手段及方式方法。[1] 科学技术是人类文化的重要组成部分，并以多种方式作用于文化的进步与发展，同时是推动社会的核心力量，科技对文化具有带动、推动和触动的作用；文化对科技起着承载、制约和导向的作用。二者相互依存、相互发生作用、相互交融。

文化和科技的融合有其客观必然性。文化和科技都是人类文明的共同结晶，都是人类社会进步的伟大力量。文化与科技都来源于实践，是人类实践活动的结晶，其中文化更是实践结果与人类智慧的积累与升华。科技是人类在改造自然界的实践过程中形成的知识体系及方法手段。文化和科技都是推动社会发展的重要力量。因此，这两者之间的相互依存、相互关联、协调发展是人类文明进步的重要标志，文化和科技的融合是社会科学和自然科学发展规律的内在要求，是社会进步的必然趋势。[2]

文化与科技融合的本质属性。有学者认为，文化与科技的融合本质上是文化的具体表现元素和形式与科技上的原理、方法、理论的有机结合，从另一层面提升文化和科技的价值，满足新时代人们的物质文化精神上的需求。[3] 有学者认为，从文化产业的价值链出发，文化和科技融合其本质上是通过技术来引导文化及其他产业创新的一种新型创新模式。[4] 也有学者认为，文化与科技融合的实质是文化与科技两大产业之间的融合，是指文化产业依托高科技产业的技术手段或产出结果，以拓宽传统文化产业的表现形式和传播手段，提升文化产业的服务水平，催生新的文化产品甚至新的文化业态等一系列的现象。[5] 还有学者认为，文化与科技融合主要是指通过将文化元素、理念、内容、形式等与科学技术的理论、方法、手段和精神等有机结合，改变有关产品的价值与品质，形成新的内容、形式、功能与服务，更好地满足人民群众不断增长的物质文化需求的创新过程。[6] 由此，我们领会到文化与科技融合是"文化科技化"与"科技文化化"的有机统一。

随着我们党对文化与科技融合的规律性和本质问题认识不断深化，提出了一些新思想和新观点。党的十七届六中全会通过的决议指出，科技创新是文化发展的重要引擎，发挥文化和科技相互促进的作用，加快发展文化产业，使之成为国民经济的支柱产业。党的十八大报告指出，促进文化和科技的融合，发展文化新型业态，增强文化整体实力和竞争力，扎实推进社会主义文化强国建设。党的十

---

① 陈筠泉：《科技革命与当代社会》，人民出版社 2001 年版，第 1~5 页。

② 张胜旺：《论文化与科技的融合》，载《科技与教育》2014 年第 12 期，第 89~91 页。

③ 魏志波：《文化产业与科技融合发展路径研究》，载《现代经济信息》2014 年第 11 期，第 446 页。

④ 尹宏：《我国文化产业转型的困境、路径和对策——基于文化和科技融合的视角》，载《学术论坛》2014 年第 2 期，第 119~123 页。

⑤ 彭莫柯：《文化科技融合理论研究》，载《经营与管理》2013 年第 8 期，第 75~78 页。

⑥ 姜念云：《文化与科技融合的内涵、意义与目标》，载《中国文化报》2012 年 12 月 14 日。

八届三中全会通过的决议指出，深化科技体制改革，完善对基础性、战略性和前沿性科学研究的支持机制，大力推进国家创新体系建设；深化文化体制改革，激发民族文化创造活力，大力推进社会主义文化强国建设，增强国家文化软实力，推动中华文化走向世界。① 这些都能够充分显示出我党在此所做出的明智之举。在经济全球化和文化多元化的背景下，科技主动融合文化推进文化产业化，文化吸取现代科技成果改进传统文化的表现形式、传播手段以提升文化的影响力和竞争力。② 要实现文化和科技的当代融合，必须更新观念，坚持以人为本，做到人文教育与科学教育并举。

尽管文化与科技融合是近些年才出现的一种新提法，但是文化与科技融合的具体实践却早已有之。历史上三次科技革命的发展伴随着文化产业形态与业态的创新，这就可以看作是文化与科技创新的现实运用。如今，伴随着高新技术的迅猛发展与运用以及人类文化消费需求的新变化，加快推进文化与科技融合发展、提升两者的融合效率和层级也就更显重要了，当今所形成的文化与科技相交融的实际运用无一不是证明其融合发展的重要性和典型性。

（二）文化与科技融合发展的典型案例

文化和科技历来如影随形，彼此潜移默化地相互渗透。目前，国外无论是对文化产业的研究，还是对文化产业的科技研究都处在比国内更加领先的位置。从文化与科技融合的实践来看，美国、英国、法国、加拿大、日本、韩国等国家都有较大力度支持文化与科技的融合发展，助力形成文化与科技的产业链。

1. 国际案例。文化与科技融合的经典案例比较多，下文将以美国和日本为例来进行重点分析。

（1）美国经济的发展是文化与科技创新、互动、融合的结果。20 世纪 90 年代，美国图书出版公司、音像出版公司开始利用网络技术创立新的销售渠道，极大地方便了消费者的选购，从而推动了图书和音像出版业的发展。美国"迪斯尼"把高新技术应用于文化娱乐业，1993 年的销售额为 85 亿美元，到 1997 年就已经达到了 225 亿美元；"百老汇"音乐剧依靠提高科技含量，通过表演场景、灯光和音响效果为手段彻底超越了传统表演艺术，以其强烈的艺术感染力吸引了无数观众。风靡世界的美国大片，与美国电影业大量运用高科技特技、音响等是分不开的。③ 由这些看来，都可以体现出美国注重文化创新和科技创新的结合，

---

① 张胜旺：《论文化与科技的融合——基于马克思主义视角的分析》，载《理论导刊》2014 年第 12 期，第 89～94 页。

② 刘平中、李后卿：《文化与科技融合发展关系探讨》，载《社会纵横》2014 年第 9 期，第 50～53 页。

③ 吕克斐：《世界各国推进科技与文化融合打通技术和文化产业链》，载《杭州科技》2012 年第 3 期，第 62～63 页。

使美国具有完备的电影文化产业链。好莱坞电影城通过优化整合资源延长"大电影产业链",实现资本的最大限度增值。美国的科技渗透到经济、政治、社会各方面各领域,促使形成了"大科学"体系,使文化潮流变化更密切地与科技联系在一起。此外,美国的社会运行机制和市场运行机制也都催生美国的创意文化。美国,越来越清醒地认识到文化和科技的融合发展,通过科技手段表现文化的内涵,通过技术创新提高文化的表现形式和传播力,其技术支撑下的文化产业年增长速度达到14%,占 GDP 的30%以上。其中知识版权产值达到1.25 万亿美元,占 GDP 的12%,成为美国最大的出口产业,占绝对优势。[①]

(2) 日本政府大力推动文化与科技的融合。日本依托文化创意产业和发达的电子科技产业基础,将两大产业紧密融合,诞生了全球知名的索尼、任天堂等超大型科技文化型跨国企业。日本大力支持文化产业发展,制定了包括《著作权法》、《文化艺术振兴基本法》等在内的法律法规保障体系,促进产业的快速发展。通过挖掘日本传统文化,积极提升数字技术和载体创新,日本在游戏软件领域已成为世界第一生产大国。作为文化与技术集成的典范,日本动漫作为文化与技术集成的典范,日本动漫业已成为其重要支柱产业,日本已从一个传统的技术产品制造大国转向一个文化产业生产和输出大国。通过快速数字化的产业形态,它所生产的数字化文化产品成为出口的主要产品,日本随之成为世界上最大的动漫制作和输出国,尤其是在亚洲国家和美国占据了大部分的市场份额。2010 年日本政府出台的《新增长战略》,制定了在海外拓展相关创意文化和技术产业业务的政策后,预计到2020 年,它在亚洲的文化创意产业收益将实现超万亿日元的目标。[②]

美国的娱乐产业、日本的动漫产业等,都是建立在高新技术基础之上的,有赖于文化与科技的深度融合。这些文化产业不仅依靠高新技术在竞争中取得了极大优势,赚取了大量利润,甚至以技术影响了受众的消费习惯,改变了人们的生活方式。[③]

2. 国内案例。国内的文化与科技融合发展比发达国家略逊色一些。近年来,由于国家政府高度重视,2012 年,科技部、中宣部等五部委联合发布了以北京中关村国家级文化与科技融合示范基地等16 家被认定为首批国家级文化和科技融合示范基地。[④] 其宗旨就是为了贯彻落实党的十七届六中全会精神,进一步发

① 吕克斐:《世界各国推进科技与文化融合打通技术和文化产业链》,载《杭州科技》2012 年第3 期,第63 页。

②③ 吕克斐:《世界各国推进科技与文化融合打通技术和文化产业链》,载《杭州科技》2012 年第3 期,第64 页。

④ 尹增宝:《文化与科技融合新范式——文化科技产业园理论探析》,载《辽宁行政学院学报》2014 年第5 期。

挥文化和科技相互促进作用，更好地引导和推动各地文化和科技融合，增强文化产业领域科技实力和自主创新能力，促进我国文化产业持续健康快速发展。[1]

（1）上海张江国家级文化和科技融合示范基地。该"示范基地"是国家首批文化与科技融合的示范基地，其发展特色是以数字技术、信息通讯、互联网技术为依托，构建创意设计服务、直播电竞、文漫影游、光影互动体验等六大特色融合产业体系。上海张江高科技园区是国家级自主创新示范区，园区建有国家信息产业基地、软件产业基地、网游动漫产业发展基地等；在科技创新方面，拥有多模式、多类型的孵化器，建有国家火炬创业园，园区已成为我国高科技产业化的龙头区域。上海市将依托张江国家自主创新示范区建设，实施"一基地多园区"联动发展战略。张江"基地"从点、线、面三个层次推进文化科技融合：在"点上"开展文化科技融合关键技术突破工程，在"线上"开展贯穿文化生命周期的文化科技创新亮点工程，在"面上"从文化科技跨界人才培养、文化科技公共服务平台体系建设、文化科技骨干企业培育、文化科技融合统计体系建立等推进，最终形成门类齐全、结构优化、特色鲜明的文化产业。[2]

2013年4月23日，由"兆联天下"、复旦软件园携手徐汇软件基地发起的文化与科技融合特色产业联盟集群，在杨浦区创智天地会议中心举办了移动互联网、动漫游戏及新媒体产业联盟成立大会。集群产业联盟的成立是对园区服务模式的创新，也是园区主动服务、专业服务、个性服务、加速服务功能的升华和提升，将为创建"国家创新型试点城区"的杨浦区和上海市建设和谐创业环境增添新的动力、新的服务典范。[3] 在各种政策的扶持下，上海张江国家级文化和科技融合示范基地的文化和科技融合产业取得了较快的发展，通过文化和科技融合，不断产生新技术、新产业、新模式、新业态。

（2）浙江横店国家级文化和科技融合示范基地。自浙江横店被认定为国家级文化和科技示范基地以后，横店注入"科技为先、创新为本、文化为魂"的新理念新内涵。2014年7月23日，横店影视城在文化和科技融合方面又做出了新的探索和改变，中科院和浙江大学都专门成立了横店研究所，重点关注数字内容相关领域，创新载体则是横店万花园这一项目，旨在推动横店文化科技融合产品更加高速的在市场上拓展和推出。此外，横店还积极打造新兴影视科技、文化融合产业孵化园，依托孵化园打造拍摄前期视效制作、后期数字化处理同时开发设计其他衍生品等影视新兴产业。积极争取浙江省级影视类高科技中小企业的集群试点，大力培育游戏开发，网络新媒体，移动影视传媒等一批影视关联性新产业。

---

① 《首批16家国家级文化和科技融合示范基地》，载《光明日报》2012年5月21日。

② 《首批国家级文化和科技融合示范基地一览》，载《科技日报》2012年5月23日。

③ 孙玲：《凸显文化与科技融合特色——移动互联网、动漫游戏、新媒体三大产业联盟成立》，载《上海科技报》2013年4月26日。

2015 年 5 月，投入 300 多亿元、坐拥 6000 多亩土地的横店圆明新园正式投入使用。圆明新园以景点皇家园林的设计精华为基础，加入了众多具有科技感的现代文化要素和创新体验项目。使之成为一个可以带给人视觉、感觉全面新体验的景区，置身其中，可以充分感受中华传统文化的精髓。景区内设有多个景点场所，还有一些富有科技感的场馆。依托于横店影视城的文化积淀，注入众多科技元素和手段，将创新发挥得淋漓尽致。园内一年四季花草旺盛，而且还有历代以来的奇珍异宝，众多造型优美的古建筑群落、世界各地的建筑集锦、高品质科技文化项目都给景区赋予一种前所未有的规格和体验。这个全新的景区，却又不单单是个欣赏游玩的地方，在这里有最新最高端的文化和科技融合的产品，是我国全新文化产物集结的场所。从浙江横店发展经验来看，培养企业家的自觉意识、优化历史文化资源、建立文化科技品牌项目、推广扩大项目影响力，形成产业集聚力以带动产业的发展，引进高新技术，培养一批青年骨干的文化科技创新团队等是推进文化与科技融合的重要路径。[①]

（3）武汉东湖国家级文化和科技融合示范基地。2012 年，武汉市被科技部、中宣部等五部委联合认定为首批 16 家国家级文化和科技融合示范基地之一。[②] 该基地的特色是以数字技术和移动互联网为核心，打造数字创意领域基础层、技术层、应用层的新技术、新模式、新业态。为了更好推动"基地"建设，武汉成立了以市长为组长，5 位市领导为副组长，22 个市直部门主要负责人为成员的领导小组，建立了文化和科技融合部门联席会议制度，协调相关重大事项。以此为契机，武汉构建了以东湖国家自主创新示范区为核心区的"一区多园"示范体系，按照"一区一特、一区多特"的原则打造多个文化与科技融合的园区。按照"一区多园"的总体布局，着力实施数字出版产业发展、民族文化科技保护、文化演艺产业发展、高新技术博览服务、多语言云翻译、文化科技创新人才培养等示范工程，努力将示范基地打造成国家文化科技创新的智力密集区、资本聚合区、产业集聚区、引领示范区。武汉东湖国家级文化和科技融合示范基地内拥有华中国家数字出版产业基地、光谷创意产业园等 20 多个文化创意产业园区，武汉光电国家实验室、国家多媒体软件工程技术研究中心、国家文化创新研究中心等多个文化技术创新平台，基地总产值 3348.90 亿元。[③]

武汉通过实施示范工程，包括建设文化科技创新研究院、推动关键共性技术攻关、加强企业自主创新能力建设、建设文化与科技创新战略联盟等，提升文化与科技融合的创新自主力。同时，武汉出台了《关于推进文化科技创新、加快文

---

① 林晶：《福州市文化与科技融合发展研究》，福建师范大学硕士论文 2017 年。

② 倪玲连、施勇峰：《推进文化和科技融合的实践与对策研究——以深圳、杭州、武汉为例》，载《科技通报》2015 年 6 月 30 日。

③ 《首批 16 家国家级文化和科技融合示范基地》，载《光明日报》2012 年 5 月 21 日。

化和科技融合发展的意见》和《武汉国家级文化和科技融合示范基地建设实施方案（2012～2015）》，对推进基地建设进行了整体部署。① 从2013年起，武汉市每年安排超过2亿元的文化产业发展专项资金，推动文化与科技融合发展。据报道，武汉东湖高新区获得2019年度国家科学技术奖励5项，这充分反映了东湖高新区的自主创新能力和综合创新实力。截止到2019年底，东湖高新区已有2家互联网百强，独角兽企业达到6家，潜在独角兽企业达21家。同时，共有86家知名互联网企业相继在光谷设立总部或第二总部，相较于2017年实现近2倍增长。② 武汉光谷用自主创新引领产业发展，以创新创造发展新机遇。目前，光谷形成了光电子信息、生物医药、节能环保、高端装备制造、现代服务业5个千亿级产业，带动集成电路与半导体显示、数字经济两个新兴产业蓬勃发展。同时，政府不断加大财政支持力度，支持相关企业做大做强。2017年，光谷共为117家企业提供了3216.64万元补贴支持。2018年，政策支持108家相关企业3163.48万元。两年来，光谷通过财政资金撬动文化科技重点企业纳税总额27.8亿元。预计到2021年，光谷将力争规模以上文化企业营收超过1000亿元，文化产业增加值突破300亿元，文化产业增加值占GDP比重突破10%。③

二、信息技术与制造业的融合

（一）信息技术与制造业融合的客观必然性和现实要求

一般来说，信息技术是指在信息的产生、获取、存储、传递、处理、显示和使用等方面能够扩展人的信息器官功能的技术。随着人们对客观世界的认识和控制能力的提高，信息技术也不断从低级向高级层次发展。现代社会科学技术日新月异，现代信息技术已经发展成为一门综合性很强的高技术。它以通信、电子、计算机、自动化和广电等技术为基础，已成为城市、存储、转化和加工图像、文字、声音及数字信息的所有现代高技术的总称。追求信息化就要大力发展信息产业，推动信息产业向各个产业的渗透，而制造业又是工业的重要组成部分，因此研究两化融合，重点就是研究信息产业和制造业的融合。

---

① 倪玲连、施勇峰：《推进文化和科技融合的实践与对策研究——以深圳、杭州、武汉为例》，载《科技通报》2015年6月30日。

② 《2019年光谷互联网＋：新场景、新业态、新未来，10万逾从业者超2800家企业重新定义产业生态》，猎云网，2020年1月16日，https：//baijiahao.baidu.com/s？id＝1655893629023360016&wfr＝spider&for＝pc。

③ 李佳：《三年1000亿！光谷定下文化产业发展"小目标"》，载《长江日报》2019年8月14日。

为了有效地应对经济社会发展面临的挑战,我国发布了《中国制造2025》,这是我国实施"制造强国"战略第一个十年的行动纲领,[①] 确定了推动我国工业向数字化、智能化的新一代制造业升级的战略方向。这一"战略"纲领的关键是通过新一代信息技术与制造业的深度融合来培育新的产业发展模式和业态,增强企业创新活力,推动我国制造业向数字化、智能化的方向转型升级,从而奠定新的竞争优势基础。"十三五"规划中指出要实施《中国制造2025》,引导制造业朝着分工细化、协作紧密方向发展,促进信息技术与制造业各环节的融合,推动生产方式向柔性、智能、精细转变,加速从"传统制造"向"中国智造"转变。2016 年《政府工作报告》指出要深入推进"中国制造 + 互联网",建设国家级制造业创新新平台,促进制造业升级,这都凸显了"互联网 +"背景下制造业升级的重要性。"互联网 + 制造业"是实现制造强国的必然选择,"中国制造2025"与"互联网 +"融合已成为我国制造业实现转型升级的必由之路。[②]

当前,互联网与制造业的创新融合成为制造业转型升级的引擎,如上汽阿里互联网汽车产品设计创意众包平台、海尔的"互联网工厂"、沈阳机床集团的 i5 数控系统等。如何以新一代信息技术与制造业深度融合为契机,抓住机遇促进制造业升级,实现制造业强国战略,成为政府、企业和学术界普遍关注的问题。以互联网为代表的新一代信息技术日益成为决定产业发展格局和方向的主导力量,而且随着新一代信息技术加速融入产业发展的各个领域和环节,正不断重塑产业的生态链和价值链,引发新一轮产业革命。[③] 新一代信息技术迫切要求加速转变生产方式,如云计算、大数据、工业机器人和5G 技术等的广泛应用,智能化浪潮由线上向线下奔涌,深刻改变了制造业的技术和产业演进路线,智能制造成为新型生产方式。[④] 数字技术开始由消费领域向生产领域、由虚拟经济向实体经济延伸,加快与传统产业的融合。从智能化改造,到搭建工业互联网平台,再到建设数字化车间,无人工厂、智能工厂等,智能制造成为传统制造行业转型升级的破题之举。[⑤]

(二)信息技术与制造业融合呈现出的特点

"两化融合发展",就是用云计算、大数据、物联网、人工智能等技术引领工

---

① 安晖:《工业4.0:核心、启示与应对建议》,载《国家治理》2015 年第 23 期。

② 纪玉俊、张彦彦:《互联网 + 背景下的制造业升级:机理及测度》,载《中国科技论坛》2017 年第 3 期,第 50 ~ 56 页。

③ 纪玉俊等:《互联网 + 背景下的制造业升级:机理及测度》,载《中国科技论坛》2017 年第 3 期,第 50 ~ 56 页。

④ 冯云卿、张洪国:《"中国制造2025"和"互联网 +"的融合之路》,载《互联网经济》2016 年第 3 期,第 44 ~ 49 页。

⑤ 余建斌:《人民时评:智能化,释放发展新动能》,载《人民日报》2020 年 7 月 13 日。

业生产方式的变革,拉动工业经济的创新发展。目前,中国网民规模已超过9亿人,互联网普及率达64.5%,这为数字经济发展奠定了超大规模的市场基础。可以说,数字化将成为传统产业转型升级的"催化剂"。

数字化创新的特点。一是数字化创新包括一系列创新结果,如新产品、平台、新的客户体验服务以及其他价值途径,只要通过使用数字化技术和数字化流程实现这些成果,创新结果本身是不需要数字的。二是数字化创新包括广泛使用数字化工具和数字化技术基础,以使创新成为可能,如3D打印、数据分析、移动设备计算等。三是数字化创新包括可能会将结果扩散、吸收或适应于特定使用环境的可能性,如典型数字平台经验的使用。[①]

制造业是我国经济社会发展的根基,是推动经济提质增效升级的主战场。但近年来,我国国内制造业的土地、劳动力、能源等基本要素的低成本红利即将耗尽,制造业的相对优势渐失。基于此,我国便提出了"中国制造2025"。"中国制造2025"的核心是创新驱动发展,其主线是以新一代信息通信技术与制造业的深度融合,主攻方向为智能制造。智能制造企业包含了三个维度的"智能化":产品的智能化、生产制造的智能化、企业的智能化。发展智能制造不仅是我国产业转型升级的突破口,也是重塑制造业竞争优势的新引擎。[②] 智能制造是以新一代信息技术为基础,配合新能源、新材料、新工艺,贯彻设计、生产、管理、服务等制造活动各个环节,具有信息深度自感知、智慧优化自决策、精准控制自执行等功能的先进制造过程、系统与模式的总称。[③] 新一轮工业革命的核心技术是智能制造,它是制造业数字化网络化智能化的突破口。智能制造的特点表现在以下方面:一是互联,即要把设备、生产线、工厂、供应商、产品和客户紧密地联系在一起。二是数字化,工业4.0连接的是产品数据、设备数据、研发数据、工业链数据、运营数据、管理数据、销售数据及消费者数据等。三是集成,通过智能网络的数字化相关处理,使人与人、机器与机器及服务于服务之间,能够形成一个互联,从而实现横向、纵向以及端到端的高度集成。[④] 四是创新。工业4.0的实施过程是制造业创新发展的过程,制造技术、产品、模式、业态、组织等方面的创新,将层出不穷,从技术创新到产品创新、模式创新,再到业态创新,最后到组织创新。五是转型。对于中国的传统制造业而言,转型实际上是从传统的工厂,即2.0、3.0的工厂,转型到4.0的工厂。整个生产形态上,从大规模生

---

① 董建华、高英:《"中国制造2025"背景下的数字化创新管理》,载《企业经济》2019年第8期,第82页。

② 冯国华:《打造大数据驱动的智能制造业》,载《中国工业评论》2015年第4期,第38~42页。

③ 安琳:《发挥信息技术作用支撑智能制造发展》,载《中国电子报》2015年11月1日。

④ 冯芷艳等:《大数据背景下商务管理研究若干前沿课题》,载《管理科学学报》2013年第1期,第1~5页。

产到通过数字化分析后转向的个性化定制。实际上，整个生产的工厂更加柔性化、个性化、定制化，也高度数字化。①

（三）信息技术与制造业融合发展的现实状况

推进信息化和工业化融合是党中央、国务院一以贯之的战略部署，推进大数据与实体经济深度融合发展是实现经济高质量发展的必由之路。② 制造业是实体经济的主体，是技术创新的主战场，是现代工业化和现代信息化的主导力量。在各方面的共同努力下，我国"两化"融合向更高水平更深层次持续迈进，在加速产业数字化转型、助力经济高质量发展等方面成效显著。

1. 湖南省大数据与实体经济深度融合发展案例。制造业是实体经济的主体，是技术创新的主战场，是实现工业化和现代化的主导力量。为了贯彻落实党的十九大精神，在国家《促进大数据发展行动政策》《大数据产业发展规划（2016 ~ 2020)》等政策引领下，湖南省政府和各地市县政府高度重视大数据发展，使全省移动互联网、工业互联网产业及"两化"融合取得了较好的成效。特别是"两化"融合发展取得了新发展。③

"两化融合"建设成效。一是推进了企业"两化融合"管理体系贯标对标。2014 ~ 2017 湖南省共有 50 家企业被列为工信部"两化融合"管理体系贯标试点。截至 2017 年 7 月底，全省组织参与"两化融合"评估诊断和对标的企业数达 7151 家，排全国第三位。二是加快了企业"两化融合"对接服务建设。组建互联网服务商联盟，开展联盟企业"互联网 + 特色产业"对接，推动国际国内的信息技术与企业与省内工业企业开展合作对接。加快推动公共服务平台建设，构建了物流公共信息服务平台等一批信息化公共服务平台。三是加快了企业"两化融合"软件开发。湖南在机械装备、轨道交通、钢铁冶金、智慧能源等领域软件开发应用的支撑和带动作用不断增强。四是加快了典型普遍服务试点工程实施。④

智能制造工程取得的成就。湖南省智能制造工程取得了新进展。一是制定实施了《湖南省智能制造工程专项行动计划》等政策文件，明确了全省推进智能制造工程的基本思路、主要目标、突破重点和重点举措。二是实施了一批智能制造示范试点。截至 2017 年底，全省已有三一集团、华曙高科等 9 家企业列入全国智能制造试点示范，21 个国家智能制造专项项目；2015 ~ 2017 年，全省先后认定了省级智能制造示范企业 25 家、示范车间 20 个，涵盖了工程机械、轨道交

---

① 董建华、高英：《"中国制造 2025"背景下的数字化创新管理》，载《企业经济》2019 年第 8 期，第 77 ~ 78 页。

②③④ 郭广军等：《湖南省大数据与实体经济深度融合发展路径研究》，载《湖南工业大学学报（社会科学版)》2019 年第 10 期，第 62 ~ 63 页。

通、汽车、家纺、食品等行业领域。三是打造了一批智能制造服务平台。①

　　尽管湖南省大数据与实体经济取得了一定成绩，但也存在着融合发展的专门资金支持和产业链培育不足，工业互联网技术职称能力薄弱、服务水平不高、产业生态不完善、融合发展不足等问题。要想加快大数据与实体经济融合发展，②必须加快融合的体制机制建设，加快推动互联网平台建设和大数据产业集群融合发展。

　　2. 河南新一代信息技术与制造业的融合发展案例。改革开放以来，河南制造业取得了长足发展，总量规模跃居全国前列，已经发展成为全国重要的制造业大省，成功实现了由农业大省向新兴工业大省的历史性转变。为了在新一轮制造业竞争中抢占新的制高点，河南省努力抓住新一代信息技术革命促进制造业转型升级的历史机遇，加快先进制造业强省建设步伐，深入推进新一代信息技术与制造业融合发展。

　　2016 年 10 月 8 日，河南省申报的国家大数据综合实验区获批，并凭借这个资源优势加大国家物联网重大应用示范点建设。大数据不仅能够迅速衍生为新兴信息产业，还可与电子商务、社交网络、智慧城市等新兴商业应用深度融合，加快传统产业转型升级，信息时代里"大数据"已成为重要的战略资源。

　　河南在推进新一代信息技术与制造业融合发展方面培育了一批示范引领型企业，探索积累了一批可复制、可推广、可应用的成功经验。一是规划引领。目标明确。紧紧围绕现金制造业强省的战略目标，抓住新一轮信息技术发展机遇，深入推进信息技术与制造业融合发展。主线清晰。以新一代信息技术与制造业融合发展为主线，推动新一代信息技术在制造业全产业链、全生命周期中的广泛应用。促进互联。通过设备与设备的互联，形成智能化的生产链，以不同的智能化生产链组建智能车间，以智能车间互联打造智能工厂；通过设备与产品互联，实现物料产品与生产设备、生产设备与产成品之间的互联，推动生产过程的智能决策；通过产品与客户的关联，更好地适应新时代个性化消费需求的发展趋势。构建多维智能制造体系。深化新一代信息技术在制造业研发、生产、管理、服务等领域的应用，从产品、生产、模式、基础配套等四个维度系统推进。加快制造转型。即推进发展动力转换，加快由资源要素驱动型向信息技术驱动型转型；推进产品结构优化升级，加快由批量化的产品生产向定制化的产品生产转型；推进产业价值链再造，加快由生产型制造向服务型制造转型；推进发展质量提档，加快由"河南制造"向"河南智造"转型。二是战略导向。创新驱动发展，加强自

---

①　郭广军等：《湖南省大数据与实体经济深度融合发展路径研究》，载《湖南工业大学学报（社会科学版）》2019 年第 10 期，第 64 页。

②　郭广军等：《湖南省大数据与实体经济深度融合发展路径研究》，载《湖南工业大学学报（社会科学版）》2019 年第 10 期，第 62～63 页。

主创新力度，抢占信息技术创新制高点，着力构建适应时代跨界创新、融合创新和迭代创新的体制机制，提升融合发展水平。龙头示范引领，筛选一批龙头骨干企业进行融合发展示范试点，着力在重点行业、关键技术领域形成一批示范经验和典型模式，引领带动信息技术与制造业融合发展。平台功能提升。加快建设工业互联网平台、云制造平台、大数据平台、工业电子商务平台等，① 增强平台服务功能和运营能力，提升融合发展水平，促进经济新业态发展。加大开放力度，加强与国内外信息技术龙头企业、制造业龙头企业合作，整合国内外创新资源，提高创新能力，提升制造业信息化发展水平。三是重点任务明确。从完善信息网络化设施、提升融合创新能力、培育多元化融合发展模式、加大示范引领、强化要素保障等方面，加快推进信息技术与制造业深度融合发展。②

三、产业与教育深度融合

（一）产教融合的内涵和功能

自 20 世纪 90 年代，国务院的相关政策即开始使用"校企合作""产学合作""产教结合""产教融合"等诸多表达方式，③ 这些意涵的表达不断发展变化逐渐形成共识，即"产教融合"。"产"是产业的简称，相应地，"教"是教育的简称，产、教是两个不同的国民经济部门。至于什么是"产教融合"，到目前还没有一个明确的定义。早期对产和教的研究，主要是强调职业教育与产业的深度融合。2014 年，国务院出台《关于加快发展现代职业教育的决定》，将"产教融合，特色办学"作为加快发展现代职业教育的基本要求之一。④ 为顺应社会经济高速发展对应用型技术人才的迫切需要，教育界和企业界都加强对"产教融合"的探索研究。根据近年来学者们的研究，产教融合的内涵有更深入的认识，其内涵主要表现在两个方面：一是合作的主体不断拓宽、多样化；二是合作的关系层次和内涵由浅层次、单一的合作走向深入、全方面的融合。⑤ 产教融合是一个过程，从人才培育模式到校企合作关系，再发展到教育与生产交叉制度的演变⑥；

---

①② 胡美林：《河南：新一代信息技术与制造业的融合发展》，载《开放导报》2019 年第 10 期，第 62~67 页。

③ 黎青青、王珍珍：《产教融合关键问题研究综述及展望》，载《教育科学论坛》2019 年 7 月 30 日。

④ 张云、郭炳宇：《拥抱行业：跨入深度产教融合 2.0 时代》，载《中国高等教育》2017 年 11 月 18 日。

⑤ 王丹中：《基点·形态·本质：产教融合的内涵分析》，载《职教论坛》2014 年第 35 期，第 79~82 页。

⑥ 李玉珠：《产教融合制度及影响因素分析》，载《职教论坛》2017 年第 13 期，第 24~28 页。

进而强调推进价值链、创新链与教育链、人才链的有机衔接，促进人才培养和产业发展要素全方位融合，打造政府、企业、学校和社会组织的"四位一体"的发展体系。① 实践证明，加强校企合作，通过不断拓展企业与学校的合作形式、提高合作层次、提升合作质量和效益，推进产教融合发展。产教融合对整个教育、生产和国家的经济及社会发展都具有直接且深远的影响。② 产教融合不仅能加快经济发展方式转变、推动产业结构优化升级，而且能提高应用型人才培养的质量，更好地服务国家和地方经济社会发展的需要。

（二）校企合作是目的，产教融合是结果

企业参与产教活动。产教融合对企业的吸引：能为企业提供人力资源及学习培训，提高企业劳动者素质，激发企业生产活动中最重要的因素；能为企业提供技术研发和服务，提高企业自主创新能力和核心竞争力；能为企业发展营造良好的内外部文化和政策环境，夯实企业持续发展的实力。那企业该作出怎么样的投资决策呢？加强人力资本投入，参与高等院校应用型人才培养过程，参与科研院所技术服务研发；加强基础设施建设资金投入，建设高校学生实训基地，建设相关研究实验室，加强基础项目、相关科研项目攻关。③

产教融合的时代特征。过去的产教融合主要集教育教学、生产劳动、素质养成、技能历练、社会服务于一体，以行业人才需求为导向，培养具有创新能力的应用型技术技能人才。④ 进入 21 世纪来，中国教育面向教育现代化，产教融合发展迈入新阶段，把教育当作产业来发展，产业与教育深度融合发展。产教融合的核心是技术驱动、服务创新。技术是教育创新的工具，采用先进的技术手段构筑打造产教深度融合。技术是服务产业的内在驱动力，技术创新是高等学校推动专业建设、一流学科建设的关键要素。教育技术创新呼唤信息技术与教育的互动融合，呼唤技术与教育协同发展。⑤

以"双创"服务引领产教融合。高等学校是创新创业人才的培养基地，其任务就是要培育既能适应经济社会发展、又能引领经济社会发展的实用型高素质人才。⑥ 高等学校不仅通过传播知识、科技、文化，培养适应经济发展需要的人才，而且还通过创造知识、创新科技，不断向社会输送新知识、新成果，培养引领经济社会前行的"双创型"人才。⑦

现代信息技术与教育实现深度融合。新时代，新需求。为了加快建设"人人

---

① 李克：《吉林省深化产教融合：现状、问题及政策建议》，载《税务与经济》2018 年第 5 期，第 103～106 页。

② 黎青青、王珍珍：《产教融合关键问题研究综述及展望》，载《教育科学论坛》2019 年 7 月 30 日。

③④⑤⑥⑦ 张云等：《拥抱行业：跨入深度产教融合 2.0 时代》，载《中国高等教育》2017 年第 22 期，第 46～48 页。

皆学、处处能学、时时可学"的学习型社会服务，教育施教者必须充分利用5G、人工智能等现代信息技术，推进信息技术与教育教学深度融合，整合共享全国优质教育资源，让更多学习者受益。2019 年 9 月 30 日，经国务院批准，教育部等十一部门联合印发的《关于促进在线教育健康发展的指导意见》提出，到 2022 年"现代信息技术与教育实现深度融合，网络化、数字化、个性化、终身化的教育体系初步构建，学习型社会建设取得重要进展"的发展目标。[①] 在 2019～2020 年疫情防控当下，各地教育部门和学校积极开展"停课不停教、不停学"工作。"线上教学""云课堂"成为抗击疫情的重要一招。通过"云课堂"提供的学习资源，学生们可以居家学习。数据显示，截止到 2020 年 4 月 3 日，全国在线开学的普遍高校 1454 所，95 万余名教师开设 94.2 万门、713.3 万门次在线课程，参加在线课程学习的学生达 11.8 亿人次。[②] 在线教育成为各大中小学及干部教育培训的重要选择。因此，必须寻求更优质的在线教育资源。

　　在线教育，改变的是教育方式，不变的是教育本质。在线教育是教育服务的组成部分，鼓励社会力量举办在线教育机构，支持互联网企业与在线教育机构充分挖掘新兴教育需求，满足多样化教育需求。[③] 疫情防控期间，几乎所有在线教育企业都加大推广力度，推出多样的免费在线学习课程和免费科研资源。推动学校加大在线教育资源的研发和共享力度。形式多样因课施教。以中南财经政法大学为例，疫情防控当下，通过 BB 网络教学平台安排学习计划、上传学习资料、发布学习信息、布置学习任务等，结合运用 QQ、微信等网络手段指导学生自学，并进行辅导答疑；同时鼓励教师利用慕课、SPOC 平台和雨课堂等开展不同形式的网络教学。从 2020 年 2 月 17 日起，全校共有 1808 门次课程依托学校 BB 平台、雨课堂、超星直播课堂、企业微信会议系统、QQ 群等各类网络平台，通过发布预习内容、录制讲解小视频、开展讲解答疑、组织讨论等多种形式开展网上教学活动。这不仅能够满足个性化学习需求，而且能激发学生的学生热情、丰富学校的课程内容。当然，在线教学需要排除各种网络技术故障，因此，必须提高信息化建设，信息管理部门必须实时跟踪教学过程动态，为线上教学提供技术服务，并把技术手段融入教学设计中、融通到教学活动中，让教、学、技融为一体。2020 年，湖北四所高校采用"高级远程考试系统——羊驼考务"进行研究生复试工作。5 月 12～19 日，中南财经政法大学顺利完成 382 场次、3500 名研究生"云复试"考核，对参加远程复试有困难的考生做好技术兜底保障。在线教育好比是一道考题，要做好这道题不仅需要技术，更需要有责任心的教育教学参与者、实践者。

---

① 黄蔚等：《用信息技术支撑"互联网＋大学"转型发展》，载《中国教育报》2019 年 10 月 12 日。
② 孙建昌：《新论：推动在线教育行稳致远》，载《人民日报》2020 年 7 月 17 日。
③ 《在线学习成刚需"停课不停学"面临什么挑战》，载《中国青年报》2020 年 2 月 4 日。

促进学科交叉融合，进一步提高教育质量。人工智能、大数据等新一轮科技革命，正在对经济发展、社会进步、环境保护等方面产生重大深远影响。面对新时代、适应新需求，必须主动进行新变革。2020 年 2 月 24 日，教育部、国家发展改革委、财政部印发《关于"双一流"建设高校促进学科融合加快人工智能领域研究生培养的若干意见》的通知，① 秉持需求导向、引用驱动，项目牵引、多元支持，跨界融合、精准培养的基本原则，加快推进"双一流"建设。"双一流"建设需要高水平的、一流的发展平台。因此，要设立产教融合创新平台。依托"双一流"建设高校，建设国家人工智能产教融合创新平台，在人工智能发展所面临的问题和前进道路上，实行产教融合和加强科研发展的力度，强化课程体系、计算机平台、实验环境等条件建设。加强校企合作。鼓励企业参与学校共建。在资金、项目等方面优先支持。支持高校、科研院所、产业联盟和骨干企业、新型研发机构等合作建设面向重大研究方向或重点行业应用的人工智能开放创新平台、应用场景平台、联合实验室（技术研发中心）和实训基地，共建示范性人工智能学院或研究院。引导学生以企业实际问题开展创新创业实践。加强大数据管理与应用。其目的就是要培养学生系统性思维、行业前瞻性理念，适应经济、社会及科技发展需要，掌握大数据管理技术与方法，开展创新性应用性研究。

（三）产教融合发展的实践

1. 美国硅谷产教融合发展的实践。美国产教融合发展的代表性高校及地区有斯坦福大学、哈佛大学、麻省理工学院等高校，对硅谷、波士顿乃至整个美国经济、科技、社会的发展都做出了巨大的贡献。② 美国硅谷地区有最好的大学，特别是斯坦福大学、伯克利分校、加州大学旧金山分校、圣何塞州立大学、旧金山州立大学等一批优秀学府，把科研、教学、产品创新融合在一起。硅谷经过几十年的发展逐步形成了成熟的生态环境，吸引了来自世界各国（包括中国、印度、俄罗斯）的优秀和卓越人才，吸引了上千亿美元的投资，创造了无数高科技创新公司。大学勇于承担使命，将大学科学研究与学生毕业后的创新创业融合在一起。以斯坦福大学为例，该校为硅谷的兴起发挥了关键的作用。③ 斯坦福大学在成立初期，为了解决办学经费问题，弗里德里克·特尔曼（Frederick Terman）教授提出建立斯坦福科技园，对外出租斯坦福拥有的土地资源。这一措施不但吸引了柯达公司、通用电气公司、惠普公司等世界知名公司进驻科技园，为学校筹

---

① 《扩大人工智能研究生培养规模》，载《光明日报》2020 年 3 月 4 日。

② 牛士华等：《产教深度融合的国内外实践借鉴与启示》，载《现代企业》2016 年第 4 期，第 66 ~ 67 页。

③ 杨壮：《中国企业到底应该向硅谷学什么》，载《商业评论》2015 年第 10 期。

集了办学所需经费，而且为斯坦福大学的快速发展奠定了良好基础，促成了美国高科技集聚地——硅谷的形成。斯坦福大学的教育教学、科学研究和社区生活都与硅谷紧密地融合在一起。这种深度融合，不仅解决了大学自身经费不足的难题，而且也为大学提供了培养高技术人才的市场导向，为硅谷源源不断地注入新的科学技术和创新能力。斯坦福大学与硅谷的这种协同融合发展的模式为双方的未来发展创造了更为广阔的空间。斯坦福大学对教授办公司非常支持，只要教师完成了学校规定的教学、科研任务，就可以到公司兼职或创办自己的公司。斯坦福大学校长约翰·汉尼斯（John Hennessy）在发明了 MIPS 后，便合伙创办了公司，在此后的几年时间里将主要精力投入到公司运营中。几年后，公司在纳斯达克上市，后期将公司出售给 SGI 公司后，约翰·汉尼斯（John Hennessy）又回到斯坦福大学担任工学院院长，并于 2000 年起担任斯坦福大学的校长至今。斯坦福大学与硅谷的协同融合发展成为城市与高校合作发展的典范。[1] 美国硅谷地区的大学吸引和培养了大量的科技人才，满足了当地科技公司发展的需要，为科技创新公司的发展提供了动力；同时，硅谷的大学为当地科技创新型产业输入了大量尖端的科技发明和技术，并且和企业开展了人才领域的紧密合作，产生了大量先进的科技创新成果。[2]

2. 北京中关村产教融合发展的实践。北京市全国科技资源最集中的地区，中关村是我国科教智力和人才资源最为密集的区域，拥有北京大学、清华大学等知名高校 40 余所，中国科学院等科研院所 200 余家，国家级重点实验室 67 个，国家工程研究中心、国家工程技术研究中心、大学科技园等各近 30 家，留学人员创业园 30 余家。目前，中关村聚集了联想等高新技术企业近 2 万家，形成了以移动互联网等优势产业集群以及集成电路等产业集群为代表的高新技术产业集群和高端发展的现代服务业，构建了"一区多园"各具特色的发展格局，成为首都跨行政区的高端产业功能区。[3]2018 年 5 月 26 日，中关村软件园发布"智汇中国"行动计划，目的就是以人才为核心，充分发动企业、高校、政府三方力量，促进产教融合、实现协同创新，培养高层次应用型人才。中关村芯学院瞄准解决集成电路人才短缺问题，致力于产教融合落在实处。2018 年北京市集成电路产业规模为 968.9 亿元，占全国销售收入（6531.4 亿元）的 14.8%。北京市 IC 智力资源密集区，有 400 余所科研院所，微电子领域的长江学者有 90 多人。[4] 2019 年，中关村国家自主创新示范区企业总收入达到 6.5 万亿元左右，实现同比增长

---

①③　牛士华等：《产教深度融合的国内外实践借鉴与启示》，载《现代企业》2016 年第 4 期，第 66～67 页。

②　董庆前、李治宇：《硅谷产教融合培养创新性国际人才措施和实践研究》，载《科技经济导刊》2019 年第 11 期，第 147 页。

④　《中国电子报》2019 年 9 月 26 日。

10% 以上。① 对首都北京经济增长的贡献率不断提升。2020 年 5 月 18 日，《中关村科学城北区发展行动计划》正式发布，该《计划》指出，"到 2025 年，在区域内的国家级高技术企业超过 5000 家，外资研发机构超过 80 家，新区企业总收入突破 1.5 万亿"。除了国家政策、基础设施建设等保障外，高校及科研院所对中关村的科技创新和快速发展提供了巨大的人才、科技支撑。高校与中关村乃至北京经济社会的发展实现了深度融合与共生协同发展。在高校与中关村的协同发展中，政府发挥的推动作用是两者实现合作发展的基础。②

3. 中国光谷产教融合发展的实践案例。创立于 1988 年的武汉东湖高新技术开发区，简称"东湖高新区"，别称"中国光谷"，即国家光电子产业基地。2013 年，习近平总书记考察了光谷，作出了经济社会发展的重要指示并给予了充分的肯定：一是光谷科技成果转化效果明显；二是围绕改革做了不少文章；三是光谷与大学结合紧密，光谷的研究机构多，科技人才比较多，有自主创新成果，科技成果转化较好；四是光谷的产业特色明显，尤其在光电子产业方面特色鲜明。③ "教育无法产业化，但教育服务可以产业化"，武汉光谷自身的腹地辐射、高铁经济、科技根基、人才密集、成本优势、政策友好等 6 大基因，为光谷互联网教育产业带来前所未有的发展机遇。光谷教育把学校办在家门口，早在 2004 年，东湖高新区率先提出了"产城融合"的概念，决定投资自建学校，提升光谷教育质量。

目前，光谷集聚了 4 名诺贝尔奖得主、58 名中外院士等为代表的大批高端人才，重点打造光电、生物等 8 家专业工研院和联影医疗、高德红外等 2 家企业工研院，建成了一批大学科技园和 60 家孵化器、103 家众创空间，每年吸引 20 多万科技人员创新创业，日均新增科技型企业 98 家。④

---

① 《中关村示范区企业总收入约达 6.5 万亿元》，中国新闻网，2020 年 1 月 12 日，http：//www. chinadevelopment. com. cn/news/zj/2020/01/1600522. shtml。

② 牛士华等：《产教深度融合的国内外实践借鉴与启示》，载《现代企业》2016 年第 4 期，第 66 ~ 67 页。

③ 刘德明：《"光联万物"：未来的"互联网＋"世界》，载《人民论坛·学术前沿》2016 年 9 月 1 日。

④ 徐佩玉：《武汉：打造世界的光谷》，载《人民日报（海外版）》2019 年 9 月 3 日。

第六章

生态文明建设与经济建设融合
发展的实践路径（下）

第一节 城乡融合发展

党的十九大报告重新界定和调整了中国经济社会发展的历史方位和航标，指出中国已经进入了一个新时代，其社会主要矛盾已经转化为人民日益增长的美好生活需要和不平衡不充分的发展之间的矛盾。这当中最为突出和明显的不平衡不充分最集中地体现在农村，表现在农民和农业上，当然解决这一矛盾最主要的对象是农民。[①] 针对城乡之间的发展不平衡问题，十九大报告明确提出实施乡村振兴战略，"按照产业兴旺、生态宜居、乡风文明、治理有效、生活富裕的总体要求，建立健全城乡融合发展的体制机制和政策体系，加快推进农业农村现代化。"[②] 农业农村现代化是全面现代化的重要支撑和体现，同时也是全面现代化的薄弱环节和难点。

一、城乡关系发展的演进、继承与升华

城乡关系反映的是一个国家或地区的城市与乡村二元社会经济结构的基本关系。[③] 我国根据生产力发展水平适时调整经济发展战略，城乡关系发展呈现出不同阶段特点。中国共产党人一直不断探索对城乡关系的认识并及时作出相应战略部署。从党的十六大提出："统筹城乡经济社会发展"，到十七大明确"以工促农、以城带乡"的实践路径，到十八大深刻阐述的"以工促农，以城带乡，工农

---

① 李人庆：《找准城乡融合发力点》，载《中国发展观察》2017 年 12 月 5 日。
② 习近平：《决胜全面建成小康社会　夺取新时代中国特色社会主义伟大胜利》，载《人民日报》2017 年 10 月 28 日。
③ 刘彦随：《中国新时代城乡融合与乡村振兴》，载《地理学报》2018 年第 4 期，第 638 页。

互惠，城乡一体的新型工农城乡关系"，再到十九大提出"城乡融合发展"，体现了我国经济社会发展战略的不断深化，标志着我国现代化进程从"城乡统筹发展"进入"城乡融合发展"的新阶段。① 学术界对城乡关系的相关理论研究也日益增加，研究热点由城镇化问题、"三农"发展、农民工生存状况、城乡边缘区发展，到"城乡分割""城乡一体化"，再转向城乡融合。

从中国知网研究文献可知，"城乡一体化"最早出现在 1984 年 12 月《求索》杂志刊登陈城《是社会主义城市化，还是城乡一体化》文章，从 2003 年开始研究文献逐渐增多，特别在 2011～2017 年研究文献很密集，每年都有上千篇论文涉及该议题。城乡一体化概念的出现与改革开放初期苏南地区发展模式得到中央和社会各界的一直肯定有关。21 世纪以来，党中央结合我国发展实际，对城乡关系不断作出调整。党的十六大提出："统筹城乡经济社会发展，建设现代农业，发展农村经济，增加农民收入，是全面建设小康社会的重大任务。"② 这是党的文件中最早提出的统筹城乡发展，实现"工业反哺农业、城市支持农村"的历史性转变，并通过采取农业税费减免、新农村建设和推进农业现代化等措施支持农业与农村发展。习近平同志在主政浙江期间指出"浙江已全面进入以工补农，以城带乡的新阶段"，作出"统筹城乡兴'三农'""推进城市化要以城乡一体化为导向"等科学论断，亲自部署"千村示范，万村整治"等重要工程，探索推进"三位一体"合作经济发展等农业农村重大改革。③ 党的十七大报告提出"建立以工促农、以城带乡长效机制，城乡经济社会发展一体化"的基础上，党的十八大强调实施新型城镇化发展战略，持续推进城乡发展一体化，④ 对此，习近平总书记指出，"深入推进新型城镇化建设，要坚持'创新、协调、绿色、开放、共享'五大发展理念，勇于推动'三农'工作理论创新、实践创新、制度创新"。习近平在党的十八届三中全会上明确指出，"城乡二元结构没有根本改变，城乡发展差距不断拉大趋势没有根本扭转。这些问题要想得到根本解决，必须推进城乡发展一体化"。⑤

"城乡统筹"截至 2019 年 12 月底，有 5238 篇文献，1990 年《农业现代化研究》上刊登的《劳动部开始关注农村就业问题需要城乡统筹多方配合探索新路》一文，开始探索研究城乡统筹问题，从 2003 年开始研究文献逐年增多，2011～2012 年，每年有上百篇左右的论文涉及该议题。这些充分表明"城乡统

---

① 李凤强：《城乡融合发展是现代化进程的新阶段》，载《实践·党的教育版》2018 年第 1 期，第 18 页。

② 江泽民：《全面建设小康社会，开创中国特色社会主义事业新局面》，引自《改革开放三十年重要文献选编》（下册），中央文献出版社 2008 年版，第 1251 页。

③ 习近平：《习近平总书记"三农"思想在浙江的形成与实践》，载《人民日报》2018 年 1 月 21 日。

④ 陈润儿：《加快推进城乡发展一体化》，载《人民日报》2015 年 7 月 21 日。

⑤ 《十八大以来重要文献选编》（上），中央文献出版社 2014 年版，第 503 页。

筹"是党的十七大报告着力强调的内容。城乡统筹是一种处理城乡关系的方式方法，至于城乡之间要达到一种什么目标，实现一种什么状态，则超出了城乡统筹的内涵，或者说当时有一个不言自明的目标，那就是城乡关系政策反向，由"农业为工业提供积累，农村支持城市"转变为"工业反哺农业，城市支持乡村"，从而来减小城乡差距，进而解决"三农"问题。

进入新时代，我国社会主要矛盾发生了改变，生产力水平由"落后的社会生产"转变为"不平衡不充分的发展"，这就为城乡融合发展奠定了物质基础。[1]"城乡融合"出现于党的十九大报告中。随后，学界的理论研究文献也不断增多。截至 2019 年 12 月底，点击中国知网"城乡融合"，最早是 1983 年《福建论坛》刊载的《初探马克思主义的城乡融合学说》文章，点击下载频次 337 次，关于此议题研究文章主要集中在 2018 年（736 篇）和 2019 年（685 篇）。这些文献大多围绕十九大报告提出的"乡村振兴战略和城乡融合发展理念"展开研究。一是进一步理清城市与乡村的关系。明确乡村与城市具有同等的战略地位，乡村不再从属于城市；"三农"工作回归"三农"本身，主要着眼于"三农"问题的解决，而不再主要服务于城市发展；农村再次成为改革的主要阵地，成为解决新时代我国社会主要矛盾的主战场，改革不再主要集中于城市。[2] 二是城乡融合是城乡关系的新方向。正确认识城乡和乡村的有机整体性，扬长避短、各取所长，特别是对农村农业的功能和形态进行突破。[3] 城乡融合发展涉及要素、城乡经济、城乡空间、基础设施建设、城乡公共服务、生态环境等多方面的融合。城乡要素融合，是指人、财、物实现双向自由流动，实现等值。城乡经济融合，是指产业形成优势互补、分工合理的有机体。城乡空间融合，是指城乡空间形态各取所长互相渗透，城市有美景与生态，乡村有便捷与现代。城乡基础设施建设融合，是指将城市的交通、通信、供电供水、科教、文化等相关设施向乡村蔓延，实现一体化。公共服务融合，是指加大农村基本公共服务投入，切实实现城乡教育、医疗、社会保障一体化。城乡生态环境融合，是指城乡物质、能量循环系统健全，乡村田园风光向城市渗透，城市环保理念向乡村拓展。[4] 三是城乡内部机制运行的规律性。既然城乡是一个有机整体，就必须让城乡资源要素对流畅通、产业联系紧密、功能互补互促，实现互通有无、相互交融、互相促进、协同发展、共同繁荣、共享发展成果，推动城乡之间的生产方式、生活方式以及生态环境向一体

---

① 姚毓春、梁梦宇：《城乡融合发展的政治经济学逻辑——以新中国 70 年的发展为考察》，载《求是学刊》2019 年 9 月 15 日。

② 许彩玲、李建建：《城乡融合发展的科学内涵与实现路径——基于马克思主义城乡关系理论的思考》，载《经济学家》2019 年 1 月 5 日。

③ 张锐：《城乡融合：乡村振兴的强劲驱动》，载《证券时报》2018 年 1 月 4 日。

④ 李爱民：《中国城乡融合发展的进程、问题与路径》，载《宏观经济研究》2019 年第 2 期，第 35～42 页。

化方向和谐发展，最终实现人的全面发展和人与自然的和谐相处。[1] 城乡融合发展不是以一方消灭兼并另一方的方式实现的，而是在保持各自主体性、自主性前提下的互补等值差异化发展。

综上所述，我们看到，城乡关系变化演进与生产力发展密切相关；城乡关系由不协调、不平衡转变为协调平衡需要政府力量推动、多部门联动；必须把城乡关系看成一个有机整体，实现城乡的全面融合发展。

二、新时代新矛盾决定城乡关系发展的新方向

社会主要矛盾是个十分重要的理论和实践问题。党的十九大报告指出，中国特色社会主义进入新时代，我国社会主要矛盾已经转化为人民日益增长的美好生活需要和不平衡不充分的发展之间的矛盾，所以，解决发展的不平衡不充分问题成为时代课题。

新时代新矛盾决定城乡关系新战略。在中国特色社会主义新时代里，"不平衡""不充分"的发展，在城乡之间表现得尤为突出。"如果农业落后、农村凋敝、贫困人口众多，'四化'不同步，这样的现代化不完整、不牢固。"习近平总书记指出："没有农业现代化，没有农村繁荣富强，没有农民安居乐业，国家现代化是不完整、不全面、不牢固的。中华民族的伟大复兴不能建立在农业基础薄弱、大而不强的地基上，不能建立在农村凋敝、城乡发展不平衡的洼地里，不能建立在农民贫困、城乡居民收入差距扩大的鸿沟间。"[2] 城乡融合发展立足于社会主要矛盾的解决，立足于解决城乡发展不平衡问题，这就要求城市和乡村必须协调发展，根据城乡社会经济发展的整体性和协调性特征来发展，发展过程必须遵循自然发展规律、社会经济发展规律。过去，在工业化、城镇化发展作用下，以满足人的基本生存及生活需求为目标，加速了生产要素向城镇集聚，生产力水平显著提升，但却忽视了农村基本公共服务、社会保障制度等，导致城乡居民在政治、经济、社会、文化和生态等诸多方面存在福利差异。城乡融合作为发展手段，能够通过提升农村生产力水平、缩小城乡发展差距和居民生活水平差距，化解城乡矛盾，奠定城乡居民共享发展成果、实现人全面自由发展的基础。在城乡关系层面，城乡居民共享发展成果是以人民为中心发展思想的本质要求。在城乡关系演进过程中，重视人的全面自由发展，是物的生产力提升人的生产力水平的质的规定。当生产力水平发展到一定程度，物质条件得到极大满足，人民

---

① 许彩玲等：《城乡融合发展的科学内涵与实现路径》，载《经济学家》2019 年第 1 期，第 98 页。

② 张祝祥：《坚持农业农村优先发展　谱写内蒙古乡村振兴新篇章》，载《理论研究》2018 年 8 月 25 日。

群众转向高层次精神文化需求，追求自我全面发展。①

城乡融合是城乡关系发展的新方向。"实施乡村振兴战略，推动城乡融合发展，既是解决现阶段我国社会主要矛盾的客观要求，也是建设现代化国家的必然要求。"② 新时代，消除城乡矛盾，必须转变过去"城市偏向"的发展思路，引导城乡共同发展，并重点发展乡村，振兴乡村。③乡村振兴是新时代我国农村开展的一场经济社会深刻变革，其决定性力量归根结底是农村生产方式的变革。人类社会的发展都是生产力与生产关系相互作用发展的结果，其矛盾运动贯穿城乡关系演进的整个历程。城乡融合发展标志着城乡关系发展进入一个高级阶段，是一种合乎规律的发展，体现了人类对城乡关系发展由"分离对立"到"趋向融合"的规律性认识。要想解决我国城市与乡村生产力发展不平衡的矛盾，必须把乡村发展置于城乡融合的框架中，通过城市与乡村在要素等各方面的融合来实现乡村振兴，乡村振兴过程也是城镇化充分发展的过程。要想实现城乡融合必须振兴农村，促进乡村资源要素与全国大市场相对接，释放出更多更可观的改革红利，也能够带经济社会持续发展。发达国家在城乡融合发展中有很多很好的经验。比如：英国的"中心村建设"，日本的"城乡综合开发计划"，韩国的"新村运动"等都对我国城乡融合发展有很好的启示。这些成功经验告诉我们，在城乡融合发展中必须做好城乡融合发展规划，缩小城乡硬件设施差异，加大人才培养力度。挖掘现有乡土实用人才，根据不同人才类型，为他们搭建展示和服务平台，加快《乡村振兴促进法》等法律法规立法进程，充分发挥合作组织作用。④城乡融合发展关键在"融"，到底怎么"融"呢？必须坚决破除体制机制弊端，推动人才、土地、资本等要素在城乡间双向自由流动、平等交换；加快推动新型工业化、信息化、城镇化、农业现代化同步发展，加快形成工农互促、城乡互补、全面融合、共同繁荣的新型工农城乡关系；⑤努力推动共同服务向农村延伸、社会事业向农村覆盖，加快推进城乡基本公共服务的标准化、均等化。

人的全面自由发展是城乡融合发展的现实指向。新时代，建立在物质生产力水平极大提升的基础上，城乡融合以缩小城乡发展差距和居民生活水平差距为基础价值追求，以城乡居民共享发展成果为最终价值追求，以实现人的全面自由发展为根本价值追求。⑥随着社会主要矛盾的变化，人民群众对美好生活的期待呈现为多样化和高品质，人们期盼有更好的教育、更稳定的工作、更满意的收入、更可靠的社会保障、更高水平的医疗卫生服务、更舒适的居住条件、更优美的环

①③⑥　姚毓春、梁梦宇：《城乡融合发展的政治经济学逻辑》，载《求是学刊》2019 年第 5 期，第 14～15 页。

②　李闻一：《乡村振兴战略下的城镇融合》，载《全球商业经典》2018 年 3 月 15 日。

④　张莹：《城乡融合发展的国际经验与启示》，载《中国城乡金融报》2010 年 1 月 1 日。

⑤　顾阳：《城乡融合发展关键在"融"》，载《经济日报》2019 年 5 月 6 日。

境、更丰富的精神文化生活。这种内蕴城乡生活要素全面性规定的美好生活，只能通过推动城乡融合发展才能实现，也只有城乡融合才能把城市和农村生活方式的优点结合起来，避免二者的片面性和缺点。要通过建立健全城乡融合发展的体制机制和政策体系，推动城乡规划布局、要素配置、产业发展、公共服务、生态保护等多个方面共同发展，充分发挥满足人们需要的城市功能和乡村功能。满足城乡人民对城乡美好生活的需要，体现了中国共产党人的初心和使命，为实现人的全面发展创造了物质条件。城乡居民可以平等地接受生产教育，可以依特长变换工种，每个人都可以在最合适的岗位、行业与区域从事劳动，人们可以平等享受发展成果，平等地获得人生出彩的机会，以使"社会全体成员的才能得到全面发展"。城乡劳动者是生产力发展的第一要素，推动"建设知识型、技能型、创新型劳动者大军"，进而提升劳动者能力；强调"弘扬劳模精神和工匠精神，营造劳动光荣的社会风尚和精益求精的敬业风气"，进而提振劳动者精神。多方面发展人的才能，体现了中国共产党人"依靠人民创造历史伟业"的观点，为实现人的全面发展夯实了能力基础。[1]

三、城乡融合发展不仅是社会问题，更是政治问题

城乡问题涉及经济、社会、政治、民主、环境等多个方面的内容，经济是基础，应当充分发挥经济的带动作用，实现城乡各个方面的协调统一均衡发展。在统筹推进中也需要多个部门的联动配合、深入推进。

（一）城乡融合发展关乎社会重大问题

"社会问题"潜在地可以说，是政治学、经济学、管理学等诸多社会科学的问题。从百度百科中可知，社会问题是影响社会成员健康生活，妨碍社会协调发展，引起社会大众普遍关注的一种社会失调现象。[2] 一般而言，人们往往从这三个方面界定社会问题：是否符合社会运行、发展的规律；是否影响社会成员的利益和生活；是否符合社会的主导价值标准和规范标准。[3] 在人类发展的历史长河中，不同时代有不同的社会问题。在当代，比较突出的社会问题是：人口问题、生态环境问题、城乡收入差距问题等。从这个意义上说，城市和乡村的融合发展是一个社会问题。农村在我国现代化发展进程中发挥着稳定器和蓄水池的作用。

---

① 高春花：《城乡融合发展的哲学追问》，载《光明日报》2018 年 10 月 22 日。

② 余乃忠：《社会管理模式检讨与"适切"原则——基于当代中国社会结构的亚稳态现状》，载《上海行政学院学报》2012 年 1 月 10 日。

③ 李素华：《社会公正：社会发展的核心价值和根本动力》，载《探索与争鸣》2005 年 5 月 20 日。

1997 年亚洲金融危机和 2008 年国际金融危机对我国经济特别是对外贸易产生较大影响，一些农民工因此失去就业岗位。但很多农民工选择返乡就业，所以并未出现社会问题。2019 年末至 2020 年初，由湖北、武汉引发的蔓延全国的新冠肺炎疫情，已经对并且还在继续对我国经济社会等领域，以及对社会各个层面、家庭和个人产生重大影响。党中央高度重视这场对人民生命健康带来直接危害的重大突发公共卫生事件，召开多次专题研讨会，积极应对危机。从宏观上来说，坚持疫情防控和积极发展两手抓，确保经济社会平稳运行；进一步采取降低税费和适度宽松货币政策，对特定地区和特定行业加大投资力度。从微观上来说，千方百计减轻疫情对企业的影响，对一些小微企业和制造加工企业可能短时间难以复工的情况，尽可能帮助务工人员就地创业，对外地滞留人员，政府适当给予救助。积极推行科学防控，推行透明防控，及时消除民众恐慌，重视人文关怀。习近平总书记在多次会议上强调一个重要原则——人民利益高于一切，人民群众生命安全和身体健康始终是第一位的。事实证明，在党和政府的坚强领导下、人民群众的众志成城之下，我们战胜了各种不可克服的困难。在这场疫情当中，远程办公、共享员工、无人配送等与人们经济生活密切相关的一些新经济生活模式悄然兴起，甚至发挥了重要的作用，人们稳定有序健康生活。之后，对疫情防控后续工作有了新的部署，加大农民工、湖北籍劳动力等就业促进力度，精心制定方案，稳妥做好复工的相关工作，保证经济社会和谐稳定发展。

城乡融合发展关乎民生问题，关切人民生活水平的提高，这是当今最大的社会问题。因此，在城乡融合发展中必须坚持以人民为中心的发展思想，解决民生问题，直面当今社会主要矛盾——发展不平衡、不充分与人民日益增长的美好生活需要之间的矛盾。这当中最为突出和明显的不平衡不充分最集中地体现在农村，表现在农民和农业上。[①] 新中国成立 70 年来，经过了 40 年来改革开放的高速增长，人民群众真正富起来了，人民的美好生活需求丰富起来了，不仅涵盖了政治、经济、社会、文化、生态等多方面，而且具有多层次。所以，新时代要继续坚持"以人为中心的发展思想"，通过生产力与生产关系调整，提升人民群众的整体生活品质，实现从"生存"到"生活"质的飞跃。[②] 要满足广大人民群众日益增长的美好生活需要，在很大程度上必须依靠城乡融合发展和乡村振兴。由于传统经济体制的影响没有完全消除，农村发展严重滞后于城镇，城乡差距不断拉大的趋势没有得到根本扭转，城乡发展不平衡不协调，这是我国经济社会发展存在的突出矛盾，是我们全面建成小康社会必须解决的重大问题。[③] 很显然，解

---

① 李人庆：《找准城乡融合发力点》，载《中国发展观察》2017 年 12 月 5 日。

② 姚毓春、梁梦宇：《城乡融合发展的政治经济学逻辑》，载《求是学刊》2019 年第 5 期，第 14～15 页。

③ 陈文胜：《中国迎来了城乡融合发展的新时代》，载《红旗文稿》2018 年 4 月 25 日。

决这一问题的主战场应该放在农业和农村。2018 年有关统计数据显示，我国国内生产总值突破 90 万亿元，第一产业增加值为 64734 亿元，占国内生产总值的比重为 7.2%，而同期常住人口城镇化率为 59.58%，也就是说，占比 40% 还多的农业人口只创造了 7.2% 的国内生产总值。可以说，没有农业农村农民的现代化，国家的现代化、民族的复兴就不可能实现，人民的美好生活也就难以实现。一个现代化的中国不能将农民排斥在城市化之外。城乡区隔和城乡发展差距扩大已经付出了巨大的社会和经济代价，① 严重影响着人民生活水平的提高。因此，我们要建设的现代化是工业化、城镇化、信息化、农业现代化并列同步发展。

解决社会问题的"泉州模式"。"泉州模式"是指福建省泉州市在改革开放以来所形成的独具特色的以民营企业为主力、以轻工业的产业集聚为特点的经济发展模式。统计数据显示，2018 年泉州市 GDP 总量为 8467.98 亿元，全市居民人均可支配收入 36088 元，同比增长 8.5%；城镇居民可支配收入 46111 元，增长 8.0%，农村居民人均可支配收入 20277 元，增长 9.0%。由此，我们可知，泉州市经济社会发展的成效显著，已经走出了一条适合中国农村经济发展的新路子。但是，泉州市仍然存在着发展不平衡问题，贫富差距问题。从 2018 年泉州各县（市、区）GDP 总量来看，只有晋江市（县级市）GDP 总量突破了 2000 亿元。由此，泉州成为一座典型县强市弱的城市。从泉州各县人均可支配收入来看，泉州市丰泽区人均可支配收入最高为 54471 元，而收入水平最低为安溪县，人均可支配收入 22124 元，二者差距 32347 元。② 收入差距过大，财富过于集中，足以给当地经济发展造成相当的威胁。因此，政府必须采取有效的政策，缩小城县差距。一是充分发挥资源优势，将"关注投资、政策支持与发展"作为减少差距的一把"杀手锏"，加大政府财政转移支付能力。二是打破垄断，让企业进行市场竞争，由市场推动产业升级，促进企业健康发展。三是增加就业岗位，使得城市平民有机会脱贫。

（二）城乡融合发展是一个政治问题

城乡融合发展是一个政治问题的命题，这里的"政治"不是纯政治体制之类的问题，而是要研究城乡关系运行发展的政治意蕴。经典马克思主义著作中曾经多次阐述了政治和经济之间的关系问题。在经济与政治的关系中，经济是政治的基础，政治是经济的集中表现。马克思主义政治经济学就是通过对经济问题的研究探讨社会的政治问题，它要解决的是政治和经济之间的关系问题。③ 中国是一个发展中的大国，是一个农业大国，研究中国的城乡关系问题必须立足我国国情和

① 李人庆：《找准城乡融合发力点》，载《中国发展观察》2017 年第 12 期，第 34 页。

② 温昊等：《解决社会问题的"泉州模式"》，载《现代商贸工业》2019 年第 22 期，第 121～122 页。

③ 王立胜：《政治经济学是解决什么问题的》，载《光明日报》2017 年 9 月 17 日。

发展实践，揭示新特点新规律，运用掌握分析经济问题的科学方法，深入认识经济运行过程和趋势，把握城乡关系发展的方向，解决城乡发展中的一些政治问题。

改革开放以来，党中央坚持把解决好"三农"问题作为全党工作重中之重，不断加大强农惠农政策力度，农村劳动力可以自由迁移，农民就业范围不断得到拓展，城市和乡村之间的生产要素交换环境不断得到改善。但城乡之间不平衡、不协调的矛盾仍然存在，城市要素加速集聚、乡村要素不断流失，由此也带来了一些社会政治问题。这些问题主要表现在：区域差距、城乡差距进一步拉大；很多地方在城市化的过程中发展速度太快，文化来不及同时发生变化，会导致政治、社会的失调和动乱；城市中出现大量贫困人口，给政府带来极大的压力。[①]党的十九大报告中适时提出"实施乡村振兴战略"，旨在破解城乡发展不平衡、乡村发展不充分的突出问题，这是对乡村发展规律的充分认识和遵循。乡村振兴战略的实施意味着在城乡关系格局中，乡村地位和作用也将会出现深刻的战略性调整；农业的基础性地位越来越重要，农村农业将成为经济发展的新动力。当前，我国经济发展已经进入新常态，需要稳步推进全面深化改革。从我国供给侧改革到共享发展，国家经济政策关注重点放在城乡居民收入差距缩小、乡村经济多元化发展、基本公共服务均等化和基础设施完善等方面，着力解决发展不平衡、不充分问题。只要破除了城乡二元结构，摒弃了人民群众对美好生活向往的制约因素，就能更好促进城乡融合发展。

城乡融合是一种发展方式。这种发展方式不仅强调要建立城乡之间互惠共生、融合渗透的发展关系，同时更加注重激发乡村自身的潜能和优势，这符合新时代中国特色社会主义的阶段特征和发展要求，是城乡发展的重大战略性转变。以浙江省宁波市为例，宁波市在推动城乡融合发展过程中，创新了一些新的举措。一是构建城乡融合的发展平台。以产城融合为依托，着力提升中心城镇综合承载能力。培育建设一批产业特色明显、集聚潜力大、辐射带动力强的特色镇、中心镇，使其成为城乡融合发展的主载体、主平台。二是探索要素均衡配置的发展路径。要加快完善土地、资本、人才、科技等要素支持农村优先发展的流动配置机制。三是创新公共服务普惠共享的实现模式。当前，城乡融合的突出"短板"还是农村的基础设施和公共服务，要按照城乡公共服务均等化、基础设施一体化的要求，加快调整优化城乡二元的基础设施和公共服务供给体系，推动城市教育、就业、医疗卫生、养老、文化、体育等公共服务资源向农村延伸覆盖，尽快建立"普惠""均等"的基本公共服务体系。国土空间规划编制，有效实现"多规合一"。宁波市在城乡融合发展中抓住机遇，加快破除体制机制壁垒，有效盘活了农村沉淀的资源，推动了资源要素向农业农村流动。四是用好"深化改

---

① 刘瑞鹏等：《城市化进程中的社会政治问题》，载《前言》2006 年第 9 期，第 81 页。

革"的法宝。要坚持问题导向和实效导向，分级分类谋划推进一批涉农重点改革项目。加快推进产权制度和要素市场化配置改革，深化农村宅基地"三权分置"和闲置资源激活利用改革，有效激活农村闲置资源和资产。探索完善新型城镇化建设体制机制，力争在转移人口市民化、"城乡无差别"户籍制度方面取得突破。[①]

因地制宜创新城乡融合发展模式。在不同的经济体制和不同的生产力发展水平下，城乡融合会呈现出不同的层次，包括均衡状态也会发生不同的变化。不同区域，资源禀赋不同，环境条件不同，推动城乡融合发展采取的方式不同，带来的成效大小也不同。四川省眉山市丹棱县的城乡融合发展采取"双轮驱动"策略。所谓的"双轮驱动"，是指在工业化引领的城镇化和农村产业转型带来的乡村城市化两种力量推动下（即双轮驱动），城乡生产生活日益融为一体，形成水乳交融关系的均衡状态的过程。据张望（2013）调查资料显示，眉山丹棱县城周边有10个村，都基本达到了城市生产生活要素系统、设施配套、功能复合、产业规模、人口聚居、城乡融合和发展现代的标准和要求，但融合发展层次还不高。这些被调查的村，其主要产业是围绕柑橘、葡萄等特色优质水果规模化种植展开，并衍生出农产品生产技术服务、市场营销、运输储存和乡村旅游等业态。城乡融合主要表现为：第一，城乡土地、劳动力等生产要素市场；第二，工农产品、休闲旅游市场，城乡产业和居民就业、社会保障与生活方式等生产生活方面的融合。工业化带来的城镇化和新农村建设带来的乡村城市化是驱动城乡融合的两个轮子，[②] 农业现代化是城乡融合的重要产业支撑。

城乡融合发展必须要以乡村振兴为依托。党中央把乡村振兴战略作为新时代"三农"工作的总抓手。贯彻落实乡村振兴战略，需要认真把握乡村振兴各个层次的要求，发挥乡村潜在优势，激发乡村人口、土地、产业、文化等要素资源的活力，推动农村一二三产业融合发展。河南省孟津县利用近城带郊的区位优势，发掘自身生态文化优势与城市先进要素相结合，促进生态绿色产业发展，走出了一条农业提质增效、农村繁荣发展、农民增收致富的乡村振兴新路子。孟津县实施乡村振兴的主要做法如下：一是做好产业定位，大力发展绿色观光旅游农业；二是鼓励返乡创业，强化乡村振兴的人才支撑；三是活化传统资源，促进乡村民间文化资源增值；四是提升乡村"颜值"，让乡村更像乡村；五是聚力组织振兴，夯实乡村振兴保障。这些做法大大促进了孟津县农民增收致富。我们可以把这些做法上升为"经验"，从中得到的启示关键在于：一是他们吃透了自身优势，在联城带乡、城乡融合上做足了文章；二是充分对接城市市场，积极引入先进生产

---

① 赵一夫：《推进更高水平的城乡融合要抓住四个关键点》，载《宁波通讯》2019 年 9 月下半刊，第 55 页。

② 张望：《双轮驱动下的城乡融合发展探析——以四川眉山的探索实践为例》，载《理论与改革》2013 年第 5 期，第 96~99 页。

要素；三是活化乡村文化传统资源，坚持绿色发展理念改造传统农业，做大做强高端绿色多功能产业；四是发挥基层组织的引领作用。①

激活城乡产业融合发展的新动能。推动人才要素灵活流向农村，参与乡村建设，促进城乡融合发展，创新实践成效显著。根据北京市统计局发布报告显示，2018 年北京城乡融合发展进程综合实现程度达到 86.6%。② 这个耀眼的数字表明，近年来北京近郊农村发生了翻天覆地的变化。究其原因，一是市场化、精细化的政策工具。许多京郊特产和景点"养在深闺人未识"，政府主动牵线搭桥，邀请文创、电商等企业走入农村，以自身所长为其包装营销。依托北京庞大的市场与旺盛的消费能力，这些特产、景点和中间企业很快实现了双赢。北京智力资源丰富，但许多农业项目"抱着水缸喊渴"，在精细化管理的指导下，科研单位推出"菜单式""处方式"合作项目，便于农民有的放矢地参与其中。来自城市的"活水"源源不断地注入乡村，京郊获得了充沛的发展动力。二是城市助力农村产业转型升级。城乡融合并非意味着城市对乡村的单向反哺，而是城市实现更高层次发展的必由之路。单从 GDP 角度看，北京农业对全市经济的贡献不占优势，但换成生态眼光审视，单是森林的价值就达八千亿元左右。更重要的是，京郊的森林和田野，涵养着城市的生态，在无形之中提升了城市居民的获得感，也间接助推了二、三产业的增长。广袤的京郊农村不再是首都建设的难点，而正在成为首都环境的亮点。③

第二节　产业融合发展

"产业"意味着具有某种共同特性的企业组成的集合。顾名思义，产业融合是指产业间分工内部化，或者说是产业间分工转变为产业内分工的过程和结果。④这个过程不是一个简单的融合，而是不同产业或同一产业的不同行业间的相互渗透、交叉、重组的一个动态的缓慢的过程，通过这一过程逐渐融为一体，并形成一种或多种新型的产业形态。从 20 世纪 70 年代开始，产业融合主要出现在信息领域，也就是计算机产业、通讯产业和电子消费产品的融合。自此之后，产业融合现象逐渐拓展到其他产业领域，比如农村一二三产业的融合、文化产业与旅游融合发展、现代金融与物流业的融合发展。

---

① 杨秋意等：《孟津县城乡融合促乡村振兴的经验启示》，载《农村、农业、农民》2019 年第 12 期，第 15~19 页。

②③ 鲍南：《破解城乡融合的北京方案》，载《北京日报》2019 年 9 月 25 日。

④ 许韶立、肖建勇：《论产业融合的误区与演化过程》，载《成都理工大学学报（社会科学版）》2012 年 9 月 15 日。

一、农村一二三产业融合发展

农村一二三产业融合本质上属于产业融合。农村地区三次产业融合，是当前及未来现代产业发展的一种趋势。[1] 农业第一产业中的农林牧副渔等细分产业分别与第二产业中的细分产业、第三产业中的细分产业，及第二第三产业中的细分产业相融合，最终使得新的生产技术、新的管理技术和新的产业形态得以诞生。[2] 2015 年中央"一号文件"首次提出农村一二三产业融合发展（简称"农村三产融合"）的理念，更多强调的是"特色"或"亮点"。2018 年中央"一号文件"再次强调：实施乡村振兴战略"要构建农村一二三产业融合发展体系"。

（一）农村一二三产业融合是农村经济发展的新范式

农村生产力发展、农业科技进步不断促进农村经济发展。由以往的历史经验可看出，促使农业生产力水平的提高，源自于农业科学技术的进步，直接促进农业产业结构合理化。农村产业结构向合理化、高级化发展，实际就是走向产业融合发展。农村产业融合发展大致分三个阶段：一是基于农村产业发展实践总结产业融合现象阶段；二是基于产业融合理论研究农村产业发展阶段；三是中央提出"推进农村一二三产业融合发展"后，政府官员、专家学者解读农村一二三产业融合阶段。[3] 总体上来说，我国农村一二三产业融合发展尚处于初步兴起阶段，是农村经济发展的一种新方式。

1. 理论上的探究。农村一二三产业内涵与特点。目前经营主体内部产业融合强调以合作社方式连接农户、家庭农场。产业融合实质是新经济技术条件下旧产业的聚变与新生，无论以何种方式或呈现何种业态，必须形成新技术、新业态、新商业模式，否则不能称之为农村一二三产业融合发展。[4] 不同学者从不同视角对该概念进行了不同理解。有学者认为，农村一二三产业融合发展是"以农村一二三产业之间的融合渗透和交叉重组为路径，以产业链延伸、产业范围拓展和产业功能转型为表征，以产业发展和发展方式转变为结果，通过形成新技术、新业态、新商业模式，带动资源、要素、技术、市场需求在农村的整合集成和优

---

[1]　梁立华：《农村地区第一、二、三产业融合的动力机制、发展模式及实施策略》，载《改革与战略》2016 年 8 月 20 日。

[2]　苏毅清、游玉婷等：《农村一二三产业融合发展：理论探讨、现状分析与对策建议》，载《中国软科学》2016 年 8 月 28 日。

[3]　芦千文：《农村一二三产业融合发展研究述评》，载《农业经济与管理》2016 年 8 月 5 日。

[4]　姜长云：《日本"六次产业化"与我国推进农村一二三产业融合发展》，载《农业经济与管理》2015 年第 3 期，第 5~10 页。

化重组,甚至农村产业空间布局的优化。"① 有学者认为,农村一二三产业融合,指的就是以农业为基本依托,农业生产经营的专业化水平发展到一定程度时,资本、技术以及资源要素进行跨界集约化配置,有效整合农业生产、农产品加工和销售、休闲以及其他服务业,以产业链延伸、产业范围拓展和产业功能转型为表征,促进农业、农村、农民发展。② 还有学者提出,农村一二三产融合是经济发展新常态下,基于产业发展规律,符合我国"三农"实际的经济发展范式。研究显示,农村三产融合属于区域经济研究范畴,强调产业结构优化和产城融合;农业产业融合则是产业经济学研究的范畴,重点在于产业链的延伸和拓展。科技创新、需求变化、制度变革、信息化、服务化发展带来的机遇,成为驱动农村一二三产业融合发展的重要动力。③

从以上界定来看,农村一二三产业融合体现出以下五个方面的特点:一是产业间的分工必须在"农村"这个特定区域内实现内部化。二是共同的技术基础是产业间分工得以在农村内化的前提。三是技术融合与产品融合是产业间分工在农村内部化的不同程度的体现。四是判断各产业是否在农村发生融合,必须以产业间的分工是否在农村发生了内化为标准。五是农村三产融合是农业产业化的产业化,是农业产业化在产业层面的扩展与升级。④

2. 实践中的探索。从当前农村、农业发展的情况来看,实践过程中可总结出五种典型融合模式。

(1) 农业内部有机融合模式。即将农牧结合、农林结合、循环经济作为导向,通过调整优化农业种植养殖结构,发展高效绿色农业。⑤ 这样可以把传统的农业潜力激发出来,新的高效模式农业就可以实现。以山西省红枣产业一二三产融合发展为例。红枣产业的一二三产融合发展,实质上是以增加枣农的收入为目的,以红枣的规模化种植为依托,技术创新为发展动力,枣产品加工业为引领,通过培育新型经营主体⑥、壮大红枣加工企业,推动生产要素跨界配置,使红枣的生产、加工、销售、休闲文化等各个环节和产业进行有机整合,延长红枣产业链,提升红枣产业价值,优化山西红枣产地生产力结构布局,促进红枣产业一二三产紧密连接、协同发展。从本质上来讲,红枣产业一二三产业融合发展是红枣

① 姜长云:《推进农村一二三产业融合发展,新题应有新解法》,载《中国发展观察》2015 年第 2 期,第 18 ~ 22 页。

② 马晓河:《推进农村一二三产业深度融合发展》,载《农民日报》2015 年 2 月 10 日。

③ 陈俊红等:《关于农村一二三产融合发展的几点思考》,载《农业经济》2017 年第 1 期,第 5 页。

④ 苏毅清:《农村一二三产业融合发展:理论探讨、现状分析与对策建议》,载《中国软科学》2016 年第 8 期,第 17 ~ 27 页。

⑤ 《中国摸索出多种农村一二三产业融合发展模式》,中国新闻网,2017 年 3 月 20 日。

⑥ 田泽浩:《农业产业化促进农民增收的机理分析》,载《中国林业经济》2018 年第 4 期,第 10 ~ 13 页。

产业化发展过程中一种新的组织形式，它有其自身独有的特点：第一，产业融合的目的是为了实现红枣产业整体效益的提升。对红枣产业整体发展进行调整，使其生产布局区域化、规模化，生产过程标准化、统一化，生产产品系列化、品牌化，逐步形成规模经济，提高红枣产业的整体经济效益。[1] 第二，红枣产业的融合要以技术创新发展为支撑，在生产过程中加大科技的投入，降低生产成本，提高生产效率；在流通过程中采用现代物流技术，降低流通成本；在销售过程中使用互联网信息技术，转变销售模式、提高综合效益，最终实现红枣经济利益的增加。第三，红枣产业链的延伸是实现红枣三产融合的一个关键因素。通过各种组织形式，将红枣产业中的红枣生产、企业加工、市场销售等环节联系起来，拓展产业链条，[2] 形成完整的产业链，使得红枣产业发展的各个生产、加、销售的主体都能利润均沾。第四，红枣产业融合的利益联结机制，这是实现红枣一二三产业融合的一个重要的途径。采用股份制、契约等各种形式，利用法律的手段，将枣农、合作组织和加工龙头企业联系在一起，互补互利，讲求效益，自负盈亏，使得整个系统的营运成本以及经济效益得到提升，同时使得红枣产业链的生产环节充分考虑市场因素，全面实现红枣产业的高产、高效、优质发展。[3]

（2）农业全产业链发展融合模式。指从建设种植基地，到农产品加工制作，到仓储智能管理、市场营销体系打造，再到农业休闲、乡村旅游、品牌建设、行业集聚等，形成一条龙"全产业链"。[4] 广西"万寿谷"全产业链发展融合模式探索出了一些成功经验。此产业链是由广西"万寿谷"投资集团投资的，是一家集养殖、加工、销售为一体的三产融合企业，以为万众家庭提供"绿色、生态、安全、营养"的高品质好食材为使命，致力于成为中国规模最大、品质一流的家庭绿色食品供应商之一，打造"中国高端土鸡"全产业链领导品牌。目前，"万寿谷"集团围绕核桃鸡、乌鸡产品的产、供、销产业链，开展集核桃鸡和乌鸡标准化饲料生产经营、育雏、林下养殖、屠宰加工、销售为一体的系列化、产业化生产，形成了"生产+研发+加工+销售"全产业链模式，同时，还致力于探索形成"公司+合作社+基地+贫困户"新型产业扶贫发展模式。"万寿谷"产品已进驻家乐福、沃尔玛、大润发、麦德龙、好友多、永辉、万家华润、易初莲花、京客隆、世纪华联等数十家大型商超，带动就业超过 5000 人。[5]

---

① 程静等：《山西省红枣产业一二三产融合发展模式研究》，载《山西农业科学》2019 年第 4 期，第 686～688 页。

② 程静等：《山西省红枣产业一二三产融合发展模式研究》，载《山西农业科学》2019 年第 4 期，第 687 页。

③ 刘振恒等：《发展以燕麦为支柱产业的课持续高寒草地畜牧》，载《草业科学》2007 年第 9 期，第 67～69 页。

④ 《中国摸索出多种农村一二三产业融合发展模式》，中国新闻网，2017 年 3 月 20 日。

⑤ 李继凯等：《打造全产业链融合发展新模式》，载《广西日报》2018 年 3 月 23 日。

（3）农业功能拓展融合模式。即在稳定传统农业的基础上，不断拓展农业功能，推进农业与旅游、教育、文化、健康养生等产业深度融合，打造具有历史、地域、民族特点的旅游村镇或乡村旅游示范村，积极开发农业文化遗产，推进农耕文化教育进学校。[①] 江苏淮安聚焦发展高附加值、高颜值的现代农业产业，以科技兴农、品牌强农为抓手，促进农业转型升级，推动农业拉长产业链、拓展功能链、提升价值链。2016 年，淮安水稻种植、育秧、仓储和加工、销售等 29 家企业组建淮安大米产业联盟，统一使用"淮安大米"品牌。目前全市已建成优质稻米基地 270 万亩，年产淮安大米 76 万吨，每年为稻农增收 3 亿元，此外，还建成高效设施园艺 138 万亩、特种水产养殖 50 万亩，"多而杂""小而散"的旧面貌逐渐被"大而长""大而强"的链式发展新格局所取代。盱眙龙虾品牌价值近 180 亿元、洪泽湖大闸蟹品牌价值 80 亿元、"淮安大米"品牌价值 37 亿元。目前，淮安拥有地理标志证明商标 121 件，数量居全国设区市第一，占全省的 45%。随着新成果、新产品的不断涌现和产业化，淮安大米、红椒、黄瓜、蒲菜等农产品屡屡得到"黑科技"加力。"从农科院育苗基地买的苗，出苗整齐，不易生病，亩产从 3000 斤变成 5000 斤。"此外，淮安市农科院蔬菜育种中心先后育成农作物新品种 96 个，研发推广新技术、新产品 42 项，近三年科技成果转化收益达 1.1 亿元，位居全国设区市级农业科研院所前列。[②]

（4）农业科技渗透发展融合模式。在推动现代农业发展中，大力推广引入互联网技术、物联网技术，引进先进技术市场栽培模式等，实现现代先进科技与农业产业的融合发展。农业发展历史表明，农业生产方式的变革都是以农业技术的创新与变革为先导的。第一次农业革命，以化学化和机械化等技术发展，促进了自然农业向耕作农业的转变。第二次农业革命，以良种化等技术进步，促进了耕作农业向高效农业的发展。关于第三次农业革命，有垂直农业发展的观点，有生物技术促动的观点。笔者认为：第三次农业革命是以生态化和信息化技术的发展创新为先导，促进高效农业向智慧农业的变革。生态化和信息化技术将贯穿于农业一二三产业全过程，成为三次产业融合发展的传导媒介，其技术形态则包涵了贯穿全产业链的绿色安全生产的质量技术标准体系、智能生产过程控制体系、产品信息监测管理体系、产销对接的物流配送体系、生产环境养护培育体系、农业资源高效利用体系及产业技术服务体系等"七类技术体系"。由此，促进农业一二三产业融合的技术要素主要包括质量标准技术、生态保育技术、信息控制技术、信息监测技术、物联感知技术和智能管理技术等。可以推想，信息技术的创新，是以人们想更加便捷地获取信息、更广范围地传播信息、更为密切地沟通信

---

① 《中国摸索出多种农村一二三产业融合发展模式》，中国新闻网，2017 年 3 月 20 日。

② 蔡志明等：《拉长产业链淮安农业高质量发展创出新格局》，载《新华日报》2019 年 1 月 6 日。

息的愿望为驱动的。在农业全产业链上,各环节的特征变化,都要运用信息化技术,加以采集、监测、整合、传播与利用,才能实现互联互通、融合交流、协作共进的协同发展。又如,在玛纳斯县的乐源农业专业合作社,以农业高效节水滴灌技术应用为渗透,采用"合作社 + 农户 + 基地 + 企业"形式,将文家庄村的农业相关产业联动集聚,促进了生产要素跨界配置和三产相关业态的有机整合,促进了农村生态资源的有效合理配置及一二三产业的融合发展。各地建立的互联网为农服务平台体系,使三产融合发展交相呼应。"物联网 + 农业"作为信息化技术渗透融合的典型模式,结合农村产业生态化技术,将成为第三次农业科技革命的创新动力。①

(5)农业产业集聚型发展融合模式。主要是通过一乡(县)一业、一村一品的发展,促进产业发展集聚,让产业、产品品牌和价值不断壮大,实现产业发展与经济发展的协调推进。② 河南西平县依托丰厚的文化积淀,主动融入"一带一路",用智能制造承接产业转移,用精益化管理实现服装制造产业的低成本和高效能优势,推动服装产业链建设,切实做好嫘祖文化与服装产业发展有机"嫁接联姻"。

2015 年西平县在中纺联、省服装协会的帮助和指导下规划了占地 5.31 平方公里的嫘祖服装新城,定位打造服装产业转移的承载地、供应链价值提升的示范地和智能制造基地。服装新城内现有服装生产企业 42 家,既有像"爱慕""领秀""梦舒雅"这样的大牌,也有像"棉娃娃""歌锦""3S"这样的区域品牌,还有像"阿尔本""国泰""新思维""华之诺"这样的大型外贸加工企业,成为 HM、Zara、优衣库、海澜之家、巴拉巴拉等国内外知名品牌的生产基地。2018 年 11 月 27 号,嫘祖服装新城·智尚工园二期作为驻马店市 2018 年第四批亿元以上重点项目集中开工仪式的主会场开工奠基。"智尚工园"二期"时尚、科技、绿色"为引领,打造集研发、设计、智能制造、培训、展示、时尚发布、电商、物流等为一体的服装生产的新制造、新高地。

(二)推动一二三产业融合发展的动力机制和保障机制

1. 动力机制。

(1)农业科技创新驱动。这种创新是指由一系列国家科研机构、实验室、高等院校等公共机构以及农业生产企业组成的创新系统或网络,这些结构或机构的组织行为活动彼此联系、相互发生作用或产生一定的影响,其相互协调性与整合性决定着整个国家农业知识创新与扩散能力。③ 作为三次产业融合发展的驱动力,更多

---

① 温淑萍等:《农村一二三产业融合发展模式探析》,载《宁夏农林科技》2017 年第 12 期,第 86 页。

② 阮晓东:《乡村振兴:新时代农业投资与三产融合》,载《新经济导刊》2018 年 3 月 5 日。

③ 陈池波:《农业经济学》,武汉大学出版社 2015 年版,第 148 页。

的是科技创新。很显然，农业科技创新必然会引起农业产品功能、形态、质量的变化以及农业生产方式的变革，从而提升整个农业产业的发展水平和质量效益，这便为农业与第二产业、第三产业的融合创造了基础条件。① 技术创新驱动是引擎，通过技术创新可以打破农业产业内部不同子产业之间及农业与第二、三产业之间的技术壁垒，逐步消除不同产业间的边界，生产出全新的产品或服务来满足消费者多样化的需求，技术创新是驱动农村三产融合产生和发展不可或缺的引擎。②

（2）农民主体利益驱动。从农业发展历程来看，农民依靠传统农业发展模式增收比较困难，而通过发展农村三产融合的新业态、新模式，可以通过按股份分红、按交易额返利、产品高附加值等方式获得较高的收入。③ 通过借助国家出台的各种扶持政策，从多领域助力各地农业产业化经营发展，最终促使生产要素在更广泛的范围内得到优化配置，生产出更具有市场竞争力的产品和服务。可以说，农业生产经营主体不断追逐更高的利润是农村三产融合发生和发展的内在源动力。④

（3）市场需求驱动。随着经济社会发展水平的不断提高，人们的消费需求、服务需求呈现多元化，并不断提高，正是这种不断追求更好、更高、更新的消费需求驱动着企业不断谋求新产品、新技术、新服务的开发与创新，从而诱发了产业融合的产生与发展。农村三产同样受到了市场需求的驱动而产生了融合现象，如随着人们收入水平的提高，为了摆脱城市快节奏生活方式所带来的压力，许多城市居民开始寻求在充满传统乡村文化的田园意境中释放自我、还原自我的旅游消费服务，于是产生了乡村游、农家乐等新型业态，促进了农村三产深度融合。可以说，不断翻新的市场需求是驱动农村三产融合发展的重要外部诱因。⑤

（4）政府政策驱动。政府通过对宏观经济的调控，提供公共产品与服务，进行市场监管，出台政策颁布法律、法规等方式来达到国家宏观经济平稳快速发展的目的。对于农村三产融合而言，同样需要政府政策的驱动，通过财政、税收、法律等手段为农村三产融合营造出良好的外部环境，驱动农村三产深度融合发展。以日本、韩国为例，两国在促进本国第六产业发展的过程中，无一例外地动用了大量的人力、物力、财力及政策等多方面资源来支持六次产业化发展。政府政策的驱动可以为农村三产融合主体创造出优越的外部环境，是确保农村三产深度融合的外部保障。⑥

2. 政策体系支撑保障机制。有什么样的经济形态就有什么样的政策形态，

① 梁立华：《农村地区第一、二、三产业融合的动力机制、发展模式及实施策略》，载《改革与战略》2016 年 8 月 20 日。

②③ 赵霞、韩一军、姜楠：《农村三产融合：内涵界定、现实意义及驱动因素分析》，载《农业经济问题》2017 年 4 月 23 日。

④⑤⑥ 赵霞等：《农村三产融合：内涵界定、现实意义及驱动因素分析》，载《农村经济问题》2017 年第 4 期，第 49 ~ 57 页。

经济形态决定政策形态。农村一二三产业融合发展需要国家政策支持，必须将经济政策与融合发展有机结合起来。因此，国家财政政策在调节国家经济、争取经济社会稳定协调发展的同时，必须合理配置城市和农村的资源。

（1）构建融合发展的政策支持体系。一是强化土地政策扶持，搞好布局规划。重视农村产业融合的用地需求，尽可能地将年度发展计划指标和建设用地规模向产业融合发展的项目上倾斜，根据市场需求出台科学合理有效的土地政策。二是加大农村三产深度融合的财政支持力度。要加快建立多元化的投资机制。比如，出台支持农村一二三产业融合发展的专项资金政策；建立农村产业融合发展的项目贷款，取消附加费用等。三是构建融合发展的基础设施体系。大力支持特色农产品产业园区、现代化农业科技产业园区的建设与发展。加快完善园区公共服务和基础相关配套设施建设，为农村一二三产业融合发展提供交通、仓储、物流等支撑服务，实现农村产业之间的融合发展和集群式发展，推动农业价值链、供应链和产业链实现升级。二是大力支持农村现代物流体系和社会服务体系的建设，加强农村产业融合发展过程中的市场信息和质量检测等服务平台的建设，促进农村服务业的网络化、产业化和市场化发展，进而带动农业同旅游业的融合发展。三是加大力度支持农村技术型产业的发展。将互联网、云计算和物联网等技术融入农村一二三产业的发展过程中，最终实现先进技术与传统产业的融合发展。

（2）构建融合发展的资源支撑体系。支撑农村产业融合发展的资源集聚。一是人才资源集聚。农村产业融合型人才的缺乏正是抑制先进技术要素融合渗透的关键因素。乡村特色产业的深度融合与产业链高质量发展需要充足的人才供给。一方面，出台相关政策吸引优秀人才返乡创业；另一方面，抓紧与高校、科研院所合作，加快人才的培养，定期开展对乡村特色产业从业人员的培训，提高现有从业人员的技术水平，使其基础管理能力和技术水平能够适应产业融合需要。二是土地资源集聚。土地资源对农村经济社会发展起着基础支撑作用。实施乡村振兴战略，必须挖掘农业各种资源，特别是土地资源。为此，要做好土地利用总体规划，优化配置农村土地资源，将有限的建设用地指标优先安排于农村新产业、新业态发展。三是资本要素集聚。资金对于农村产业融合发展的重要性不言而喻。要想推进农村产业融合发展，就必须保证财政支农投入稳定增长，引导城市工商资本下乡，创新农村金融服务，鼓励发展股份合作，构建多元化农业投入稳定增长机制。①

（3）完善农村一二三产业融合发展的制度保障机制。一是改变原有的产品经营模式，加大建设力度。乡村各产业的融合不仅需要依靠政府政策扶持与资金推

---

① 谢岗、赵明：《解读乡村振兴中的农村产业融合发展》，载《江苏农村经济》2020 年第 1 期，第 37～38 页。

动，还必须要遵循市场发展的客观规律，要坚持以政府为引导，企业为主要导向，坚持市场化运作模式。二是建立良好的投资运营机制。资金问题是实现产业融合面临的重大问题，在这个过程中，既要充分利用政府和国家开发银行以及农业发展银行的各种基金扶持，也要挖掘各种融资方式，努力吸纳社会上资金的投入，建立良好的来源广泛、方式多样的融资方式。推行各种项目落地，控制资本的流动方向，重点应该是基础建设、生态维护、农业多产业协调发展，人文发展。①

二、文化产业与旅游产业融合发展

党的十九大对文化发展已有了新的判断，我国文化产业已进入新的发展时代，同时，旅游产业处于新时代发展期，全域旅游时代已经到来。

（一）文化产业与旅游产业融合发展及其成效

在国家政策引导和市场推动下，"文化＋"产业与"旅游＋"产业不断整合，文化旅游产业作为一种新兴产业，全面融入国家战略体系，成为国民经济战略性支柱产业，这为缓解新时代人民日益增长的美好生活需要和不平衡不充分的发展之间的矛盾提供了产业基础和实现路径。

1. 文化产业与旅游产业融合发展的实质。文化产业与旅游产业的融合，实质上就是文化和旅游在市场需求、技术进步和产业转型升级发展的共同推动下相互渗透、相互融合、相互促进，并最终发展为一种新型产业的过程。旅游产业在自身发展的同时，一方面给周围居民增添了许多丰富多彩的精神文化生活，有利于促进周围地区文化资源的保护、传承、创新和发展；另一方面，旅游产业的繁荣也将有力推动地方经济增长，加快地方社会主义精神文明的建设。因此，文化与旅游的融合发展对于保护自然生态环境，提高自然生产力，推动绿色经济发展，繁荣社会主义文化，都具有深远的社会意义和重大的经济价值。文化与旅游的融合发展具有综合性、延展性、承载性、民族性等特征。② 提高技术创新，文化与旅游间相互渗透，旅游产业在发展过程中给文化产业的发展注入新的活力，创造了巨大的市场空间，有效提高了旅游产品的品位和文化性，为文化保护传承提供有力支撑，让文化产业得以不断发展和创新。文化对旅游有着非常显著的促进作用，将文化资源融入旅游过程中，可以进一步提升旅游的品位和文化特性，

---

① 陈国生、彭文武：《湖南旅游业和文化创意产业的协同效应测度及其空间分布特征分析》，载《荆楚学刊》2015 年第 4 期，第 46～47 页。

② 陶丽萍、徐自立：《文化与旅游产业融合发展的模式与路径》，载《武汉轻工大学学报》2019 年第 12 期，第 85～90 页。

丰富旅游产品的内容，推动旅游事业的发展。据世界旅游组织统计，在全球所有旅游活动中，由文化旅游拉动的占40%，在欧洲超过50%。这充分说明文化产业和旅游产业的融合发展具有很广大的市场。

事实说明，脱离文化的旅游只是一个空壳，旅游的灵魂是来自文化，旅游是文化的载体。旅游文化渗透在旅游有关的吃、住、行、游、娱乐等多要素及相关服务的多方面。根据智研咨询发布的《2018～2024年中国夜游经济行业市场发展模式调研研究报告》显示，近年美国居民已有1/3的时间、1/3的收入、1/3的土地面积用于休闲，而其中60%以上的休闲活动在夜间。在国内，北京王府井出现超过100万人的高峰客流是在夜市，上海夜间商业销售额占白天的50%，重庆2/3以上的餐饮营业额在夜间实现，广州服务业产值有55%来源于夜间经济。① 一个常住及流动人口300万的城市，假设每天10%的人进行夜游消费，假设人均消费30元，每晚就有一个900万元的大市场，一年收入可达30亿元。② 这也充分证明了旅游行为的综合性和时间空间的延展性，旅游和消费对社会文化极强的依赖性。

2. 文化产业与旅游产业的融合发展：新的经济增长点。文化与旅游产业的资源要素的相互渗透、重组整合，使文化、旅游产业融合后出现了新的经济增长点，而且随着融合发展程度的深化，也不断带动了区域内其他产业的发展。据统计资料显示，2017年全年，国内旅游人数高达50.01亿人次，总收入约9.13万亿元，对GDP综合贡献率超过11.04%，旅游业的增速与GDP增速形成强烈的反差，旅游经济已成为稳定经济增长、调节产业结构、满足民生需求的重要支撑和保障，它对国家经济的带动作用以及为社会发展输送活力的作用日渐显著。③ 据国家文化和旅游部数据显示：2018年全国实现旅游总收入5.97万亿元，同比增长10.5%，全国旅游业对GDP（国内生产总值）的综合贡献为9.94万亿元，占GDP的11.04%，旅游市场持续高速增长，而文化在旅游中的地位也日益显现。④ 文化通过旅游增强活力，旅游通过文化提升品位。2019年春节假期，全国旅游接待总人数4.15亿人次，同比增长7.6%；实现旅游收入5139亿元，同比增长8.2%。⑤ 传统民俗和民间文化吸引力凸显，旅游过年已成新民俗，家庭游、敬老游、亲子游、文化休闲游成为节日期间主流的旅游休闲方式。

文化＋旅游，融合发展才有生命力。推动文化产业与旅游产业融合发展，是党

---

① 安海峰、李寅虎：《对保定发展"夜经济"的思考》，载《中国商贸》2012年2月1日。

② 刘月田等：《文化旅游产业融合发展的思考与建议》，载《中国发展观察》2019年第24期，第63页。

③ 祁升：《文化与旅游产业的互动发展》，载《经济发展研究》2018年第11期，第128页。

④ 李华伟：《文化与旅游融合的国际经验启示》，载《洛阳师范学院学报》2019年第9期，第18页。

⑤ 《文旅部：2019年春节旅游收入5139亿元，同比增长8.2%》，中新网，2019年2月10日，https://www.wdzj.com/hjzs/ptsj/20190210/944630-1.html。

中央、国务院作出的重大决策部署，是推动产业转型升级提质增效的重要途径。文化旅游在产业结构和管理方式方面也实现了重大发展，文化旅游业的发展不仅在数量上还是质量上都取得了较好的成绩。从数量增长上看，全国各类文化和旅游单位逐年增多，到 2018 年已达 32.82 万个；旅游人数逐年增加，2018 年突破 56亿人次，旅游总收入达 5.97 万亿元，其中入境旅游人数 14120 万人次，比 1978年增长 77.05%，入境旅游收入 1271.03 亿元，比 1978 年增长 280.82%；世界遗产数量逐年增多，由 1987 年 6 个增加到 2019 年 55 个，文化遗产由 1987 年 6 个增加到 2019 年 37 个，同时拥有自然与文化双遗产 4 项、文化景观遗产 5 项，中国的世界遗产数量已达 55 项，高居世界第一位；全国 5A 级景区中世界文化遗产旅游的发展势头良好。从发展质量上看，文化旅游政府主导型的发展体制日益成熟，逐步实现了管理型政府向服务型政府的转变，逐步实现了有为的政府和有效的市场的协同合作；全面开放型文化旅游发展局面不断加速推进；强调产业转型升级，推动系统、资源、要素优化配置；不断深化文旅产业国际合作，加强品牌建设。推动新业态下"文化 + 旅游 + 其他产业元素"建设，支持文化"抱团出游"。①

（二）文化产业与旅游产业融合发展的实践样板

在文化产业和旅游产业融合发展中，旅游可以充分利用文化产业中的文化来改造旅游产品形态，提升旅游产品的文化品位；还可以利用各种文化形式来宣传旅游，从而塑造和提升文化旅游品牌，增强旅游地点的吸引力和市场竞争力。这些年来，在我国文化和旅游产业融合的实践中，因地制宜创造了许多融合发展模式和实践样板。

文化和旅游在云南丽江交融共生。丽江近年来打造的"文化 + 旅游"产业发展模式，成就了丽江旅游业的发展，丽江的旅游承载了丽江的文化，丽江的文化成就了丽江的旅游。

丽江拥有丰富的自然资源和独特的民族文化资源，以最具优势和开发潜力的"二山、一城、一湖、一江、一文化、一风情"为主要代表。民族文化资源与自然资源相结合，成就了丽江独具魅力的文化旅游产业，丽江曾经成功地打造了独具特色的"纳西古乐""丽水金沙""印象丽江""宋城千古情""云南的响声"等文化旅游演艺产业以及"九色玫瑰小镇"（即创意特色旅游小镇）等。丽江"文化 + 旅游"的文化产业有室内舞台演出、山水实景演出、主题公园、特色小镇等各种类型，有土生土长的"纳西古乐"，也有"复制"引进的"宋城千古

---

① 贺小荣、陈雪洁：《中国文化旅游 70 年：发展历程、主要经验与未来方向》，载《南京社会科学》2019 年第 11 期，第 1~8 页。

情"，还有名人效应的张艺谋"印象"系列和杨丽萍衍生态打击乐舞"云南的响声"等品牌，这些丰富多彩的艺术盛宴，无论是土生土长的演艺项目，还是"复制"引进的演艺品牌，都以表现丽江的历史文化与民俗风情，给人以美的艺术享受，使游客感受到独特的文化体验。①

丽江"文化＋旅游"的文化产业发展模式，成功的关键在于文化与旅游的深度融合，在于都围绕着丽江的民族之"根"和文化之"魂"，都是在做有"根"有"魂"的丽江民族文化。"文化旅游涵盖了历史古迹、遗址、建筑、艺术、宗教、风俗等内容，是一个关联性高、涉及面广、辐射性强、带动性强的产业。"②文化与旅游融合发展，辐射带动了教育、影视、婚纱拍摄、音乐舞蹈、工艺美术、康养置业、休闲娱乐等关联产业的发展，如引进优质高等教育资源，创办云南大学丽江旅游文化学院等成功案例。③

丽江作为国际知名的旅游城市，有丰富的民族文化资源，近年来，丽江坚持"以自然为本，以特色为根，以文化为魂，以市场为导向"的方针，依托丽江丰富的民族文化资源，文化与旅游融合发展，形成了文化演艺、文化旅游、文化传承的三大文化产业名片，支撑着丽江的经济发展。旅游是文化传播的载体，是文化交流的纽带，同时也是文化建设的动力，旅游业的发展带动文化市场的繁荣，丰富文化产品的供给方式、渠道、品种、类型等，促进文化产业市场的繁荣昌盛。进入新时代，丽江的"纳西古乐""印象丽江""宋城千古情""云南的响声"等原有品牌如何保持发展优势，如何进一步增强文化与旅游融合发展活力，用文化提升旅游品位，为旅游业开辟更广阔的发展空间，用旅游增强文化动力，注入文化以新的活力，优势互补，相互支撑，带动并形成新时代丽江经济发展的增长点，促进丽江社会经济的发展是需要进一步深入思考和研究的问题。④

三、现代金融业与物流业的融合发展

2016年7月，国家发改委发布《"互联网＋"高效物流实施意见》，明确提出要推进物流与金融等产业互动融合和协同发展；2017年8月，国务院印发《关于进一步提出推进物流降本增效促进实体经济发展的意见》（简称《意见》），该《意见》明确诠释了物流、金融、数据之间的逻辑关系，鼓励金融机构开发支持物流业发展的供应链金融产品和融资服务方案；2019年3月，国家发改委等

---

①③④　和肖毅：《丽江文化与旅游融合发展的思考》，载《产业与科技论坛》2019年第20期，第22～23页。

②　蔡尚伟、车南林：《文化产业精要读本》，江苏人民出版社、江苏凤凰美术出版社2015年版，第130页。

24 个部门联合发布《关于推动物流高质量发展促进形成强大国内市场的意见》，支持符合条件的物流企业发行各类债务融资工具，鼓励金融机构开发基于供应链的金融产品。这一系列支持的出台，表明政府已经高度认识到物流业与金融业融合发展的重要意义。[①] 这些举措有力推动了金融业与物流业的融合发展。

（一）物流业和金融业互促互进关系

物流业和金融业是我国经济运行中两个重要服务行业，不同时期的产业链形态会造成不同的物流模式，而不同发达的物流产业又与金融深化的程度有着互嵌性，两者呈现出相互促进，互相支持的状态。[②]

1. 金融业在现代物流业发展中的功能。金融业是现代商品经济的中心环节，与社会经济体中的各行各业都有千丝万缕的联系。一是金融业对物流业的支持和保障。现代金融是货币资金在现代经济的融通，它既是经济运行的起点，又是经济运行的终点。金融业能为物流业提供资金存贷、结算、划转等基础服务，同时也可为物流业提供投融资渠道和资金支持，从广义上讲，就是充分运用各种金融产品或服务，实施对物质流、信息流、资金流的一种高效率的整合，通过对供应链中的货币资金运动进行合理调节，促进资金运行得以提高的一系列相关经营活动。从狭义上讲，就是银行或第三方物流供应商为整个供应链提供的结算、融资等金融服务。物流商、目标客户、金融机构是金融支持物流产业中的三个主题，物流商、金融机构共同为资金需求企业提供融资。如果没有金融工具的运用，现代物流结算就不能实现；如果没有金融渠道的畅通，现代物流渠道就会被堵塞；如果没有金融安全的保证。现代物流安全就没有保障。二是金融业对物流业的推动作用。[③] 现代金融最重要的特征就是金融创新，也就是以实现金融业利润最大化为目的的各项变革，这将对物流业的进一步发展起到极大的推动作用，物流业的快速健康发展离不开金融业的支持。金融业务的创新将进一步推动物流业朝着多样化、综合化、个性化发展；金融工具、金融制度和金融监督管理模式的创新，将会加快物流业的现代化进程，推动物流业运作模式的创新。[④]

2. 物流业为金融业创造新的发展空间。现代物流是一项跨行业、跨部门、跨地区甚至跨越国界的系统工程。[⑤] 一是物流业有着鲜明的网络化特征。因物流

---

① 储雪俭、钱赛楠：《基于耦合协调度和灰色关联度的中国物流业与金融业协调发展研究》，载《工业技术经济》2019 年 7 月 1 日。

② 陈倩、汪传旭：《基于产业关联模型的物流与金融协同发展实证分析》，载《商业经济研究》2015 年 8 月 30 日。

③ 崔丹凤、刘金萍：《金融业对物流业的促进机制》，载《商》2014 年 3 月 8 日。

④ 樊晓军：《依托金融支持发展现代物流》，载《中共太原市委党校学报》2002 年第 5 期。

⑤ 朱汉民：《我国金融业与现代物流的互动发展》，载《武汉理工大学学报（社会科学版）》2003 年第 3 期。

业地理跨度大、链条长、管理难度大，现金流水量极大、频率极高、需求信息高度汇集等，这使得物流业对现代金融服务的创新依赖很大。二是物流业为金融业拓展新的业务。物流业能为金融业提供坚实的产业基础和实业支撑，同时也可促使金融业衍生出新的业务模式，开发新的客户群体。物流业是商品使用权得以实现的重要环节，即商品由卖方在空间上成功转移到买方，买方才能够使用该商品；发展物流业可以降低商品交易的成本，提高物流业效率可以节约经济成本。[①]物流企业成为金融结构新的理财对象，产生了多种类型的跨行业服务产品，如国内信用征信、"融通仓"等金融产品的出现，丰富了银行类金融结构的产品线，扩大了其业务范围，也增加了其中间业务的收入。

（二）绿色物流金融：物流业与金融业融合发展新模式

物流金融是指面向物流业的经营过程，通过应用和开发各种金融产品，有效地组织和调剂物流领域中货币资金的运动，[②]很显然，物流金融是从物流的环节介入金融工具，是物流业与金融业合作的产物，是金融业务创新的结果，是物流业转型升级的必然要求。随着信息技术的迅速发展，对物流业与金融业融合发展的理论认识研究也不断加深，从对物流金融基础理论和经营模式的探索，逐步演化为对物流金融创新及其风险的研究，再顺应时代发展要求，进化到借助"互联网＋"深入物流金融的标准化、智能化、绿色化研究。由此看出，物流金融的发展趋势是在互联网快速发展时代，密切跟踪经济社会绿色可持续发展的需要，推进物流金融与"互联网＋"的深度融合。[③]

绿色物流金融。物流业在为国民经济社会发展做出重大贡献的同时，对环境造成的污染也越来越受到人们的重视。21 世纪是生态文明绿色经济发展的世纪，在生态文明时代里，物流金融领域也开始向"绿色经济"方向发展，为此，绿色物流应运而生。绿色物流的发展要求绿色金融为其提供更高更好的服务，绿色物流与绿色金融的融合产生了绿色物流金融，而其所具有的优势是能够促进发展绿色经济和绿色物流，从而来推进低碳经济建设，可以更好地有效地实现物流的经济效益、生态效益和社会效益，做到三者的有机结合和统一。绿色物流金融行业是符合绿色经济的一种新兴行业，是一种新型的经济发展模式，其目的是要做到绿色、物流、金融三者的融合。为此，必须建立绿色物流金融支撑体系。[④]一是建立激励政策体系。通过绿色信贷、绿色证券、绿色基金、绿色期货、绿色税收

①　崔丹凤、刘金萍：《金融业对物流业的促进机制》，载《商》2014 年第 5 期。

②　何静：《物流金融业务模式及风险管理研究》，载《中国市场》2013 年第 38 期，第 30～31 页。

③　汪传雷、王静娟、吴娟华：《物流金融研究的知识图谱、阶段特征、演化趋势》，载《重庆工商大学学报（社会科学版）》2019 年第 3 期。

④　李春香、蒋成忠：《绿色物流金融运营环境问题及优化思考》，载《商业经济研究》2015 年第 25 期。

等政策引导银行业将更多的资金投向绿色物流运营。这样，那些低污染、低能耗的绿色物流企业在政府绿色政策支持下，通过行业本身、政府以及各金融机构的通力协作更好地保护生态环境，促进绿色物流金融的发展。二是建立绿色物流金融人才支撑体系。加强高等学校物流金融课程知识的教学渗透，加强对任课老师、物流企业精英骨干的培训，加强物流金融前沿知识的传播。

（三）绿色金融物流：物流金融发展的新视角

金融物流与物流金融的内容差不多，出发点是从金融工具中添加物流这一手段。金融物流，意旨金融机构向融资企业提供金融服务，并以企业自有或金融机构认可的第三人的流动资产或权利凭证作为抵押担保，以及其他经济活动中的权利人要求以流动资产作为抵押担保，为了保持流动资产的担保属性，第三方物流企业对抵押担保的流动资产开展的物流及其衍生业务，是金融与物流的有机结合。[①] 金融物流不仅能帮助银行扩大借贷规模、降低经营风险，而且能够解决企业融资难、融资贵问题。参与金融物流运作过程的主体主要是银行、融资企业和第三方物流企业，银行与第三方物流企业联合起来为融资企业提供金融物流服务，这样不仅能加快商品的流通，而且又能使物流、资金流和信息流创造出更大的价值，促进了社会资源的优化配置。[②] 总之，金融物流是为了应用和开发各种金融产品而发生的物流活动。

绿色金融物流的核心是金融物流的运作模式绿色化，通过树立绿色发展和绿色物流理念，在商品运输、配送、仓储、包装、搬运装卸等物流活动中，降低环境污染、尾气排放、减少资源消耗，[③] 使用清洁能源，更好地实现绿色金融和绿色物流的结合，充分发挥两者各自的优势特点，在保证实现绿色金融物流的基础上，实现物流企业可持续发展目标，提高人民生活质量。

---

①② 夏利强：《金融物流运作模式及风险控制研究》，《市场周刊》2019 年第 9 期，第 139 ~ 140 页。
③ 于颖：《绿色物流金融运营模式问题及改进》，载《赤子（上中旬）》2015 年第 9 期。

附录

习近平生态文明思想论

党的十九大提出习近平新时代中国特色社会主义思想并写进党章。习近平新时代中国特色社会主义思想不是纯经济学的问题，包括政治、经济、社会、文化、生态等各方面内容。中国特色社会主义生态文明思想就是其中一个重要内容。在党的十九大报告以及很多场合的讲话中，习近平同志都讲到必须树立和践行"绿水青山就是金山银山"的理念，强调"建设生态文明，关乎人民福祉，关系民族未来"① 战略定位。习近平生态文明思想是新兴交叉学科研究的范畴和内容，是既立足于推进中国特色社会主义生态文明发展道路的作为发展观的生态文明思想，也是立足于探索中国特色社会主义市场经济的绿色发展道路的作为境界论的生态文明思想。习近平的生态文明思想丰富和完善了马克思主义生态经济学理论，并在实践中不断探索和创新。因此，研究习近平生态文明思想，具有重大理论和现实指导意义。

一、习近平生态文明思想是对马克思生态经济学理论的继承和发展

习近平生态文明思想始终贯穿着辩证唯物主义和历史唯物主义的科学世界观和方法论，是当代中国精神的精华。

1. 习近平生态文明思想继承和发展了马克思自然生态环境理论。

在 21 世纪人类文明发展的新时代，我们要坚持的马克思主义是以与时俱进为根本理论品质的马克思主义。尽管马克思不是生态经济学家，但马克思非常重视人与自然的和谐。马克思多次申明自己的唯物主义立场，完全承认和坚持自然界对于人类的优先地位的不可动摇性。他在《1844 年经济学哲学手稿》《德意志

---

① 中共中央文献研究室：《习近平关于社会主义生态文明建设论述摘编》，中央文献出版社 2017 年版，第 5 页。

意识形态》等中明确提出了"外部自然界的优先地位"。① 这是马克思主义关于自然界对于人类及人类社会的优先地位的科学论断，是马克思、恩格斯把自然界的客观实在性和存在性看作我们认识自然的逻辑前提，是哲学与经济学之统一的生态经济学思想。外部自然界的优先地位，从根本上规定了自然界是人类及人类社会存在的根源性基础。因此，生态应该也必须优先，这是生态在人类实践活动中享有优先权的一种内在的、本质的必然趋势和客观过程，是不以人们意志为转移的客观规律。② 当今人类文明正在迈入生态时代，生态优先已经正在成为现代人类实践活动的客观过程。所以，我们完全可以说，生态优先规律不仅是（或应该是）世界系统运行的基本规律，而且也是（或应该是）人类处理与自然关系的最高法则。③

习近平总书记在很多场合多次讲话的内容都蕴含着生态与经济，生态与文明的内在关系，包含了生态发展优先的原则。（1）生态兴则文明兴，生态衰则文明衰④。习近平总书记曾讲到："你善待环境，环境是友好的；你污染环境，环境总有一天会翻脸，会毫不留情地报复你。这是自然界的规律，不以人的意志为转移。"⑤ 顺自然规律者兴、逆自然规律者亡。人类的行为方式必须符合自然规律。人类文明要想继续向前推进持续发展，就必须正确认识人与自然的关系，解决好人与自然的矛盾和冲突，并将其置于文明根基的重要地位。在文明进步中，什么时候生态被牺牲掉了，生态危机就出现了。生态危机是人类文明的最大威胁。习近平总书记的这些论述深刻阐释了人类在从事经济活动时，首先要认识自然规律再利用自然规律，自然规律和经济规律的有机统一性不断被实践所证实。（2）生态就是资源，生态就是生产力，保护生态资源就是发展生产力。因此，在经济活动中必须抓好这项工作，否则，将来的经济发展会付出更大的代价，破坏生态环境就是破坏生产力。发展过程中，如果生态环境被破坏了，搞起一堆东西，最后都是一些破坏性的东西，再想补回去，那成本代价就大了。因此，我们必须处理好经济发展同生态环境保护的关系，牢固树立保护生态环境就是保护生产力、改善生态环境就是发展生产力的理念，"走生态优先、绿色发展之路"。⑥ 习近平总书记的这些重要论述丰富和发展了马克思主义自然生产力思想。（3）良好生态环

---

①　《马克思恩格斯全集》第一卷，人民出版社 1960 年版，第 50 页。

②　刘思华：《生态文明与绿色低碳经济发展总论》，中国财政经济出版社 2011 年版，第 79 页。

③　刘思华：《刘思华文集》，湖北人民出版社 2003 年版，第 494 页。

④　中共中央宣传部：《习近平总书记系列重要讲话读本》，人民出版社 2016 年版，第 231 页。

⑤　《习近平任浙江省委书记时在浙江生态省建设领导小组会议上的讲话》，载《人民日报》2005 年 4 月 15 日。

⑥　中共中央文献研究室：《习近平关于社会主义生态文明建设论述摘要》，中央文献出版社 2017 年版，第 68 页。

境是最普惠的民生福祉。① 良好的生态环境是生产力，是发展后劲，是核心竞争力。蓝天白云、绿水青山是民生之基、民生所向。因此，保护好生态环境，留得住青山绿水，是关系到人民根本利益能否得到保障，关系到中华民族能否健康延续下去的重大战略问题。要把保护生态环境放在重中之重的位置，"像保护眼睛一样保护生态环境，像对待生命一样对待生态环境。"② 让良好的生态环境普惠民生，让人民生活幸福指数得到提升，是民生所向。

2. 习近平生态文明思想坚持和发展了马克思人与自然和谐统一理论。

按照马克思的自然生态环境理论，自然是一切存在物的总和，是物质实在，是客观世界。自然界当然就是最先的、最基础的存在。因而，就自然与人的关系来看，自然界无疑是人的存在及其一切实践活动的基础与前提。马克思自然环境理论实际就是人与自然关系理论，其精髓就是人与自然和谐统一。它包括两层含义：一是人与自然的统一性，这就是人与自然的内在统一；二是人与自然的和谐性，这就是人与自然的和谐发展。在马克思、恩格斯对人、社会、自然相互关系的论述中，我们可以看出，人与自然和谐的本质内涵，应当是人与自然矛盾统一性的一种表现形式，是人与自然之间相互依存、相互适应、相互转化的关系，体现着人及社会的发展和自然发展的协调性和一致性，这就是人与自然的辩证和谐关系。

以习近平同志为核心的中国共产党人遵循马克思主义辩证唯物主义思想和处理人、社会、自然的发展关系，继承和发展马克思"人与自然和谐统一"的光辉思想，认识到人类是自然的组成部分，我们必须尊重自然、顺应自然、保护自然。习近平在多种场合的多次讲话中，用非常形象的比喻来论生态环境："公共产品""绿水青山""环境就是民生""生命共同体""眼睛"和"生命"。我们从中体会到，每一种形象的表达都包含着生态意蕴和生态经济学阐释，是对马克思主义生态经济思想的继承和发展。

习近平关于生态文明思想，就是以辩证唯物主义和历史唯物主义为指导认识生态文明绿色发展中得出的结论。这些思想贯穿着马克思发展理论的生态经济意蕴，体现着辩证唯物的精神。（1）尊重生态系统的整体性。人是自然人，人因自然而生，人与自然之间是一种和谐共生的关系，对自然的伤害最终会伤及人类自身。③ 山水林田湖是一个生命共同体，人的命脉在田，田的命脉在水，

① 中共中央文献研究室：《习近平关于社会主义生态文明建设论述摘要》，中央文献出版社 2017 年版，第 4 页。

② 中共中央文献研究室：《习近平关于社会主义生态文明建设论述摘要》，中央文献出版社 2017 年版，第 8 页。

③ 中共中央文献研究室：《习近平关于社会主义生态文明建设论述摘编》，中央文献出版社 2017 年版，第 11 页。

水的命脉在山，山的命脉在土，土的命脉在树。① 如果各顾各的，最终造成生态的系统性破坏。因此，根据生态系统各组成部分之间相互联系相互作用机制，必须对山水林田湖进行统一保护、统一修复。城市同样是一个大生态系统，城市规划建设的每一个细节都要考虑对自然的影响，更不能打破自然系统。城市规模要同资源环境承载能力相适应，如果城市环境容量变少了，污染就必然加重。城市建设都必须尊重自然、顺应自然，以自然为美，把好山好水好风光融入城市。（2）用系统思维观统筹山水林田湖草的治理。生态是统一的自然系统，生态系统是占据一定空间的自然界的客观存在的实体。在自然界中的生物与环境、生物与生物之间存在着互相联系、相互依存的关系。因此，必须遵循自然规律，依据生态的整体性、系统性对山水林田湖草进行统筹管控。种树的、治水的、护田的，都必须注重自然界的生态平衡，否则就会造成生态系统的破坏。②

习近平总书记的上述论述，既体现了自然规律和经济社会发展规律的统一，也体现了辩证思维与系统思维的统一。强调只有树立人类与自然的生命共同体、人与人的命运共同体的观念，通过处理好人与人之间的生态利益关系，才能最终解决人与自然的矛盾关系。这些论断不仅丰富和发展了马克思主义生态观，也完善了马克思主义矛盾论和系统论。

二、习近平生态文明思想是对马克思主义与中国实践相结合的创新

早在习近平担任浙江省委书记时，对"发展"以及"如何发展"的问题，就进行过深刻的思考和探索，并在当时结合浙江经济社会发展实际，总结反思西方国家的发展观演进历程，提出浙江省的发展既要 GDP，又要绿色 GDP 的主张。③ 习近平同志有关生态文明的思想，是对科学发展观的继承和发展，是在新时代历史条件下对马克思主义与中国实践相结合的创新。

（一）习近平生态文明思想源于实践、出自实践

1. "绿水青山就是金山银山"（简称"两山"论）包含着经济绿色发展的实践逻辑。习近平同志在浙江主政期间，曾到湖州安吉余村考察时指出，"我们过

①② 习近平：《关于"中共中央关于全面深化改革若干重大问题的决定"的说明》，载《人民日报》2013 年 11 月 12 日。

③ 习近平：《之江新语》，浙江人民出版社 2007 年版，第 37 页。

去讲既要绿水青山，也要金山银山，其实绿水青山就是金山银山。"① 随后《浙江日报》（2005 年 8 月 24 日）正式刊登了习近平《绿水青山也是金山银山》的文章，文中用通俗的语言进一步阐释论证了"绿水青山"和"金山银山"之间的辩证关系，以及在经济活动中如何把"绿水青山"变成"金山银山"。

"两山"理论简明扼要且形象地概括了生态保护与经济发展的关系。对"两山"的认识来自实践，并在实践中不断升华，共经历三个阶段：一是不顾生态环境的自我承载能力，掠夺式开发资源，用绿水青山换取金山银山，为了追求 GDP 不惜牺牲生态环境代价发展经济，造成资源和环境双重约束，导致了经济不可持续。实践证明：用绿水青山换金山银山，也就是以牺牲环境为代价来发展经济，这条"先污染、后治理"的道路已经走不通了。尤其是随着生态环境问题的日益严峻，以及大量的环境群体性事件问题威胁着社会的和谐稳定，我们必须要重视环境保护。二是既要绿水青山，也要金山银山。习近平把经济发展与资源环境保护放在了同等重要的地位，既要保护好生态环境，也要发展好经济，二者缺一不可。很显然，只有将金山银山和绿水青山结合起来，才符合科学发展观，才能满足老百姓的期望。在发展的过程中注重对绿水青山的保护，这样的发展才能保持持久的活力。三是宁要绿水青山，不要金山银山，而且绿水青山就是金山银山。习近平总书记（2013）年在哈萨克斯坦那扎尔巴耶夫大学的演讲，使绿水青山和金山银山的关系得到进一步升华。习近平总书记明确地把保护生态放在首位，强调一旦经济发展与生态保护发生冲突，"宁要绿水青山，不要金山银山"②，强调一切都应该围绕改善生态环境而发展。要善于把生态优势变成经济优势，这就是绿色经济发展的方向，因地制宜地选择好适合于当地发展的生态产业，在发展生态产业中谋求绿色经济发展。通过生态与产业融合，绿色发展和经济发展的融合，破解环境保护与经济发展两者不能兼得的难题。

2. 习近平生态文明思想的目的和归宿都是为了人民群众的根本利益。人类迈入 21 世纪生态文明新时代，我国社会的主要矛盾已经发生了变化。当前，解决此矛盾的关键在于发展，以绿色经济发展破除不平衡、不充分发展导致的环境问题，以生态优先绿色发展逐渐缩小优质生态产品供需矛盾。马克思主义的根本立场就是坚持发展为人民。党的十八届五中全会鲜明提出要坚持以人民为中心的发展思想，把增进人民福祉、促进人的全面发展、朝着共同富裕方向稳步前进作

---

① 2005 年 8 月 24 日，《浙江日报》头版刊发时任浙江省委书记的习近平用笔名"哲欣"撰写的评论文章《绿水青山也是金山银山》。

② 《习近平在哈萨克斯坦纳扎尔巴耶夫大学发表题为〈弘扬人民友谊 共创美好未来〉的重要演讲（2013 年 9 月 7 日）》，载《人民日报》2013 年 9 月 8 日。

为经济发展的出发点和落脚点。① 在十八届五中全会精神专题研讨班上，习近平指出，"绿色发展，就其要义来讲，是要解决好人与自然和谐共生问题。"② 坚守人民这个中心，就是一切依靠人民，一切为了人民，发展成果由人民共享。要想人民之所想，要急人民之所急，重点解决损害群众健康和人体生态的突出问题。③ 坚持生态优先发展，坚持生态利民、生态惠民，不断满足人民日益增长的生态需求。让老百姓吃得开心喝得放心，生活在优美的环境中。习近平 2016 年在全国卫生健康大会上指出，"良好的生态环境是人类生存与健康的基础"④。强调"努力全方位全周期保障人民健康，把人民健康放在优先发展的战略地位。"同时还强调，"实行严格的生态环境保护制度，切实解决影响人民群众健康的突出环境问题。"⑤

实现"人与自然和谐共生"的绿色发展。坚持人与自然和谐共生是习近平新时代中国特色社会主义思想，尤其是习近平绿色经济思想的鲜明体现，它从系统论、整体观的高度提出了认识人与自然关系的重要思想，同时也反映了习近平生态文明建设重要战略思想的时代特色、实践特色和中国特色。党的十九大报告对坚持人与自然和谐共生基本方略的内涵和实质作了高度凝练的集中表述，提出"我们要建设的现代化是人与自然和谐共生的现代化"，⑥ 并从多层次、多维度来阐释人与自然和谐共生的丰富内涵，彰显了新时代现代化的新内涵。第一，必须尊重自然、顺应自然、保护自然。绝不对在经济发展中破坏生态环境，践踏自然规律和经济规律。必须要始终牢固树立绿色发展理想。"坚持节约资源和保护环境的基本国策，坚定走生产发展、生活富裕、生态良好的文明发展道路。"⑦ 第二，为人民创造良好生产生活环境。为老百姓提供更多优质生态产品是为了保障民生，为人民创造良好的生产生活环境就是坚持以人民为中心的发展思想。"还老百姓蓝天白云、繁星闪烁"，"还给老百姓清水绿岸、鱼翔浅底的景象"，"为老百姓留住乡愁，留住鸟语花香的田园风光"。⑧ 习总书记的这些朴实话语，处

---

① 中共中央文献研究室：《习近平关于社会主义及经济建设论述摘编》，中央文献出版社 2017 年版，第 31 页。

② 中共中央文献研究室：《习近平关于社会主义生态文明建设论述摘编》，中央文献出版社 2017 年版，第 32 页。

③ 中共中央文献研究室：《习近平关于社会主义及经济建设论述摘编》，中央文献出版社 2017 年版，第 41 页。

④ 中共中央文献研究室：《习近平关于社会主义生态文明建设论述摘要》，中央文献出版社 2017 年版，第 90 页。

⑤ 人民日报评论员：《把人民健康放在优先发展战略地位》，载《光明日报》2016 年 11 月 24 日。

⑥ 《习近平在中国共产党第十九次全国代表大会上的报告》，载《人民日报》2017 年 10 月 28 日。

⑦ 习近平：《以新的发展理念引领发展，夺取全面建成小康社会决胜阶段的伟大胜利》，引自《十八大以来重要文献选编》（中），中央文献出版社 2016 年版，第 826 页。

⑧ 《习近平在全国生态环境保护大会上的讲话》，载《解放日报》2018 年 5 月 20 日。

处为老百姓着想，句句说在老百姓心坎儿上。

（二）习近平的"绿色发展之路"是一条立足于中国实际、具有中国特色的发展道路

绿色发展，从根本上来说是发展道路问题，强调发展的绿色底蕴，是对发展道路和模式的一种"绿色"譬喻和形象表达。习近平所提出的"绿水青山就是金山银山"就是生态文明建设之路。这条道路最难的就是如何对生态经济进行建设。这条绿色发展道路，是生态文明建设内生发展之路的新探索。浙江"两山"发展之路实践证明，"绿水青山不仅可以变成金山银山"，而且还破解了在传统工业经济系统内无法解决的诸多难题，找到了自然资本增值与环境改善良性循环的生态经济新模式。

习近平的绿色发展思想，引导中国走向了永续发展、文明发展的新道路。习近平强调坚持绿色发展理念，努力探索生态文明与绿色经济发展相结合的绿色发展之路。"绿色发展之路"，是一条立足于中国实际、具有中国特色的发展道路，其基本实现途径就是绿色发展、循环发展、低碳发展。因此，任何经济活动不仅不能以牺牲生态环境为代价，而且必须坚持把生态经济优先发展放在首位。走绿色发展之路，建设生态文明，实现人与自然和谐发展是非常重要和紧迫的，这既是实现可持续发展的前提和保障，也是社会主义现代化建设的本质要求。

2004 年 10 月 12 日，习近平在"中国·浙江生态省建设论坛"上的讲话时提出，"生态环境是经济社会发展的基础"①。经济发展，既要看数量也要看质量，GDP 不是唯一衡量指标，必须注重人口、资源、环境等指标。"我们不仅要为今天的发展努力，更要对明天的发展负责，为今后的发展提供良好的基础和可以永续利用的资源和环境。"② 习近平在博鳌亚洲论坛年会的中外企业家代表座谈会上强调，"我们要走绿色发展的道路，让资源节约、环境友好成为主流的生产生活方式。"③ 中国正努力推动能源革命和能源结构转型，推进资源节约和环境友好型社会的建设。

习近平同志高度重视长江经济带的发展，多次强调绿色发展新理念新思想要体现到长江经济带的发展中。"大保护工作也是兵马未动粮草先行"。这个"粮草"就是思想认识，要有序地开发，要在保护中开发，要走"生态优先、绿色发

---

① 《2004 中国·浙江生态省建设论坛》，载《浙江日报》2004 年 10 月 13 日。

② 《绿水清山就是金山银山——习近平同志在浙江期间有关重要论述摘编》，载《浙江日报》2015 年 4 月 17 日。

③ 《习近平在同出席博鳌亚洲论坛年会的中外企业家代表座谈会时的讲话》，载《人民日报》2015 年 3 月 20 日。

展之路"。① 2016 年 1 月 5 日，习近平在重庆召开推动长江经济带发展座谈会上强调，只有走生态优先绿色发展之路，才能永葆母亲河的活力，才能使绿水青山产生巨大的生态、经济和社会效益，并能实现三种效益的有机统一。② 随后在中央财经领导小组会议上，习近平再一次强调，"推动长江经济带必须坚持生态优先、绿色发展，共抓大保护，不搞大开发。"③ 习近平这次重庆座谈会上的讲话，首次将改善长江生态环境放到顶层设计的第一位，将长江的命运提升到文明传承高度的历史判断，是一次以生态长江为发力点推动中国发展转型的战略抉择。由此，长江经济带建设思路发生"绿色转型"，从强调"黄金水道"、经济开发转到强调生态优先、绿色发展。④ 在国家长江经济带发展规划纲要呼之欲出之际，习近平此番讲话被认为是中央对长江经济带发展战略的重新谋划，敲定绿色发展的新长江之歌主旋律。生态优先绿色发展，是以生态经济学新范式及生态经济协调发展理论来探索绿色发展道路问题，以生态经济的要求来规范产业发展，尊重自然规律、经济规律和社会规律。

习近平到湖北武汉观察并主持召开座谈会上强调，"必须正确把握生态环境保护和经济发展的关系，探索协同推进生态优先和绿色发展新路子。"那么如何走绿色发展之路呢？一是要准确把握"大保护""大开发"和生态优先、绿色发展的内涵，以及保护与开发之间的关系。二是要积极探索推广绿水青山转化为金山银山的路径，发展全社会力量。三是要深入实施乡村振兴战略。⑤ 习近平一系列论断对发展实践的重大引领，使长江经济带正在成为反映和践行绿色发展理念的一个重要窗口。

（三）习近平"加快推动形成绿色发展方式和生活方式"是生态文明建设的必然要求

习近平在中共中央政治局集体学习时提出，"推动形成绿色生产方式和生活方式，为人民群众创造良好生产生活环境。"⑥ 这一重要论述，指明了绿色经济发展的基本内涵。推动形成绿色发展方式，必须要加快转变经济发展方式，正如习总书记所说的，过去的经济增长"过多依赖增加物质资源消耗、过多依赖规模

---

　　①④　《习近平在推动长江经济带发展座谈会上的讲话（2015 年 1 月 5 日）》，载《人民日报》2016 年 1 月 8 日。

　　②　习近平：《走生态优先绿色发展之路让中华民族母亲河永葆生机活力》，载《人民日报》2016 年 1 月 8 日。

　　③　《习近平在中央财经领导小组会议上的讲话》，载《人民日报》2016 年 1 月 27 日。

　　⑤　《习近平在深入推动长江经济带发展座谈会上的讲话》（2018－04－26），载《求是》2019 年第 17 期。

　　⑥　中共中央文献研究室：《习近平关于社会主义生态文明建设论述摘编》，中央文献出版社 2017 年版，第 35～36 页。

粗放扩张、过多依赖高耗能高排放产业的发展",这种传统的不可持续的发展模式必须彻底改变,通过依靠科技创新来推动经济绿色发展,形成新的发展方式,即是注重经济发展与生态环境保护和谐共进的发展方式,也是如何让绿水青山变成金山银山的发展方式。

推动形成绿色发展方式,必须要培育绿色生活方式,"培育绿色生活方式,倡导勤俭节约的消费观。推动全民在衣、食、住、游等方面加快向勤俭节约、绿色低碳、文明健康的方式转变,坚决抵制和反对各种形式的奢侈浪费、不合理消费。"① 绿色消费引领绿色生活方式。绿色消费是一种具有生态环保意识和道德意识的消费行为,注重节约资源和环境保护,反对铺张浪费,体现了人类新的道德观、价值观和人生观。

绿色发展方式和生活方式的形成是发展观的变革,要充分认识到其重要意义,才能促进经济增长方式和资源利用方式的根本性转变,才能使绿水青山变成金山银山。这就要求在实践中坚持和贯彻新发展理念,正确处理经济发展和生态环境保护的关系。正如习近平同志所说,要像保护眼睛和生命一样保护生态环境。让中华大地天更蓝、山更绿、水更清、环境更优美。② 因此,我们必须在思想上高度重视起来,只有充分认识形成绿色发展方式和生活方式的重要意义,才能把推动形成绿色生产方式和生活方式摆在更加突出的位置。如果不重视、不抓紧、不落实,仍凭存在的问题再恶化下去,将导致我国发展的不可持续。

三、践行习近平生态文明思想实现人与自然和谐共生的美丽中国梦

党的十九大报告指出,"我们要建设的现代化是人与自然和谐共生的现代化"。③ 新时代的现代化,需要不断地创造出满足人民日益增长的多方面需要。经济发展与绿色发展的紧密融合,一定会给人民带来更多的利益,让人民享受更好的生态服务,获取更优美的生态环境。

习近平同志最早提到"绿色经济"概念,是出现在 2003 年浙江省第十届人民代表大会上所作《政府工作报告》中,他指出:"以营造绿色环境、发展绿色

① 《中共中央国务院〈关于加快推进生态文明建设的意见〉》,载《人民日报》2015 年 5 月 6 日。
② 中共中央文献研究室:《习近平关于社会主义生态文明建设论述摘编》,中央文献出版社 2017 年版,第 33 页。
③ 习近平:《决胜全面建成小康社会 夺取新时代中国特色社会主义伟大胜利》,人民出版社 2017 年版,第 50 页。

经济为主要内容，加强生态省建设为主要载体，全面建设绿色浙江。"① 此后，习近平同志针对我国不同地区的发展问题，多次提到加快发展绿色经济。例如，在 2009 年 8 月在内蒙古考察时，习近平同志指出内蒙古作为我国重要的生态屏障，要"坚持走新型工业化道路，大力发展循环经济和绿色经济，坚决淘汰落后产能"，推进民族地区繁荣稳定。② 2011 年 5 月，习近平同志在贵州省党政领导干部座谈会上，要求贵州"要把大力推广低碳技术、发展绿色经济和循环经济作为战略支点，"同时指出，"贵州要坚持寓资源能源开发、产业发展于生态建设中，努力实现经济社会发展与人口、资源、环境相协调。"③ 习近平同志第一次提出"做强做大绿色经济"，是在 2016 年中央财经领导小组第十四次会议上，强调"加快生态文明建设，加强资源节约和生态环境保护，做强做大绿色经济"，④用好绿色优势做强做大绿色经济。

建设美丽中国，建设人与自然和谐共生的生态文明，是实现美丽中国梦的重要内容。习近平所说的"美丽中国梦"，不是虚幻的，而是具体的、现实的、可实现的社会主义美好蓝图。加强绿色发展和经济发展的紧密结合，坚持不懈的绿色经济创新实践发展，必将会把人类生存与生活方式引向更好的、更高的、更合理的境界。

坚持生态优先绿色发展理念，做强做大绿色产业。积极发展绿色产业，尤其是要"积极推广生态农业技术，发展无公害农产品、绿色农产品和有机农产品生产"，积极"推广清洁生产，降低工业能耗，培育资源节约型、生态环保型产业"⑤，着力构建现代产业发展新体系，夯实绿色经济发展的产业基础。现代产业发展新体系是习近平同志关于经济结构调整的一个基本观点，包括着力发展高效生态农业、坚持走新型工业化道路、大力发展现代化服务业等重要内容，主要任务是对现有产业体系进行优化升级，减少产业发展对环境的破坏和干扰。

坚持生态优先绿色发展，必须高度重视绿色创新。习近平讲"抓创新就是抓发展，谋创新就是谋未来"。⑥ 绿色经济发展依靠绿色创新，绿色创新作为绿色经济发展直接而主要的驱动力，是绿色与发展内在融合的关键。习近平指出，

---

① 《浙江省人民政府 2003 年工作报告》，浙江省人民政府官方网站，2003 年 1 月 16 日。

② 习近平：《切实加强和改进党的建设 大力推动民族地区繁荣稳定》，载《人民日报》2009 年 8 月 26 日。

③ 李军等：《走向生态文明新时代的科学指南：学习习近平同志生态文明建设重要论述》，中国人民大学出版社 2015 年版，第 84 页。

④ 中共中央文献研究室编：《关于社会主义生态文明建设论述摘要》，中共文献出版社 2017 年版，第 35 页。

⑤ 《浙江省人民政府 2003 年工作报告》，浙江省人民政府官方网站，2006 年 1 月 10 日。

⑥ 中共中央文献研究室：《习近平关于科技创新论述摘要》，中央文献出版社 2016 年版，第 7 页。

"抓住了创新，就抓住了牵动经济社会发展全局的'牛鼻子'"。① 进而言之，抓住了绿色创新，就抓住了牵动绿色发展的"牛鼻子"。因此，我们必须"积极利用高新技术、先进适用技术和'绿色技术'改造传统工业"，为绿色经济发展提供技术支撑。只有实现了这些新技术的创新，才能使产业更新换代不断加快。坚持自主创新的同时，要善于根据我国国情，将国外先进的适合我们的绿色技术、低碳技术和相应产业之都引入进来，促进我国绿色经济的发展。

建设美丽中国，必须加强国际合作。美丽中国与美丽世界建设密切关联。"一花独放不是春，百花齐放春满园"。生态环境保护是全人类共同的责任，发展绿色经济是全球面对的共同任务，需要世界各国积极开展双边和多边合作，携手共进，为实现中华民族永续发展而不懈奋斗，为中华民族的伟大复兴建设美好环境而努力。

（原载"2019 中国生态经济建设·恩施论坛"的会议论文集，第 21～27 页）

---

① 中共中央文献研究室：《习近平关于社会主义经济建设论述摘编》，中央文献出版社 2017 年版，第 33 页。

人与自然和谐平衡关系的再思考

2020 年新冠肺炎疫情在全世界范围内肆虐，这场来势凶猛的突发灾难，看似是偶发的重大突发公共卫生事件，实则有着深刻的生态环境背景。新冠肺炎病毒以及过往的"亨德拉病毒""尼帕病毒""SARS 病毒""埃博拉病毒"等病毒的流行，都与生态环境有关，与人类自身行为活动有关。如何应对这一严峻的挑战，关乎各国人民的安危，是全世界面临的大考。

一、工业文明生产方式和生活方式是人与自然矛盾冲突的深刻根源

新冠肺炎病毒是人类共同的敌人，是当代人类生存危机与经济发展危机的综合反映，反证了人类与自然对抗所产生的激烈冲突。正如美国海洋生物学家蕾切尔·卡逊在《寂静的春天》中所指出的："人类的许多活动不仅危及了许多生物的生存，而且正在危害人类自己。"① 人类正以一种类似于自我毁灭的方式践踏自然生态环境，危害非人类生命物种，造成大量物种灭绝，导致地球环境急剧恶化。地球上所有的生物都依附于其所赖以生存的环境，每个特定的环境赋予生物特定的形态和习性，因此生命的历史也可以说是生物与环境交互的历史。人类的行为打扰了长期形成的人与自然和谐共生的平衡关系，给人类带来了难以对付的疾病和灾难，人类应该从中吸取深刻的教训，进而重新思考人类与自然界、经济发展与环境保护的关系，适应新的人类生存方式，将工业文明以来的经济发展方式进行彻底变革。

回顾人类社会文明的演进历史，人类与自然界的关系在不同的历史时期有着不同的表现形式。原始采猎文明时期，人类只具备低下的社会生产力，往往只能被动地从自然界获取维持生存的资源，且通常在数量上无法获得保证，这个时期人类的活动对于自然界的影响很低，也远没有达到自然生态系统自我恢复的极

---

① 蕾切尔·卡逊：《寂静的春天》，吉林人民出版社 2004 年版，第 4 页。

限，相反自然界恶劣的生存环境反而会对人类族群的增大带来不利的影响。人类只是自然生物链中普通的一环，主要扮演着消费者的角色。农业文明时期，人类的生产生活对于土地的依赖程度空前提高，而且随着生产力的不断提高，人类已经逐步摆脱了对自然界的被动依赖，脱离了采猎文明时期单纯依赖自然界现存资源生存的窘境。但是在对土地的充分利用中，人类的活动也逐渐改变了原本稳定的自然生态系统，给自然界打上了丰富的人类印记，人类渴望从自然界获得更多资源来使自身的生活更为丰裕，但是却造成了与自然生态系统平衡之间的矛盾。例如过度砍伐造成的水土流失以及洪涝灾害；过度垦荒造成的野生动物生存空间缩小以及物种灭绝等问题，在农业文明时期都有所体现。工业文明时期，人类生产力取得了一次巨大的进步，不但诞生了很多新的产业和生产方式，而且对传统的生产方式有了质的提升。工业文明框架下的经济发展导致了"人的主体性"地位加强，人与自然的和谐关系逐渐被打破。"人类中心主义"就是在新的工业经济体系中逐渐形成的，在新的经济关系中，人类已经独立于自然界之外，对自然界有着绝对的支配权，人类可以随心所欲地对自然进行改造和利用，从中获取人类所需要的生产生活资源。传统经济学框架下的工业文明所取得的成绩，都是人类在征服自然、控制自然的观念下获取的。因此人类对于自然的征服与控制已经逐渐融入了现代人的基因之中，认为人类与生俱来就是自然的主宰者。自进入现代以来，"人类对各种好的和坏的超自然力量的信仰，不断衰落，而人对他自身的自然力量的自信则以同样的比例增长。"[①] 工业文明时代为什么导致了人与自然矛盾的激烈化和尖锐化呢？人类自身的行为和实践活动给出了答案。历史唯物主义认为，"一切重要历史事件的终极原因和伟大动力是社会的经济发展，是生产方式和交换方式的改变，是由此产生的社会之划分为不同的阶级，是这些阶级彼此之间的斗争。"[②] 人类所有的社会活动都受制于生产方式和交换方式，因而随之而来的社会问题也是基于此产生的，人类当代面临的生态危机，追根溯源还是在于自身的生产方式不当和对自然资源的肆意索取之上。

剖析生态危机根源的研究主要有：经济、思想和社会根源，技术根源，市场经济根源，工业化发展模式等方面，归根结底是由具有毁灭性和自杀性的人类生存方式所造成的。实际上，生存方式是人类经济活动的抽象特征，也是人类现实生活的基本特征。自从工业文明发展至 20 世纪，人类就陷入了"人类中心主义"的精神桎梏，无论是从人类自身的生存出发，还是从经济的增长出发，这种思想都统治着人类对于自然界的一切认识。基于这样的认识，人类对于自然的索取几近残酷，无尽的掠夺、控制、占有，甚至不惜发动大规模战争，制造足以毁灭地

---

① 费尔德里希·包而生：《伦理学体系》，中国社会科学出版社 1988 年版，第 119 页。
② 《马克思恩格斯选集》，人民出版社 2012 年版，第 760 页。

球的核武器，无不是为了满足人类日益增长的欲望。人类工业文明高度发展的代价，就是地球生态系统的逐渐毁灭，若干的生态子系统甚至已经从地球上消失了，现代人类也一步一步地走向了自己带来的生态危机之中。

人类自身的生存危机和自然生态灾难表明：人类许多经济社会活动毁掉了自然界的格局和平衡，破坏了森林、牧场、渔场和耕地等生态系统，学术界早有公论，自然界的生态自我调节修复能力是一定的，而且需要漫长的时间自我复原，然而人类所追求的经济超速增长已经来到了自然生态系统再生能力的边界，即将对自然生态系统造成永久性破坏。很明显，人类的生存危机蕴藏在人类的生存方式之中，人类一直以来所习惯的生存方式中本身就有不尽合理的地方，新冠肺炎疫情的爆发，只是其中比较突出和激烈的表现，人类要想尽可能地排除这些潜在的威胁，还得从自身的生存方式中找线索。

二、生态文明建设是人与自然和谐平衡关系的实践基础

生态文明是人类通过对传统文明形态特别是对工业文明的弊端进行反思后形成的，是对人类发展的升华，是人类文明形态、发展理念、发展道路和发展模式的重大进步。生态文明发展观是一种划时代的全新的发展观与实现观，是对以人为中心的传统发展观的革命性变革。它不同于"人类中心主义"，"人类中心主义思想核心是：以自我为中心、以自我为本位。无论是对自然的驾驭和支配，还是对异族文明的征服和同化，都体现了这一主旋律。"[1] 这种"唯人论""自我本位论"是导致工业文明从兴盛到衰落的直接原因。生态文明的发展观和实现观推崇"以人为本和以生态为本"，不是简单的对人类中心主义的摈弃，而是吸收了其中对于人类生存发展合理的方面，去掉了其中反自然的本质，注重协调人与自然之间、人与人之间的关系，处理好人与自然的关系比处理人与人的关系具有更基础的位置。因此，我们可以认为，在生态文明时代，人、自然和社会应当是以一种更为和谐的新关系彼此融合，在这个时代里，人类需要反思之前所犯下的过错，并积极进行弥补，重建地球生态系统，维护地球自然界整体的平衡，而并非只是单一地满足人类自身的利益。

为此，我们要坚守以下几点。

一是生态文明遵循的是可持续发展观。重视对生态环境价值的评估，遵循生态经济秩序是前提，创新、协调、绿色是可持续发展的基本路径，其关键是要抓住人类的可持续发展问题，重点突出人类对于自然的开发与利用要做到尊重、顺

---

[1]　何中华：《可持续发展观及其哲学意蕴》，载《哲学研究》1996 年第 9 期，第 10 ~ 17 页。

应和保护。遵循生态优先发展的原则，坚持生态效益、经济效益和社会效益相结合的原则，以及产权激励与政府规制相结合的原则等。

二是生态文明要求树立人与自然的平等观。将社会系统、经济系统与自然生态系统关联起来，作为一个整体对待。无论何时，无论经济建设到何种程度，对于自然资源的利用都应当坚持红线原则，不能超过自然界所能承受的极限，在改造和利用自然的过程中，应给自然以充分的恢复时间；同时，对于人类和自然界其他生物赖以生存的大气、水、土壤等重要资源加以保护，不能轻易损害，严格遵循生态规律。

三是生态文明强调发展经济和保护生态紧密结合。保护生态环境并非不重视经济发展，而是在保护生态环境的前提下，将经济建设做得又好又快，实现生态与经济的统一发展，进而实现人与自然和谐相处，做到人类社会和自然界更高程度的平衡。生态文明的发展决定着生态文明价值观的形成，生态系统与经济系统不能够割裂发展，而应当放在一个篮子里加以考量，要将人类融入自然界中，而不是独立于自然之外，从宏观的角度理解人类如何在自然生态的限制之下发展社会经济，达到完美的统一。所以，我们要建立新的财富观和生态文明价值观，重新审视我们的经济建设和财富价值判断，并做出对未来最为有利最为长远的取舍。这种新的价值观，更能反映出人类社会的长远利益，也更容易被人们所理解和接受，是对"人类中心主义"的挑战，形成了内在统一的生态文明价值观。"这种价值观的本质是把人及其基本需要的满足作为现代经济发展的基本核心。"①

三、绿色生活方式是实现人与自然和谐平衡的现实路径

现代自然科学和生态学的研究已清楚表明，地球是一个完整的生态体系，每一个生物物种在地球生态系统中都有其他物种无法替代的独特功能和价值，有着自身的生存法则和生存空间。作为自然界一部分的人类，必须遵循人类特定的生存空间和人类自身行为活动边界，建立科学的生产方式和生活方式，实现人类与自然界交换的动态平衡。我们需要自然以及生存于其中的物种，我们与万物是连接为一体的。只要某一个微小生物遭到破坏，就会使整个自然界受到影响。人类为了更好地、更长久地生存发展，必须顺应自然、善待自然、呵护自然，在自然面前不能是一副高高在上的姿态，只有这样，人类才能在尊重规律认识规律的基础上，开发利用自然资源，获得更多更高的生态效益、经济效益。经济学的研究表明，人类的经济活动必须在自然生态系统承载能力范围内，合理利用自然资

---

① 刘思华：《可持续发展经济学》，湖北人民出版社 1997 年版，第 53～55 页。

源，维护自然环境的生态平衡，实现自然生态与人类社会的动态协调。

新冠肺炎疫情是大自然发出的警告，是大自然给我们上的一课，是大自然给人类不文明生活习惯的惩罚。我们不能完全否定人类为了自身生存，利用人类所掌握的科技对自然进行改造和利用，从而获取更为丰富的生活物资。但是，人类亦是来源于自然界，是生物链中独特的一环，并没有凌驾于其他生物之上的优势，更没有随意操作自然、改变自然的权利，人类所拥有的仅是与自然界其他物种和平共处的生存权。人类在生态系统中，依然要受到周围环境的各种制约，对自然界的依存度非常高。做一个极端的假设，地球没有当前的人类文明，可能还会孕育出其他生物的文明，但是一旦人类失去地球作为生存的家园，那么人类将会迎来灭顶之灾。因此，为了人类自身的生存与发展，就必须"以人为本"，高度重视人与自然的关系问题，维护好人民的根本利益，不断满足人民的基本生存需求和生存空间，保持好生态系统的平衡和秩序，创造更加良好的生态环境为子孙后代的生存和发展提供基础条件。"以人为本的核心，强调谋求发展的目的是为了实现人民群众的根本利益，让全体人民共同分享发展的成果。因此，只有正确处理了人与自然之间的和谐关系，才能创造人民生活幸福安康的生活。"①

生态文明呼唤科学的绿色的生活方式。生态文明理念激励人类采取绿色的生活方式，促使传统生活方式按照生态文明绿色发展的要求嬗变和创新，进而引导和推动绿色生活方式的形成。"生态文明是以尊重、顺应、保护自然为前提，以人与人、人与自然、人与社会和谐共生为宗旨，以资源环境承载力为基础，以建立可持续的生产方式、消费模式及增强可持续发展能力为着眼点，强调人的自觉与自律，强调人与自然的相互依存、相互促进、共处共融。"② 如果从狭义来理解，绿色生活方式也可以说是绿色消费方式，是人类与自然界共生的最高目标，通过对消费道德的引导，对消费心理的改进，帮助人类形成健康的、科学的、合理的、低碳的消费方式。生态文明理念反映了特定的时代精神、价值观念，引领人类社会实践的方向，推动绿色生活方式的形成，进而对社会生产生活方式产生巨大的影响。绿色生活方式鼓励人类去承担可持续发展的责任，它引导企业去生产绿色产品，它也体现了一个人或者一个家庭对环境的友好程度。因此，我们可以说，生态文明与绿色生活方式的价值取向是一致的，生态文明建设和绿色生活方式都涉及生产方式、生活方式和思维方式的深刻变革，追求人与自然和谐共生是它们共同的目标，这就需要充分发挥公众参与绿色生活的积极性、主动性，推动人们的生活方式向着真正的绿色化转变。人类的生产生活各项活动的决策过程，需要一套新的生态

---

① 刘海霞：《人与自然和谐：科学发展观的生态向度》，载《黄河科技大学学报》2015 年第 6 期，第 59 ~ 62 页。

② 中国科学院可持续发展战略研究组：《2013 中国可持续发展战略报告》，科学出版社 2013 年版，第 10 页。

规则，而生态文明就是这个规则。无论是从法律建设还是经济政策的制定，抑或是行政制度的设计，技术手段的创新，都以人与自然和谐共生为目标，进而实现生态文明建设与绿色生活方式协同推进。提倡节约、环保、低碳的新生活方式和消费模式，从物质和精神两个层面提升公众参与生态文明建设的积极性。

从生活方式的角度深刻反思这场因新冠肺炎疫情引发的重大灾难，人类必须重新审视自己的生活方式，审视自己对万物生命的态度，审视人的真实需求。推动形成绿色生活方式的抓手：一是提升生态产品的量与质。物质、文化、生态三大产品是现代人类生存所必需的基本品。我国经过几十年物质文明和精神文明建设，取得了优异的成绩，满足了人们日益增长的物质和精神需求，但是，生态产品却越来越难以满足人们的现代消费需求。有学者提出我国进入了生态短缺的时代。与一般物质产品和文化产品的极大丰富相比，随着人们可支配收入的增加和消费水平的提高，生态产品的有效需求逐年增加，但是供给却还停留在一个较低的水平，亦即生态产品的严重缺失。中国国情专家胡鞍钢指出，"无论是全国还是各地方，生态资本都是最稀缺的资本，生态产品都是最稀缺的产品，生态服务都是最稀缺的服务。"① 究其原因主要是生态产品供给不足，生态产品的供给制度仍不完善。在这种背景下，党的十八大报告明确提出"增强生态产品生产能力"的要求，作为建设生态文明的首要任务。增强生态产品生产能力的着力点：大力推进生态建设，重视生态修复；大力发展林业，提高森林质量和林地生态产品的生产力；强化现有森林的保护和经营管理，加强各林业生产与监管部门的协调能力；坚持以生态环境保护为基础、治理污染为核心，促进生态产品优质供给；完善增强生态产品生产能力的制度保障体系，为生态产品的生产营造一个良好的法制环境。同时，要牢固树立生态文明绿色消费观。坚决不购买、不消费野生动物。科学文明地对待野生动物，"野味"并不代表"新鲜"，"野味"并不能治病，更不能把"野味"当作"高级社交"的标签。禁食野味就是承接文明，因此，必须摒弃粗放低俗的生活观，树立文明、健康的饮食消费理念。

四、人类命运共同体是人与自然和谐发展的愿景

习近平总书记多次强调"良好生态环境是人和社会持续发展的根本基础"，强调"山水林田湖草是一个生命共同体"。生态系统是一个完整的系统，其价值具有整体性，是不可割裂的。构建人类命运共同体，就是要建设一个结构完整、功能齐全、处于动态平衡和良性循环的生态系统。党的十九大报告确认的"人与

---

① 胡鞍钢：《中国创新绿色发展》，中国人民大学出版社 2012 年版，第 174 页。

自然是生命共同体"的命题，就是我们寻找人与自然和谐关系的关键所在。人与自然是生命共同体，意味着人的生命与自然的生命是有机统一的。人类不可能凌驾于自然之上，也不是自然环境的被动接受者，而是生存于自然环境之中，并能对其加以改造的特殊生物。人类的世界与自然的世界并不是割裂的，而是交互纠缠在一起的，构成一个整体。"山水林田湖草是一个生命共同体"，人类要生存需要田地来种植庄稼获取食物，而田地则来源于自然界，经过人类的劳动改造，才能够为自己所用，田地与山水林湖草都息息相关，受着自然的广泛影响。人类的经济命脉在于田地，田地又受自然的影响，因此是具有整体性、协调性和依赖性的生态系统。以自然恢复为主，实施山水林田湖草生态保护，全面提升森林、河湖、湿地、草原、海洋等自然生态系统稳定性和生态系统服务功能。对某些动植物的保护并非环境保护的全部初衷，而是应当将整个生态系统保护起来，保护自然生态系统的自我修复力，达到物质进出的平衡状态，降低人类活动对生态环境的干扰。

　　构建人类命运共同体，关键在行动。人类命运共同体是一个多元性综合概念集合，"它是价值共同体、利益共同体、责任共同体、文化共同体、文明共同体的集合。"① 人类命运共同体就是每一个民族、每一个国家的前途命运都紧紧联系在一起。面对全球新冠肺炎病例和受疫情影响国家的数量持续增加，人类应清醒认识到，流行性疾病是不分国界和种族的，是人类共同的敌人，国际社会只有在公平正义的环境中建立密切合作伙伴关系，携手共进，推进全球共同治理，积极主动承担责任，才能战而胜之。应对人类面临的共同危机，各国政府既要保护好各国人民的生命安全，又要维护好世界各国的共同利益。同时，必须筑牢自然生态系统的篱笆。一是构筑尊崇自然、绿色发展的生态体系。树立绿水青山就是金山银山的发展理念，"绿水青山"与"金山银山"并不矛盾，而是利弊取舍的权衡，是人类一方面追求经济发展，一方面又遵循自然规则的动态平衡机制，既摆脱人类征服自然的既有思维，又消除自然报复人类的长期隐患，从而实现人与自然，经济与环境，人与社会的高层次和谐。二是构建生态环境治理体系。生态环境治理体系是一种美好的愿景，是一个有机整体，也是一个具有挑战性的过程。国际社会迫切呼唤新的生态环境治理理念，理念必须化为具体的方案。我们应当从完善制度体系着手，在市场监管、法治建设、经济政策制定、综合能力提升、社会行动优化等方面下功夫，构建生态环境治理的多视角、立体化、全方位体系；必须建立健全全国统一的自然资产产权制度，通过制度创新，夯实我国生态现代化的治理能力。

（与罗正茂合作完成，原载《生态经济》2020 年第 6 期）

---

① 李颖超：《人类命运共同体视域下的生态治理》，载《生态经济》2020 年第 1 期，第 205～210 页。

参 考 文 献

［1］［英］埃里克·诺伊迈耶：《强与弱：两种对立的可持续性范式》，王寅通译，上海世纪出版集团上海译文出版社 2006 年版。

［2］［美］比尔·麦吉本：《即将到来的地球末日》，束宇译，中信出版社 2010 年版。

［3］［美］保罗·萨缪尔森：《经济学》（第 16 版），华夏出版社 1999 年版。

［4］蔡守秋：《生态文明建设的法律和制度》，中国法制出版社 2017 年版。

［5］蔡琳海：《低碳经济大格局——绿色革命与全球创新竞争》，经济科学出版社 2009 年版。

［6］曹华飞：《建设生态文明就是发展生产力》，载《光明日报》2015 年 5 月 5 日。

［7］曹健林：《发挥市场作用　推动大众创业万众创新》，载《中国高新技术产业导报》2015 年 2 月 9 日。

［8］陈德昌：《生态经济学》，上海科学技术文献出版社 2003 年版。

［9］陈华斌：《试论绿色创新及其激励机制》，载《软科学》1999 年第 3 期。

［10］陈剑：《生态文明建设应突出制度安排》，载《中国经济时报》2012 年 12 月 16 日。

［11］陈宗兴主编：《生态文明建设（理论卷/实践卷)》，学习出版社 2014 年版。

［12］陈红蕊等：《编制自然资源资产负债表的意义及探索》，载《环境与可持续发展》2014 年第 1 期。

［13］陈吉宁：《如何理解环境友好型社会》，载《南方》2006 年第 1 期。

［14］陈诗一：《节能减排、结构调整与工业发展方式转变研究》，北京大学出版社 2011 年版。

［15］陈文玲：《绿色发展期待重点突破》，载《经济参考报》2012 年 12 月 26 日。

［16］陈银娥、高红贵：《绿色经济的制度创新》，中国财政经济出版社 2011 年版。

［17］成金华：《科学构建生态文明评价指标体系》，载《光明日报》2013

年6月20日。

［18］陈燕、高红贵：《资源枯竭型城市转型发展中的生态困境及路径选择》，载《经济问题》2015年第3期。

［19］陈峥、高红贵：《环境规制约束下技术进步对产业结构调整的影响研究——基于自主研发和技术引进的角度》，载《科技管理研究》2016年第6期。

［20］崔军：《健全资源性产品价格形成机制》，载《光明日报》2013年9月21日。

［21］崔树民：《生态优先：内涵及其科学性》，载《高科技与产业化》2007年第9期。

［22］戴学锋：《从国际经验看资源枯竭型城市如何转型》，载《中国改革论坛》2010年第2期。

［23］邓玲：《探索生态文明建设"融入"路径》，载《光明日报》2013年1月23日。

［24］杜林远、高红贵：《绿色科技创新与绿色经济发展》，载《党政干部学刊》2017年第1期。

［25］杜林远、高红贵：《我国流域水资源生态补偿标准量化研究——以湖南湘江流域为例》，载《中南财经政法大学学报》2018年第2期。

［26］方世南：《马克思社会发展理论的深刻意蕴与当代价值——试论全面、协调、可持续的发展观》，载《马克思主义研究》2004年第3期。

［27］冯之浚：《科学发展与生态文明》，载《太平洋学报》2010年第1期。

［28］高红贵：《关于生态文明建设的几点思考》，载《中国地质大学学报》（社会科学版）2013年第5期。

［29］高红贵：《为美丽中国创设制度基石》，载《湖北日报》2012年12月12日。

［30］高红贵：《中国绿色经济发展中的诸方博弈研究》，载《中国人口·资源与环境》2012年第4期。

［31］高红贵、赵路：《基于生态经济的绿色发展道路》，载《创新》2018年第3期。

［32］高红贵、罗颖：《供给侧改革下绿色经济发展道路研究》，载《创新》2017年第6期。

［33］高红贵、罗颖：《践行习近平"两山"理念的基本路径与政策主张》，载《湖州师范学院学报》2018年第7期。

［34］高红贵：《社会主义生态文明建设与绿色经济发展论》，经济科学出版社2020年版。

［35］高红贵：《绿色经济发展模式论》，中国环境出版社2015年版。

[36] 高红贵等：《资源枯竭型城市生态转型研究——以黄石市为例》，载《湖北师范学院学报（哲学社会科学版）》2016年第5期。

[37] 高红贵、陈峥：《两种发展观视域下的绿色经济》，载《生态经济》2016年第8期。

[38] 高红贵、刘忠超：《中国绿色经济发展模式构建研究》，载《科技进步与对策》2013年第12期。

[39] 高红贵、刘忠超：《创建多元性的绿色经济发展模式及实现形式》，载《贵州社会科学》2014年第2期。

[40] 高红贵、汪成：《论建设生态文明的生态经济制度建设》，载《生态经济》2014年第8期。

[41] 高红贵、汪成：《生态文明绿色城镇化进程中的困境及对策思考》，载《统计与决策》2014年第12期。

[42] 高红贵：《中国环境质量管制的制度经济学分析》，中国财政经济出版社2006年版。

[43] 高吉喜、田美荣：《城市社区可持续发展模式——"生态社区"探讨》，载《中国发展》2007年第12期。

[44] 古树忠、胡咏君、周洪：《生态文明建设的科学内涵与基本路径》，载《资源科学》2013年第1期。

[45] 郭爱丽：《发展生态经济是生态经济省建设的核心》，载《中国环境报》2006年9月13日。

[46] 郭冬乐、李越：《制度秩序论》，载《财贸经济》2001年第6期。

[47] 国家计委宏观经济研究院课题组：《我国资源型城市的界定与分类》，载《宏观经济研究》2002年第11期。

[48] 广东社会科学院：《新阶段　新理念　新思路》，人民日报出版社2016年版。

[49] 《贵阳市建设生态文明城市条例》实施两周年综述，载《贵州日报》2015年4月29日。

[50] 郝锐：《基于城乡经济社会一体化的绿色城镇化模式》，载《光明日报》2013年9月9日。

[51] ［英］赫尔曼·E.戴利著：《超越增长：可持续发展经济学》，诸大建、胡圣等译，上海世纪出版社集团2006年版。

[52] 胡鞍钢：《中国：创新绿色发展》，中国人民大学出版社2012年版。

[53] 湖北省社会科学院黄石转型发展战略课题组：《资源枯竭型城市转型发展的必然性与可行性》，载《学习月刊》2012年第11期。

[54] 胡光华：《换一种思维抓发展》，载《江西日报》2015年7月30日。

［55］华斌：《江西：打造生态经济示范区》，载《中国经济导报》2011 年 12 月 13 日。

［56］黄霞、彭赟：《我国资源枯竭型城市转型中生态补偿机制的构建》，载《中国矿业》2009 年第 2 期。

［57］黄晓勇：《新常态下能源革命蓄势待发》，载《人民日报》2015 年 5 月 6 日。

［58］洪名勇：《农地制度结构：一个分析框架》，载《贵州大学学报（社会科学版）》2006 年第 9 期。

［59］贾华强：《建设生态文明须靠制度》，载《经济日报》2012 年 12 月 8 日。

［60］贾康、刘薇：《生态补偿财税制度改革与政策建议》，载《环境保护》2014 年第 9 期。

［61］贾卫列等著：《生态文明建设概论》，中央编译出版社 2013 年版。

［62］蒋涤非、宋杰：《城市生态可持续性的内涵及其支持系统评价指标体系研究》，载《生态环境学报》2012 年第 2 期。

［63］蒋雪梅：《对推进贵阳市建设循环经济型生态城市的思考》，载《贵州工业大学学报（社会科学版）》2014 年第 1 期。

［64］江泽民：《在中央人口资源环境工作座谈会上的讲话》（2000 年 3 月 12 日），载《人民日报》2000 年 3 月 13 日。

［65］姜山、陈伟：《中国对绿色能源投资力度全球最大》，载《科学时报》2010 年 8 月 10 日。

［66］姜晓晓：《让科技创新成为驱动发展的最强引擎——访省科技厅党组书记、副厅长王东风》，载《政策》2015 年第 7 期。

［67］［美］R. 科斯、A. 阿尔钦、D. 诺斯等：《财产权利与制度变迁》，上海三联书店、上海人民出版社 1994 年版。

［68］［美］杰弗里·萨克斯：《共同富裕——可持续发展将如何改变人类命运》，石晓燕译，中信出版社 2010 年版。

［69］［美］杰里米·里夫金著：《第三次工业革命——新经济模式如何改变世界》，张体伟等译，中信出版社 2012 年版。

［70］［美］金德尔伯格（Kindleberger C. P.）、［美］赫里克（Herrick B.）：《经济发展》，张欣译，上海译文出版社 1986 年版。

［71］《经济观察：几十年的不懈努力与四百亿的示范效应》，载《贵阳日报》2013 年 12 月 30 日。

［72］揭益寿：《中国绿色产业的健康与发展》，中国矿业大学出版社 2005 年版。

［73］［美］莱斯特·R. 布朗：《B 模式 3.0——紧急动员　拯救文明》，刘

志广等译，东方出版社2009年版。

[74]［美］莱斯特·R.布朗：《生态经济——有利于地球的经济构想》，林自新等译，东方出版社2002年版。

[75]［美］理查德·瑞吉斯特著：《生态城市——建设与自然平衡的人居环境》，王茹松、胡聃译，社会科学文献出版社2002年版。

[76]李国平：《加强生态文明重要制度建设》，载《光明日报》2013年1月15日。

[77]李国平、刘全胜：《中国生态补偿40年：政策演进与理论逻辑》，载《西安交通大学学报（社会科学版）》2018年第11期。

[78]李海萍：《中国制造业绿色创新的环境效益向企业经济效益转换的制度条件初探》，载《科研管理》2005年第2期。

[79]李军：《把生态文明作为制定评价审查规划最根本"标尺"》，载《贵阳日报》2009年11月5日。

[80]李军讲话《贵阳未来五年着力构建六大生态　加快建设生态文明市》，载《贵阳日报》2011年12月29日。

[81]李克强：《建设一个生态文明的现代化中国》，载《光明日报》2012年12月13日。

[82]李欣广等：《少数民族地区迈向生态文明形态的跨越发展》，经济管理出版社2017年版。

[83]李卫玲、陈丽娟：《"绿色贸易政策"浮出水面》，载《国际金融报》2008年2月27日。

[84]李小平、卢现祥：《中国制造业的结构变动和生产率增长》，载《世界经济》2007年第5期。

[85]李再勇：《坚持科学发展　建设生态文明》，载《贵阳日报》2012年7月28日。

[86]林娅：《环境哲学概论》，中国政法大学出版社2000年版。

[87]廖福林：《生态文明建设理论与实践》，中国林业出版社2001年版。

[88]刘艳莉，吕彦昭：《环境与区域经济增长的博弈分析》，载《北方经贸》2006年第3期。

[89]刘畅：《新形势下中国特色城镇化研究》，载《经济研究导刊》2015年6月15日。

[90]刘春腊等：《生态补偿的地理学特征及内涵研究》，载《地理研究》2014年第5期。

[91]刘春腊等：《基于生态价值当量的中国省域生态补偿额度研究》，载《资源科学》2014年第1期。

[92] 刘春腊、刘卫东：《中国生态补偿的省域差异及影响因素分析》，载《自然资源学报》2014 年第 7 期。

[93] 刘菁：《江西实现"百县百园"工程　提速现代农业》，载《农民日报》2015 年 8 月 24 日。

[94] 刘思华：《理论生态经济学若干问题研究》，广西人民出版社 1989 年版。

[95] 刘思华：《当代中国的绿色道路》，湖北人民出版社 1994 年版。

[96] 刘思华：《可持续发展经济学》，湖北人民出版社 1997 年版。

[97] 刘思华：《马克思再生产理论与可持续经济发展》，载《马克思主义研究》1999 年第 5 期。

[98] 刘思华：《论产业经济的变革及现代产业结构的知识化与生态趋势》，载《中国生态农业学报》2001 年第 5 期。

[99] 刘思华：《绿色经济论》，中国财政经济出版社 2001 年版。

[100] 刘思华：《生态文明与可持续发展问题的再探讨》，载《东南学术》2002 年第 12 期。

[101] 刘思华：《刘思华文集》，湖北人民出版社 2003 年版。

[102] 刘思华、方时姣：《马克思主义经济学双重价值取向理论初探》，载《湖北民族学院学报（哲学社会科学版)》2008 年第 8 期。

[103] 刘思华：《生态文明与低碳经济发展总论》，中国财政经济出版社 2011 年版。

[104] 刘思华：《生态马克思主义经济学原理》（修订版），人民出版社 2014 年版。

[105] 刘思华：《正确把握生态文明的绿色发展道路与模式的时代特征》，载《毛泽东邓小平理论研究》2015 年第 8 期。

[106] 刘湘溶、罗常军：《努力走向社会主义生态文明新时代》，载《光明日报》2012 年 12 月 1 日。

[107] 刘湘溶：《生态文明论》，湖南教育出版社 1999 年版。

[108] 刘旭涛：《建立生态环境损害责任终身追究制》，载《中国环境报》2014 年 2 月 10 日。

[109] 刘勇：《奋力打造生态文明的江西样板》，载《江西日报》2013 年 12 月 3 日。

[110] 林娅：《环境哲学概论》，中国政法大学出版社 2000 年版。

[111] 蔺雪春：《通往生态文明之路：中国生态城市建设与绿色发展》，载《当代世界与社会主义》2013 年第 2 期。

[112] 卢现祥：《论我国市场化的"质"——我国市场化进程的制度经济学思考》，载《财贸经济》2001 年第 10 期。

［113］卢现祥：《西方新制度经济学》，中国发展出版社 2004 年版。

［114］卢现祥：《论中国人的制度观》，载《中南财经政法大学学报》2010年第 11 期。

［115］卢现祥：《草根创新、大众创新是经济新动力》，载《湖北日报》2015 年 2 月 9 日。

［116］柳新元：《制度安排的实施机制与制度安排的绩效》，载《经济评论》2002 年第 7 期。

［117］柳兰芳：《从"美丽乡村"到"美丽中国"——解析"美丽乡村的生态意蕴》，载《理论月刊》2013 年第 9 期。

［118］娄伟：《中国生态文明建设的针对性政策体系研究》，载《生态经济》2016 年第 5 期。

［119］罗健、夏东民：《全面推进中国特色社会主义生态文明建设》，载《毛泽东邓小平理论研究》2012 年第 8 期。

［120］［英］罗思义（John Ross）：《一盘大棋？中国新命运解析》，江苏凤凰文艺出版社 2016 年版。

［121］马海涛、陈晨：《进一步完善我国政府绿色采购制度的思考》，载《中国政府采购》2010 年第 8 期。

［122］麻智辉、李智萌：《生态经济与生态文明建设》，江西人民出版社2015 年版。

［123］马若虎：《绿水青山就是金山银山》，载《光明日报》2014 年 11 月9 日。

［124］孟耀：《绿色投资问题研究》，东北财经大学出版社 2008 年版。

［125］［美］米哈依罗·米莎诺维克等：《人类处在转折点》，刘长毅等译，中国和平出版社 1987 年版。

［126］连国辉：《美报：严重贫富差距拖累经济增长》，载《参考消息》2014 年 8 月 12 日。

［127］《马克思恩格斯全集》第 20 卷，中共中央马克思恩格斯列宁斯大林著作编译局译，人民出版社 1971 年版。

［128］《马克思恩格斯选集》第 4 卷，中共中央马克思恩格斯列宁斯大林著作编译局译，人民出版社 1995 年版。

［129］娜仁图雅：《论生态资源环境建设的"绿色"财政措施》，载《绿色经济》2005 年第 4 期。

［130］潘岳：《和谐社会目标下的环境友好型社会》，载《资源与人居环境》2008 年第 4 期。

［131］彭攀、丁丹：《略论绿色技术创新》，载《学术交流》2005 年第 12 期。

[132] 祁苑玲：《美丽云南生态立省》，载《云南经济日报》2012 年 11 月 30 日。

[133] 秦书生：《论胡锦涛生态文明建设思想》，载《求实》2013 年第 9 期。全国干部培训教材编审指导委员会组织编写：《建设美丽中国》，人民出版社 2015 年版。

[134] 全国干部培训教材编审指导委员会组织编写：《加快转变经济发展方式》，人民出版社 2015 年版。

[135] [美] R. 科斯：《企业、市场与法律》，上海三联书店 1990 年版。

[136] 沈满洪：《生态文明建设：思路与出路》，中国环境出版社 2014 年版。

[137] 沈满洪、程华、陆根尧：《生态文明建设与区域经济协调发展战略研究》，科学出版社 2012 年版。

[138] 沈满洪、何灵巧：《外部性的分类及外部性理论的演化》，载《浙江大学学报（人文社会科学版）》2002 年第 1 期。

[139] 沈满洪、吴文博、池熊伟：《低碳发展论》，中国环境出版社 2014 年版。

[140] 沈满洪、魏楚、谢慧明：《完善生态补偿机制研究》，中国环境出版社 2015 年版。

[141] 沈满洪、谢慧明、余冬筠：《生态文明建设：从概念到行动》，中国环境出版社 2014 年版。

[142] 沈满洪：《建设美丽浙江的根本保障》，载《浙江日报》2015 年 6 月 13 日。

[143] 石永波：《农业专家解读"绿色农业"建设模式》，载《农民日报》2013 年 3 月 22 日。

[144] 石俊敏：《生态文明建设和绿色发展路线图》，载《公关世界》2018 年第 6 期。

[145] 史魏娜：《贵州省生态文明建设体制机制创新及对策建议》，载于《黑龙江教育（理论与实践）》2016 年第 3 期。

[146] 史普博：《管制与市场》，上海三联书店、上海人民出版社 1999 年版。

[147] 宋刚、张楠：《创新 2.0：知识社会环境下的创新民主化》，载《中国软科学》2009 年第 10 期。

[148] 世界环境与发展委员会：《我们共同的未来》，王之佳等译，吉林人民出版社 1997 年版。

[149] 苏迎平、郑金贵、陈绍俊：《"生态立县"的理论认识与实践探索——基于福建省大田县的典型个案研究》，载《林业经济问题》2013 年第 2 期。

[150] 孙海燕、孙杨：《绿金时代》，中信出版社 2010 年版。

［151］孙建国、吴克昌:《基于生态城理论的我国生态城市建设研究》,载《特区经济》2007 年第 2 期。

［152］孙祁祥:《中国绿色发展风险与应对》,中国保险网,www. rmic. cn,2015 年 4 月 25 日。

［153］陶德田:《加强生态文明宣传教育　努力为建设美丽中国鼓与呼》,载《环境教育》2013 年第 Z1 期。

［154］陶良虎:《中国低碳经济——面向未来的绿色产业革命》,研究出版社 2010 年版。

［155］陶良虎等:《美丽中国:生态文明建设的理论与实践》,人民出版社 2014 年版。

［156］汤尚颖:《关于资源枯竭型城市转型的几点思考》,载《中国发展》2013 年第 4 期。

［157］汤薇:《生态城市基本问题研究》,载《枣庄学院学报》2013 年第 4 期。

［158］田江海:《绿色经济与绿色投资》,中国市场出版社 2010 年版。

［159］托马斯·弗里德曼:《世界又热又平又挤》,王玮沁译,湖南科学技术出版社 2009 年版。

［160］万钢:《推动资源枯竭型城市转型　深入推进可持续发展战略》,载《中国发展》2012 年第 10 期。

［161］万喆:《绿色如何引导经济转型》,载《中国环境报》(第 11 版)2012 年 4 月 20 日。

［162］文军:《城镇化的核心是人的城镇化》,载《光明日报》2013 年 10 月 16 日。

［163］汪成、高红贵、刘荣:《碳生产率变动与生态文明质量提升研究》,载《生态经济》2016 年第 5 期。

［164］王长山、吉哲鹏:《"移民加生态":资源枯竭型城市转型新路》,载《中国建设报》2013 年 2 月 7 日。

［165］王钢、王欣:《信息产业对国民经济增长的作用分析》,载《情报科学》2010 年第 10 期。

［166］王兰英、邵宇宾、杨帆:《论信息产业与可持续发展》,载《中国人口·资源与环境》2011 年第 2 期。

［167］王林:《绿色投资是非洲发展大趋势》,载《中国能源报》2012 年 1 月 14 日。

［168］王玲玲、张艳国:《"绿色发展"内涵微探》,载《社会主义研究》2012 年第 5 期。

[169] 王明初、杨英姿：《社会主义生态文明建设的理论与实践》，人民出版社 2011 年版。

[170] 王如松：《生态县的科学内涵及其指标体系》，载《生态学报》1999 年第 6 期。

[171] 王如松：《解读新型城镇化的发展思路》，载《城市规划通讯》2013 年第 2 期。

[172] 王书明、高晓红等：《海南生态省建设研究综述》，载《海南师范大学学报》（社会科学版）2012 年第 1 期。

[173] 王树义、郭少青：《资源枯竭型城市环境治理之政府责任研究》，载《政法论丛》2011 年第 10 期。

[174] 王涛等：《过去 50 年中国北方沙漠化土地的时空变化》，载《地理学报》2004 年第 59 期。

[175] 王晓东：《全面落实科学发展观　大力发展循环经济》，载《求是》2005 年第 18 期。

[176] 王雨辰：《论生态文明的制度维度》，载《光明日报》2008 年 4 月 8 日。

[177] 王小鲁、樊纲、刘鹏：《中国经济增长方式转换和增长可持续性》，载《经济研究》2009 年第 1 期。

[178] 王学荣：《通融与耦合：中国战略与生态文明理论关系探微》，载《中国矿业大学学报（社会科学版）》2013 年第 12 期。

[179] 王少勇：《走向社会主义生态文明新时代》，载《中国国土资源报》2015 年 9 月 23 日。

[180] 王毅：《中国未来十年的生态文明之路》，载《促进科技发展》2013 年第 2 期。

[181] 王毅：《推进生态文明建设的顶层设计》，载《中国科学院院刊》2013 年 3 月 15 日。

[182] 王红征：《论马克思的物质循环理论与循环经济思想》，载《甘肃理论学刊》2011 年第 1 期。

[183] 汪晓文、潘剑虹、杨光宇：《资源枯竭型城市转型的路径选择》，载《河北学刊》2012 年第 9 期。

[184] 邬海军：《关于内蒙古新型城镇化的若干思考和建议》，载《延边党校学报》2015 年第 2 期。

[185] 魏长江：《西部环境经济政策中的制度缺陷——当前环保低效率的新制度经济学分析》，载《经济体制改革》2002 年第 7 期。

[186] 谢高地、曹淑艳：《发展转型的生态经济化和经济生态化过程》，载

《资源科学》2010 年第 4 期。

[187] 解振华、潘家华:《中国的绿色发展之路》,外文出版社 2018 年版。

[188] 吴瑾菁、祝黄河:《"五位一体"视域下的生态文明建设》,载《马克思主义与现实》2013 年第 1 期。

[189] 肖劲松、李宏军:《我国资源型城市的界定与分类探析》,载《中外能源》2009 年第 11 期。

[190] 肖安宝:《中国社会主义市场经济体制演进的动力机制研究》,人民日报出版社 2016 年版。

[191] 肖翔:《中国的走向——生态文明体制改革》,时代出版传媒股份有限公司、北京时代华文书局 2014 年版。

[192] 新华社:《守住管好"天下粮仓"协调推进"新四化"建设》,载《人民日报》2013 年 1 月 16 日。

[193] 《新时期环境保护重要文献选编》,中央文献出版社,中国环境科学出版社 2001 年版。

[194] 严耕等:《中国生态文明建设发展报告 2014》,北京大学出版社 2015 年版。

[195] 杨春平、罗峻:《推动绿色循环低碳发展 加快国民经济绿色化进程》,载《环境保护》2015 年第 6 期。

[196] 杨春平:《推动生产方式绿色化》,载《光明日报》2015 年 5 月 12 日。

[197] 杨蓓、李霞:《"绿色财政"初探》,载《财政研究》1998 年第 6 期。

[198] 杨德勇等:《生态投融资问题研究》,中国金融出版社 2004 年版。

[199] 杨帆:《绿色与安全:"绿色 GDP"统计势在必行》,载《开放导报》2003 年第 6 期。

[200] 杨光梅等:《对我国生态系统服务研究局限性的思考及建议》,载《中国人口·资源与环境》2007 年第 17 – 1 期。

[201] 杨继雪、杨磊:《论城镇化推进中的生态文明建设》,载《河北师范大学学报(哲学社会科学版)》2011 年第 6 期。

[202] 杨柳、杨帆:《略论中国建设生态文明的大战略》,载《探索》2010 年第 5 期。

[203] 杨晓萌:《生态补偿横向转移支付制度亟待建立》,载《国土资源导刊》2013 年第 8 期。

[204] 杨晓萌:《中国生态补偿与横向转移支付制度的建立》,载《财政研究》2013 年第 2 期。

[205] 杨云彦、陈浩:《人口、资源与环境经济学》,湖北长江出版社 2011 年版。

［206］杨文进：《和谐生态经济发展》，中国财政经济出版社 2011 年版。

［207］杨文进、杨柳青：《论市场经济向生态经济的蜕变》，载《中国地质大学（社科版）》2013 年第 3 期。

［208］袁增伟等：《传统产业生态化模式研究及应用》，载《中国人口·资源与环境》2004 年第 2 期。

［209］殷兴山：《以绿色金融支持美丽中国建设》，载《金融时报》2013 年6 月 4 日。

［210］俞可平：《收入分配不公是导致社会不公重要根源》，载《东方早报》2012 年 11 月 19 日。

［211］于晓雷等：《中国特色社会主义生态文明建设》，中共中央党校出版社 2013 年版。

［212］赵凌云、张连辉、易杏花、朱建中等：《中国特色生态文明建设道路》，中国财政经济出版社 2014 年版。

［213］翟坤周：《生态文明融入经济建设的多维理路研究》，中国社会科学出版社 2017 年版。

［214］赵静、陈康清：《从"酸雨之城"到"爽爽贵阳"》，载《贵阳日报》2014 年 1 月 3 日。

［215］赵晓芬：《资源枯竭型城市经济转型问题探析》，载《企业家天地》2008 年第 8 期。

［216］赵凡：《未来 5 到 10 年我国矿产资源供需矛盾最突出》，载《中国国土资源报》2010 年 12 月 30 日。

［217］张平：《中国经济朝着更高水平更好质量的发展迈进》，载《中国发展观察》2013 年第 4 期。

［218］张晓丽：《关于我国生态城市建设的几个误区》，载《北方经济》2009 年第 10 期。

［219］张永生：《中国为什么要走绿色发展道路》，载《中国发展观察》2012 年第 8 期。

［220］《中国 21 世纪议程》，中国环境科学出版社 1994 年版。

［221］中共湖北省委政策研究室调研组：《构建湖北"民生 GDP"发展体系》，载《政策》2013 年第 1 期。

［222］中国科学院可持续发展战略研究组：《2010 中国可持续发展战略报告——绿色发展与创新》，科学出版社 2010 年版。

［223］中国科学院可持续发展战略研究组：《2011 中国可持续发展战略报告——实现绿色的经济转型》，科学出版社 2011 年版。

［224］中国科学院可持续发展战略研究组：《2012 中国可持续发展战略报

告——全球视野下的中国可持续发展》，科学出版社 2012 年版。

［225］中国科学院可持续发展战略研究组：《2013 中国可持续发展战略报告——未来 10 年的生态文明之路》，科学出版社 2013 年版。

［226］中国科学院可持续发展战略研究组：《2014 中国可持续发展战略报告——创建生态文明的制度体系》，科学出版社 2014 年版。

［227］中国科学院可持续发展战略研究组：《2015 中国可持续发展战略报告——重塑生态环境治理体系》，科学出版社 2015 年版。

［228］中央党校中国特色社会主义理论体系研究中心：《加快推进生态文明制度建设》，载《光明日报》2012 年 12 月 25 日。

［229］中共中央文献研究室编：《习近平关于社会主义经济建设论述摘编》，中央文献出版社 2017 年版。

［230］中共中央文献研究室编：《习近平关于社会主义生态文明建设论述摘编》，中央文献出版社 2017 年版。

［231］张贡生：《生态文明建设：国家意志与学术疆域》，载《经济与管理评论》2013 年第 6 期。

［232］张进、袁泉、倪海青：《金融支持资源枯竭型城市转型的模式选择与政策建议》，载《职工发展》2012 年第 12 期。

［233］张永江、李军：《构建制度推进生态文明建设》，载《中国环境报》2013 年 2 月 19 日。

［234］张平：《中国经济朝着更高水平更好质量的发展迈进》，载《中国发展观察》2013 年第 4 期。

［235］张婷：《探讨生态社区的内涵及规划设计理念》，载《山西建筑》2010 年第 2 期。

［236］张学高：《政府主导的资源枯竭型城市转型路径选择》，载《云南行政学院院报》2013 年第 4 期。

［237］赵建军：《如何实现美丽中国梦：生态文明开启新时代》，知识产权出版社 2013 年版。

［238］郑杰、王成才：《生态立省是建设和谐青海的根本》，载《攀登》2008 年第 6 期。

［239］郑晶等著：《低碳经济与生态文明研究》，中国林业出版社 2014 年版。

［240］周传斌、戴欣、王如松：《城市生态社区的评价指标体系及建设策略》，载《现代城市研究》2010 年第 12 期。

［241］周国雄：《公共政策执行阻滞的博弈分析——以环境污染治理为例》，载《同济大学学报（社会科学版）》2007 年第 4 期。

［242］周龙：《小康要全面　生态是关键》，载《光明日报》2015 年 4 月

30 日。

[243] 周生贤：《生态文明建设：环境保护工作的基础和灵魂》，载《求是》2008 年第 4 期。

[244] 周生贤：《充分发挥环保主阵地作用　大力推进生态文明建设》，载《中国科学院院刊》2013 年第 2 期。

[245] 诸大建：《绿色化是更好的生产生活方式》，载《资源再生》2015 年第 9 期。

[246] 朱镕基：《在中央人口资源环境工作座谈会上的讲话》（2003 年 3 月9 日），载《人民日报》2003 年 3 月 10 日

[247] 朱坦：《制度建设是生态文明建设的重要保障》，载《光明日报》2012 年 12 月 12 日。

[248] 专题调研组：《江南明珠展新姿——黄石市推进资源枯竭型城市转型发展调研报告》，载《政策》2011 年第 4 期。

[249] 郇庆治：《生态文明建设：中国语境与国际意蕴》，载《中国高等教育》2013 年第 23 期。

[250] 郇庆治：《生态文明创建的绿色发展路径：以江西为例》，载《鄱阳湖学刊》2017 年第 1 期。

[251] 郇庆治：《生态文明建设的区域模式——以浙江安吉县为例》，载《贵州省党校学报》2016 年第 4 期。

[252] 邹元宝：《江西："生态经济区"承载发展梦想》，载《安徽日报》2010 年 8 月 8 日。

[253] 邹玉杰：《安吉县"中国美丽乡村"建设的重要启示》，载《辽宁省社会主义学院学报》2017 年第 1 期。

[254] 姚广红等：《区域经济发展中不同利益主体间的博弈分析——以对环境影响为例》，载《中国集体经济》2008 年第 19 期。

[255] 尹艳冰、吴文东：《循环经济条件下政府环境政策的博弈分析》，载《华东经济管理》2009 年第 5 期。

[256] Adam Smith, 1981：An Inquiry into the Nature and Causes of the Wealth of Nation（1776 Vol. I），Liberty Edition Press.

[257] An'gang Hu, 2011：China in 2020：A New Type of Superpower, Brookings Institution Press.

[258] Assadourian Erik, 2010：The Rise and Fall of Consumer Cultures, State of the World 2010：Transforming Cultures, Worldwatch Institute Press.

[259] Barzel, Yoram, 1997：Economic Analysis of Property Rights, Cambridge University Press.

[260] Bruce Jennings, K. Prewitt, 1985: The Humanities and the Social Science: Reconstructing a Public Philosophy, Applying the Humanities, New York: Plenum Press.

[261] Bruce Jennings, 2010: Beyond the Social Contract of Consumption: Democratic Governance in the Post – Carbon Era, Critical Policy Studies, Vol. 4, No. 3.

[262] Bruce Jennings, 2011: Nature as Absence: The Natural, the Cultural, and the Human in Social Contract Theory, The Ideal of Nature: Debates about Biotechnology and the Environment, Baltimore: Johns Hopkins University Press.

[263] Bruce Jennings, 2015: Ecological Political Economy and Liberty, Columbia University Press.

[264] Cai Xuejun, 2014: It's war on smog! China pledges pollution battle 'for the nation's failure', South China Morning Post, http: //www. scmp. com/news/china/article/1440784/ its – war – smog – china – pledges – pollution – battle – nations – future? page = all.

[265] China gets tough on air pollution, China Daily, 2013, http: //www. china. org. cn/environment/2013 – 09/13/content_30015904. htm.

[266] China to boost "Made in China 2025" strategy, Xinhuanet English version, 2015, http: //news. xinhuanet. com/english/2015 – 03/25/c_134097374. htm.

[267] Clive Hamilton, 2010: Consumerism, self-creation and the prospects for a new ecological consciousness, Journal of Cleaner Production, Vol. 18, No. 6.

[268] Coase, R. H. , 1960: the Problem of Social Cost, The Journal of Law and Economics.

[269] Daron Acemoglu, P. Aghion and F. Zilibotti, 2006: Distance to Frontier, Selection and Economic Growth, Journal of the European Economic Association, Vol. 4, No. 1.

[270] Fleisher B. M. H. Z. Li, M. Q. Zhao, 2010: Human Capital Economic Growth and Regional Inequality in China, Journal of Development Economics, Vol. 92, No. 2.

[271] David, Paul A. , 1997: Path Dependence and the Quest for Historical Economics: One More Chorus of the Ballad of QWERTY, Oxford Economic and Social History Working Papers_020, University of Oxford.

[272] Davis. Lance E. and Douglass C. North, 1971: Institutional Change and American Economic Growth, Cambridge University Press.

[273] Douglass C. North, 2005: Understanding the Process of Economic Change, Princeton University Press.

[274] Guihuan Liu, J. Wan, H. Zhang, L. Cai, 2008: Eco – Compensation Policies and Mechanisms in China, RECIEL , Vol. 17, No. 2.

[275] Hayami Yujiro, Masahiko Aoki (eds), 1998: The Institutional Foundations of East Asian Economic Development: Proceedings of the IEA Conference Held in Tokro, Japan, St. Martin's Press.

[276] Howard T. Odum, 2007: Environment, Power, and Society for the 21st Century: The Hierarchy of Energy, Columbia University Press New York.

[277] International Monetary Fund, World Economic Outlook, 2016 http://www. imf. org/external/pibs/ft/weo/2016/02/weodata/index. aspx.

[278] Karl Marx, 2004: Capital (1867 Vol. I), Penguin Books.

[279] K. J. Ims, L. J. T. Pedersen, L. Zsolnai, 2014: How Economic Incentives May Destroy Social, Ecological and Existential Values: The Case of Executive Compensation, J Bus Ethics , Vol. 123, No. 353.

[280] LeSage, J. P. , and R. K. Pace, 2009: Introduction to Spatial Econometrics, Boca Raton: Taylor and Francis.

[281] Milton Friedman, 1957: A Theory of the Consumption Function, Princeton University Press.

[282] Niak Sian Koh, Thomas Hahn, Claudia Ituarte – Lima, 2014: A Comparative Analysis of Ecological Compensation Programs: The Effect of Program Design on the Social and Ecological Outcomes, the Swedish Research Council for Environment, Agricultural Sciences and Spatial Planning, Dec.

[283] OECD, 1975: The Polluter Pays Principle", Paris: Organization for Economic Co-operation and Development.

[284] OECD, 2013: Scaling-up Finance Mechanisms for Biodiversity, OECD Publishing.

[285] Philippe Aghion, van Reenen, J. , and Zinglales, L. , 2013: Innovation and Institutional Ownership, American Economic Review, Vol. 103, No. 1.

[286] Paul M. Romer, 1990: Endogenous Technological Change, Journal of Political Economy, Vol. 98, No. 5.

[287] Panayotou, T. , 2000: Economic Growth and the Environment, Center for International Development, Harvard University, CID Working Paper No. 53.

[288] Paris Agreement under the United Nations Framework Convention on Climate Change (UNFCCC), 2016.

[289] Pascal Gastineau, Emmanuelle Taugourdeau, 2014: Compensating for Environmental Damages, Ecological Economica .

［290］ Paul Ehrlich and John Holdren, Impact of Population Growth, Science Vol. 171.

［291］ Peter G. Brown, 1994: Restoring the Public Trust: A Fresh Vision for Progressive Government in America, Boston: Beacon Press.

［292］ Peter G. Brown, 2001: The Commonwealth of Life: A Treatise on Stewardship Economics, Montreal: Black Rose Books.

［293］ Peter G. Brown, 2004: Are There Any Natural Resources?, Politics and the Life Sciences Vol. 23, No. 1.

［294］ Peter G. Brown, Geoffrey Garver, 2009: Right Relationship: Building a Whole Earth Economy, San Francisco: Berrett – Koehler Publishers.

［295］ Peter G. Brown, Peter Timmerman, 2015: Ecological Economics for the Anthropocene: An Emerging Paradigm, Columbia University Press New York.

［296］ Porter, M. E. , 1991: America's Green Strategy, Scientific American, Vol. 264, No. 4.

［297］ R. Hueting, 1980: The New Scarcity and Economic Growth: More Welfare Through Less Production? Amsterdam: North Holland.

［298］ Rechel Carson, 1962: Silent Spring, Science Press.

［299］ Sven Wunder, 2005: Payments for Environmental Services: Some Nuts and Bolts, CIFOR Occasional.

［300］ Sven Wunder. , Engel S. , Pagiola S. , 2008: Taking Stock: A Comparative Analysis of Payments for Environmental Services Programs in Developed and Developing Countries, Ecological Economics, Vol. 65, No. 5.

［301］ The Economist: Moving Up On, 2014, http: //www. economist. com/ news/china/ 21599397 – government – unveils – new – people – centred – plan – unbanisation – moving – up.

［302］ Tom Tietenberg, 2005: Environmental and Natural Resource Economics (6th edition), Tsinghua Press.

［303］ Tomas L. Friedman, 2005: The World Is Flat: A Brief History of the Twenty – First Century, Farrar Straus and Giroux.

［304］ UN Annex: Transforming Our World: The 2030 Agenda for Sustainable Development, 2015, http: //www. un. org/ga/search/view _ doc. asp? symbol = A/69/ L. 85&referer =/english/&Lang = E.

［305］ William D. Nordhaus, 2008: A Question of Balance: Weighting the Options on Global Warming Policies, New Haven, CT: Yale University Press.

［306］ W. Kip Viscusi, Joseph E. Harrington, Jr. , John M. Vermon, 2005:

Economics of Regulation and Antitrust (4th edition), the Massachusetts Institute of Technology.

[307] Xinliang Wang, 2013: Implementation Approaches of Ecological Compensation Mechanism for Water Conservancy in Zhejiang Province, Asian Agricultural Research Vol. 5, No. 6.

后　记

　　本书是我主持的国家社科基金项目课题《生态文明建设融入经济建设的制度机制研究》（批准号：13BJL088）的部分研究成果，在此基础上修改而成。

　　在本书研究、撰写的过程中，得到刘思华先生的多次指导，并使用了刘先生未公开发表的一些思想和论断，在此对先生表示真诚的敬意。本书引用了学者们大量的珍贵文献及学术观点，对此已在书中加以列示，但也难免挂一漏万，在此向提及和未提及的学者们表示感谢。同时，作者表示文责自负。从完成研究报告到著作出版，经历了6年时间，其间，卢现祥教授、李欣广教授、陈浩教授对我的研究内容提出了中肯的批评和建议，我的博士生刘忠超、汪成、陈峥、杜林远、赵路，以及研究生王如琦、闻琼等参与了资料收集、整理、制图和校对等工作，在此一并表示感谢。

　　本书的出版得到中南财经政法大学经济学院领导们的大力支持和帮助，在此表示由衷的感谢。

高红贵

2020 年 8 月